青岛耕地

丁兴民　主　编

李　民　王　蕾　赵海静　王　溯　副主编

U0306128

中国农业科学技术出版社

图书在版编目（CIP）数据

青岛耕地／丁兴民主编 .—北京：中国农业科学技术出版社，2020. 8
ISBN 978-7-5116-4849-5

Ⅰ.①青…　Ⅱ.①丁…　Ⅲ.①耕作土壤-土壤肥力-土壤调查-青岛
②耕作土壤-土壤评价-青岛　Ⅳ.①S159. 252. 3②S158. 2

中国版本图书馆 CIP 数据核字（2020）第 117485 号

责任编辑	史咏竹　任玉晶
责任校对	李向荣

出 版 者	中国农业科学技术出版社
	北京市中关村南大街 12 号　邮编：100081
电　　话	（010）82105169（编辑室）
	（010）82109702（发行部）
	（010）82109709（读者服务部）
传　　真	（010）82106626
网　　址	http://www.castp.cn
经 销 者	各地新华书店
印 刷 者	北京建宏印刷有限公司
开　　本	787mm×1 092mm　1/16
印　　张	12.75　彩插　24 面
字　　数	335 千字
版　　次	2020 年 8 月第 1 版　2020 年 8 月第 1 次印刷
定　　价	65.00 元

《青岛耕地》
编 委 会

主　　任　程兴谟

副主任　王军强　徐兆波　李晓东　李松坚　陈　新

主　　编　丁兴民

副主编　李　民　王　蕾　赵海静　王　溯

编写人员（按姓氏笔画排序）

丁永青　丁兴民　丁厚冉　于文涛　马秀珍

王　艳　王　溯　王　蕾　王玉美　王志葵

王卓然　王金燕　王建中　田文新　刘守忠

刘建伟　刘雪梅　孙　晓　孙　崧　李　民

李士宁　张　民　陈国玉　赵伟杰　赵庚星

赵海静　郝云萍　姜晓燕　聂江峰　徐　振

桑卫民　盛婷婷　崔明灼　梁　伟　董佩谕

曾宪玲　管凤文

前　言

青岛市耕地地力调查评价始于 2004 年。2002 年农业部①将山东省列为全国耕地地力调查与质量评价项目试点省，2004 年青岛市即墨区被山东省列为试点县，成为全国第三批开展耕地地力评价与成果应用的试点单位。2006 年青岛市开始实施国家测土配方施肥项目，当年平度市、莱西市被确定为项目县，2007 年原胶南市、即墨区成为项目县，2008 年胶州市开始实施国家测土配方施肥项目，2009 年崂山区、城阳区和原黄岛区打捆成为项目单位，至此国家测土配方施肥项目覆盖青岛市所有涉农区市。2007 年农业部、财政部农办财 25 号文件提出，开展测土配方施肥的项目县、单位，要同时开展耕地地力调查与评价工作。2009—2011 年，历经 3 年时间，胶州市、即墨区、原胶南市、平度市、莱西市 5 个项目县完成了耕地地力调查与评价工作，并通过省、部两级验收。从 2012 年开始，转入青岛市级耕地地力评价与汇总阶段，崂山区、城阳区和原黄岛区项目工作成果一并汇入市级工作。2015 年，青岛市级耕地地力评价与汇总工作结束，通过省级验收。

青岛市耕地地力调查和评价工作，是在山东省土壤肥料总站的领导下，采用省、市、县三级联动，与技术依托单位开展部门合作的工作模式完成。县域耕地地力调查与评价阶段，省级负责统一的评价指标体系的建立及培训，市级负责技术指导和检查督导，项目县完成资料收集、分析化验、建立属性数据库、成果资料编写出版等工作，技术依托单位负责纸质图件的数字化、地力评价成果图编制、耕地资源管理信息系统工作空间建设等工作。市级耕地地力评价与汇总阶段，项目县负责数据筛选、野外补充调查采样工作，省级负责评价指标体系的建立，市和技术依托单位合作完成耕地地力评价工作。此次评价工作，涉及面广、工作量大，自动化、信息化水平要求高，耕地地力评价的基础数据库、耕地地力评价、成果图编制、耕地资源管理信息系统工作空间均在山东农业大学资源与环境学院、山东圆正矿产科技有限公司支持下完成。

青岛市耕地地力调查与评价，主要包括土壤样品采集与化验分析、耕地养分状况评价、耕地地力等级评价、耕地资源信息化管理、成果应用与推广等环节步骤。据不完全统计，市级和各区、市用于耕地地力评价的耕地点位近 15 000 余个，基础数据 40 余万个。根据农业部和山东省土壤肥料总站的要求和部署，胶州市、即墨区、原胶南市、平度市、莱西市 5 个项目县分别建成了各自辖区的耕地资源信息管理系统，青岛市本级建成青岛市耕地资源信息管理系统。市、县两级均编制了系列成果图，包括耕地地力等级图、地貌图、灌溉分区图，以及土壤有机质、pH 值、大量元素、中量元素、微量元素等

---

① 中华人民共和国农业部，全书简称农业部。2018 年 3 月，国务院机构改革将农业部的职责整合，组建中华人民共和国农业农村部，简称农业农村部。

分布图，胶州市、平度市、莱西市出版了以此次耕地地力调查与评价成果为主要内容的专著——《胶州耕地》《平度耕地》《莱西耕地》。

本次耕地地力调查与评价是青岛市首次对耕地的全面摸底，获取大量数据和丰富成果，对青岛市开展耕地土壤培肥改良，增强农田生产能力建设具有很好的指导作用。但因机构调整和人员变动原因，评价资料迟迟未能形成系统的成果。2019 年国家启动耕地质量等级和调查评价，为使青岛的耕地资源管理工作能够连续起来，编者们决定还是要将此次耕地地力评价成果系统整理出版，使有关方面能够对青岛市的耕地土壤有个历史性认识。

在此次青岛市耕地地力调查与评级成果市级汇总工作及本书编撰过程中，各相关部门、各区市土肥站提供了大量的基础资料，提出大量的建设性意见和建议，在此，向全市参与耕地地力调查与评价工作的领导、专家、专业技术人员和支持关心该项工作的同志们表示衷心感谢！特别向为本书撰写提供宝贵指导意见的山东省土壤肥料总站副站长李涛研究员和万广华研究员致以诚挚谢意！

由于编者水平有限，书中难免存在不足和错漏之处，敬请广大读者批评指正。

编　者

2020 年 6 月

目　录

第一章　自然与社会经济环境

耕地，是指种植农作物的土地，是人类从事农业生产的主要场所，是人类赖以生存的基本资源和条件，保持农业可持续发展首先要确保耕地的数量和质量。农业离不开耕地，耕地离不开土壤，要保证耕地的质量，就要深入研究耕地土壤的性状。自然界的土壤是岩石在漫长的历史时期中，经物理、化学及生物的直接或间接自然作用下形成的，所处的生物、气候、水文条件、地形地貌和岩石母质等差异都对成土过程有重要的影响。耕地土壤是自然土壤通过人类长期的农业生产活动和自然因素综合作用，造就的适于农作物生长发育的土壤，是经过人类的耕作、施肥、灌排、土壤改良等生产活动影响和改造的土壤。所以，要了解耕地的发生、发展、演化和分布规律，就要研究耕地产生和存在的自然环境和社会经济条件。

第一节　地质地貌

青岛市地处中国山东半岛东南部，位于东经 119°30′~121°00′、北纬 35°35′~37°09′。东、南濒临黄海，东北接烟台市的莱州、招远和莱阳 3 市，与海阳市隔海（丁字湾）相望，西与潍坊市昌邑、高密、诸城相连，西南与日照市的五莲县接壤。青岛市陆地总面积为 11 282km²（1 692.3 万亩[①]），海域面积约 1.22 万 km²（1 830 万亩），其中领海基线以内海域面积 8 405km²（1 260.75 万亩）。海岸线北起即墨区的金口村，南至青西新区白马河入海口，总长为 816.98km（含所属海岛岸线），其中大陆岸线 710.9km，大陆岸线占山东省岸线的 1/4 强。青岛沿海分布有胶州湾、丁字湾、崂山湾、灵山湾等 49 个海湾，田横岛、马龙岛、女岛、大管岛、小管岛、大福岛、大公岛、竹岔岛、灵山岛等 69 个大小岛屿。青岛市现下辖 7 个市辖区（市南、市北、李沧、崂山、青西新区[②]、城阳、即墨），代管 3 个县级市（胶州、平度、莱西）。

一、地质特征

（一）地层分区

山东地层可划分为华北平原、鲁西和鲁东 3 个地层分区。青岛地处的鲁东地层分区，与鲁西地层分区以沂沭和响水口—千里岩深断裂带之昌邑—莒南大店断裂（从基底看，以安丘—莒南断裂为宜）为界，包括胶北隆起、胶莱坳陷和胶南隆起 3 个三级构造单元，为华北地台的二级构造单元鲁东地盾。平度、莱西两市的北部为胶北台拱的南翼，南部

[①]　1 亩≈667m²，15 亩＝1 公顷，全书同。
[②]　青岛西海岸新区，全书简称青西新区。

青西新区一带为胶南台拱的东北端，中部大部分区域属于胶莱中台陷。

（二）地层类别

青岛地区只发育前寒武纪和中新生代地层，缺失古生代地层，从老到新可分为太古—元古界胶南群、中生界白垩系、新生界第四系。

1. 太古—元古界地层

1959—1961年北京地质学院将山东胶南地区变质岩系划归太古宙泰山群苍山组、洙边组和坪上组。1966年，山东地质局805队将其改称胶东群，1968年又将其改称为胶东岩群。1978年山东省区域地层表编写组将其归属太古宇—古元古界。1979—1982年，山东省地质局区调队重测的1∶20万日照幅，在赣榆幅中建立了胶南群，自下而上划分为两个亚群4个组，下亚群大山沟组和甄家沟组，上亚群邱官庄组和于家岭组，归属元古宇。1992年山东地矿局将其归属太古宇—古元古界。青岛区域内，胶南群主要分布在青西新区王台—红石崖一线以南，辛安—小珠山以北地区。胶南群组成了胶南隆起的结晶基底，主要岩性为云母片麻岩、斜长角闪岩、变粒岩、浅粒岩等。区域变质作用、混合岩化作用强烈。

2. 中生界地层

青岛市区域内，中生界的地层仅发育了侏罗上系和白垩系，自上而下划分为王氏群、青山群、莱阳群3个群，广泛分布于胶莱盆地，出露的仅有上、下白垩统地层。白垩系上统王氏群为一套红色为主的陆相碎屑沉积，主要为浅棕色砾岩、砂砾岩、粉砂岩和泥岩，局部夹杂有泥灰岩；下统上部青山群主要为中酸性火山岩、火山碎屑岩系，下统下部为一套杂色内陆河—湖相碎屑岩系。上侏罗统莱阳群，主要为黄绿色、灰绿色砾岩、砂岩、粉砂岩和页岩，局部见页状白云岩。

3. 新生界第四系地层

青岛地区的第四系具有成因类型多、厚度变化大、物理力学性质差异大的特点，其形成只要受河流和胶州湾控制，分布于海湾、盆地、沟谷等处，自上而下分为：白云湖组、旭口组、潍北组、沂河组、临沂组、黑土湖组、楼山组、大站组、山前组、于泉组、小埠岭组11个组，为坡积、冲洪积、湖积、海积等沉积类型，主要为砂砾、亚黏土、亚砂土和淤泥等。

（三）地层构造

青岛地区在大地构造上属华北地台胶辽断隆，区域构造以断裂构造为主，褶皱构造总体不发育。南北两台拱主要为太古—元古界胶东群及粉子山群古老变质岩系，胶莱中台陷则由中生界下侏罗—白垩系碎屑岩、火山碎屑岩及火山岩组成，中生代燕山期花岗岩侵入于上述地层中，出露于大泽山、崂山、大小珠山一带，新生界第四系不同程度的发育子全区，直接伏于上述各岩层之上。整个区域基底为元古代的变质岩系，经吕梁运动固结形成；古生代开始为地台发育时期，长期处于构造隆起状态，因缺失古生代至三叠纪地层，致使结晶基底大面积出露。中生代中、晚期以来，从地台发育进入新的构造发展阶段，滨太平洋构造系控制了本区地块的差异升降和沉积盆地的发育，西部出现胶莱坳陷，接受浅海梅和陆相沉积，东部广泛出露燕山晚期花岗岩，区域内北北东向和北西西向等多组脆性断层较为发育。晚第三纪以来，由于印度板块与亚洲大陆相互碰撞，其影响通过青藏高原东北部传递到华北地区，地台进一步解体。因此，青岛地区断裂的形成大多可以追溯至中生代，经历了多个构造演化阶段，控制着燕山期岩浆活动、喜马拉雅期火山活动及地貌形态与轮廓。随着库拉—太平洋脊的最后消亡，库拉板块的北北西向运动转变为太平洋板块的北西西—东西向运动，加之受印度板块碰撞的叠加影响，本区处于北东东—东西西向的构造挤压作用之下，北北东—北东向构造从先前的左行走滑转变为右旋剪切构造，一直延续至今。

二、地貌特征

（一）地貌基本特征

　　燕山运动，造就青岛地势东高西低、南北两侧隆起、中间低凹的地貌特征，即北为大泽山丘陵区，东为崂山，南为大珠山、小珠山山地丘陵区，中间是胶莱凹陷平原和即墨、姜山洼地。

（二）地貌类型

　　青岛的地貌，主要由古老结晶岩基底（有的具有沉积岩盖层）经过断裂错动及河流分割剥蚀而形成，第二次土壤普查时，根据地貌特征划分为山地、丘陵、平原、滨海低地4种地貌类型，又按照各类地貌形态、发育程度、地理位置等因素，分为12个微地貌单元。

1. 山　地

　　山地总面积1 064km²（159.6万亩），占青岛市陆地总面积的9.43%。

　　（1）中山区。指崂山山区，位于崂山区东南部，面积16.6km²（2.49万亩），占山地面积的1.56%，占青岛市陆地总面积的0.15%。崂山诸峰崂顶海拔1 132.7m，相对高度800m，山体为燕山晚期崂山花岗岩构成，山势陡峭挺拔。区内自然植被较多，覆盖度良好。

　　（2）低山区。面积1 047.4km²（157.11万亩），占山地面积的98.44%，占全市陆地总面积的9.19%。包括青西新区大珠山和小珠山山区、铁橛山山区和灵山山区，即墨区四舍山山区，胶州市艾山山区，莱西市周家大山山区，平度市大泽山山区、青山山区。其中大珠山（海拔486.4m）、小珠山（海拔724.9m）、铁橛山（海拔595.1m），为崂山山脉伸越胶州湾在青西新区的延续，岩相与崂山基本相同，相对高度200~400m，植被覆盖度低，土壤侵蚀较重。大泽山（海拔736.7m），系莱山山脉在平度市境内的延续，山体为元古代黑云母花岗岩构成，山势较缓，相对高度较低，一般在200m左右，顶部岩石裸露，植被覆盖度大于小珠山山区。青西新区的灵山（海拔513.6m），孤立于黄海之中，山体由白垩纪安山岩构成，地势南高北低，南多陡坡，北多断崖，东西两面山脚多梯田，中上部生长着灌木和杂草。

2. 丘陵

丘陵为青岛的主要地貌类型，面积 4 630km² （694.5 万亩），占青岛市陆地总面积的 41.04%。

（1）高丘。面积 2 501.6km² （375.24 万亩），占丘陵面积的 54.03%，占全市陆地总面积的 22.18%。主要分布在大泽山、小珠山、铁橛山周围和胶州西南部，海拔 200～400m，相对高度 50～200m。除部分高丘顶部为疏林地外，大部分开垦为梯田，近年来主要是栽培果树、茶叶。

（2）低丘。面积 1 556.1km² （233.42 万亩），占丘陵面积的 33.61%，占全市陆地总面积的 13.8%。主要分布在即墨东北部及崂山、胶州、平度、莱西 4 区（市）西部。区内山峦起伏，蜿蜒不断，一般海拔 50m 左右，相对高度 20～40m。土壤侵蚀较轻，土层厚薄不等，已开垦为农田，栽培作物主要有粮油、果树、茶叶等。

（3）谷底。面积 129.6km² （19.44 万亩），占丘陵面积的 2.80%，占全市陆地总面积的 1.15%。海拔随山地高度而异，相对高差在 50m 左右，土层厚薄不等，已开垦为农田和果园，存在雨季地表径流冲刷沟蚀的现象。

（4）斜坡地。面积 440.3km² （66.05 万亩），占丘陵面积的 9.51%，占全市陆地总面积的 3.9%。主要分布在崂山西麓与李沧区东部之间，及小珠山北部青西新区辛安街道办一带，海拔 20～50m，地面坡度 5°左右，均已开垦为农田，土层深厚，土质肥沃，主要作物为蔬菜、果树、茶叶。

3. 平原

面积 5 227km² （784.05 万亩），占全市陆地总面积的 46.33%。

（1）缓坡地。面积 467.8km² （70.17 万亩），占平原面积的 8.95%，占青岛市陆地总面积的 4.14%。主要分布在平度市大泽山西麓及胶州市张家屯和洋河沿岸，海拔 20～50m，地势较缓，土质肥沃，排灌设施良好，是全市粮、油、菜高产区。

（2）微倾斜平地。面积 386.8km² （58.02 万亩），占平原面积的 7.43%，占青岛市陆地总面积的 3.44%。主要分布在即墨—城阳，胶州市普集镇和青西新区珠海街道办王戈庄社区、泊里镇、大场镇等地，海拔 20～30m，地势平坦，土层深厚，土质肥沃，排灌条件良好，是青岛市粮食、蔬菜的高产稳产区。

（3）河漫滩地。面积 1 332.4km² （199.86 万亩），占平原面积的 25.49%，占青岛市陆地总面积的 11.81%。主要分布在大沽河、小沽河、白沙河中游沿岸地带，多数土壤构型较好，土层深厚，是青岛市粮食、蔬菜主产区之一。

（4）浅平洼地。面积 3 038.5km² （455.78 万亩），占平原面积的 58.13%，占青岛市陆地总面积的 26.94%。集中分布在即墨区西北部、莱西市南部和平度市南部，海拔 10～30m，地势低平，土层深厚，土质黏重，易受洪涝灾害威胁。

4. 滨海低地

面积 371.2km² （55.68 万亩），占青岛市陆地总面积的 3.29%。

（1）滨海低地。面积267.9km²（40.19万亩），占该地貌类型面积的72.18%，占青岛市陆地总面积的2.38%。主要分布在胶州湾、北湾和金口湾沿岸，海拔10m以下。土壤盐分含量较高，目前尚未开发为耕地，分布有海产品养殖育苗基地等，有耐盐植物生长。

（2）滨海滩地。面积103.3km²（15.5万亩），占该地貌类型面积的27.82%，占青岛市陆地总面积的0.91%，集中分布在沿海潮间带的海退地。早期部分开辟为盐田，近年来多有近海乡村筑堤建池，养殖虾、蟹、贝类等海产品。

第二节　成土母质

成土母质是土壤的母亲，别称土壤母质，是地表岩石经风化作用使岩石破碎形成的松散碎屑，物理性质改变所形成疏松的风化物，是形成土壤的基本原始物质，是土壤形成的物质基础和植物矿物养分元素（除氮）的最初来源。青岛市土壤的成土母质种类较多，在山丘地区主要是残积物、残坡积物、坡积物及坡洪积物；在平原则为各类洪积物、冲积物、风积物及河湖相沉积物；滨海地区为海相沉积物。山丘地区的成土母质根据物源不同又可分为酸性岩类、基性岩类、砂页岩类、石灰岩类等。

一、残积物与坡积物

残积物与坡积物，主要分布于山丘的中上部。其特征是，因未经搬运分选，故风化物没有层理，颗粒成分极不均匀；或风化物由于其本身的重量及雨水冲刷作用，使母质移动聚集在山坡中下部而形成松散物质。按照成土母岩性质的不同，残积物与坡积物分为两类：一类是酸性残积物与坡积物，由各类酸性岩，主要是花岗岩、黑云母片麻岩风化物组成，多形成酸性棕壤和棕壤性土；另一类为基性残积物与坡积物，由各类基性岩，主要由安山岩、凝灰岩风化物组成，一般均形成棕壤。

在平度、莱西两市，还有少量石灰岩残积物与坡积物，在当地气候条件下，形成褐土性土。

二、洪积物

洪积物集中分布于山丘下部，是由山洪搬运的碎屑物质，在山前平原地区沉积而成。一类为酸性岩洪积物，浅棕色，呈微酸性反应，为棕壤的主要成土母质。另一类为基性岩洪积物，棕色或褐色，多呈中性至微碱性反应，为褐土、淋溶褐土的主要成土母质。

三、河流冲积物

河流冲积物，主要分布于山前平原及河流沿岸，是由河流搬运而来的非地域性母质，具有良好的分选性和沉积层理明显的特征。因物质来源不同，可分为两类：一类为非石灰性冲积物，无石灰反应，为潮棕壤、非石灰性潮土的主要成土母质；另一类为石灰性冲积物，有不同程度的石灰反应，为潮土的成土母质。

四、河湖相沉积物

河湖相沉积物集中分布于即墨西北部、莱西姜山洼地及胶莱河谷平地，是由净水沉积而成，质地较黏，黏粒含量一般为 20%~30%，呈中性至微酸性反应，为砂姜黑土的成土母质。

五、海相沉积物

海相沉积物主要分布在胶州湾、北湾、金口湾沿岸及滩涂地，海岸滩涂以黄色砂砾沉积为主，海湾内缘海积物以泥沙为主。海积物夹有海生贝壳和浅海相生物残体，所以磷的含量较高。海积物受海水的影响，含盐量高，矿化度也高，是滨海潮盐土的成土母质。

六、风积物

风积物主要分布于河床和海滩近岸处，一般呈条带状平行分布于古河道旁，或海砂经风力搬运再沉积零星分布于沙堤、沙丘。前者见于莱西市孙受社区及胶河、白马河河床附近，后者以青西新区寨里镇海滩近岸处。风积物一般发育成风沙土。

第三节　气候条件

青岛地处欧亚大陆的东缘，属暖温带大陆性季风气候，四季变化和季风进退都较为明显，夏半年盛行东南风，气候温润多雨，热量充足，冬半年盛行偏北风，空气干冷，雨雪稀少，冬季持续时间长。年温适中，冬无严寒，夏无酷暑，气候温和。根据 1898 年以来的资料，青岛年平均气温 12.7℃。最高气温高于 30℃的天数，年平均为 11.4 天，最低气温低于-5℃的天数，年平均为 22 天。年平均无霜期 251 天，比相邻地区长 1 个月。降水量年平均为 662.1mm，年平均降雪日数只有 10 天。年平均气压为 1 008.6hPa。年平均风速为 5.2m/s，以东南风为主导风向。年平均相对湿度为 73%，7 月最高，为 89%；12 月最低，为 68%。青岛春季持续时间较长，气温回升缓慢；夏季较内陆推迟 1 个月到来，温润多雨，但无酷暑，7 月平均温度 23℃；秋季天高气爽，降水少，持续时间长；冬季较内陆推迟 15~20 天到来，气温低，但并无严寒，1 月平均日最低气温-3℃。

青岛受季风气候控制，气象变化具有多种形态的波动性、突变性和异变性，从而形成和引发了多种气象灾害，主要为干旱、暴雨、热带气旋、冰雹、雷电、风暴潮和沙尘暴等。其中干旱、暴雨、热带气旋、冰雹等极端天气事件在近几年发生频率越来越高，给农业生产及人民生活带来很大的损失。

一、气　温

青岛市气象资料显示 1961—1980 年年平均气温在 12.2~12.32℃。1987—2016 年气象观察资料的统计分析，发现近 30 年来，青岛气温总体呈上升趋势，平均为 13.2℃。20 世纪 80 年代后 4 年，平均气温为 12.8℃，为 30 年来最低；1990—2010 年，平均气温 13.2℃，平均气温平稳；2011—2016 年气温较高，达到 13.3℃。1987—2016 年青岛市春、夏、秋、冬平均气温分别为 11.4℃、23.5℃、16.1℃、1.6℃，春、夏、秋季与年平均气温变化保持一致，均呈上升趋势，冬季略下降。其中，春季升温趋势最明显，对年平均气温上升贡献最大。2001—2016 年是青岛最暖的年代，其中 8 月气温增幅最大，是气温上升的主要因素，4 月变化最小；1 月和 2 月气温趋于下降，是冬季气温降低的主要原因，其中 2 月降幅最大。

二、日照时数

光资源是重要的农业气候资源之一。一方面，它以热效应形式给地球创造了温度环境，使生物得以生存；更重要是的另一方面，它对绿色植物表现出光合效应、形态效应和光周期效应，从而使植物能够正常地生长、发育及形成产量。气象资料表明，1961—2016 年青岛市年平均日照数下降趋势十分明显。1961—1969 年，最小年日照出现在 1961 年，为 2 158.4h，最大日照出现在 1962 年，为 2 676.7h，此后时间年日照总体呈下降趋势，直至跌至 1969 年的 2 199.6h，之后 1970—1977 年又经历了一次类似的波动，1978—1992 年年日照时数总体在一个较高值，出现在近 60 年的最高值 1981 年的 2 742.5h，1992 年之后，除个别年份略有上升的波动，总体呈明显下降趋势，2003 年出现极低值 1 925.1h。1987—2016 年，青岛市年平均日照时数为 2 295.7h，整体呈明显减少趋势，气候倾向率为−184.2h/10 年。特别是进入 21 世纪后青岛年日照时数减少明显，2011—2016 年年平均为 2 163.3h。青岛市日照时间最长的地区在北部山区平度市，其次是莱西市和即墨区，东南沿海地区最少，南北相差 200h/年左右。

三、积　温

积温是指某一时段内逐日日平均气温之和，是评价地区热量资源的重要指标之一。通常我们用日平均气温≥0℃积温反映某地区农事季节内的热量资源，用≥10℃积温来反映喜温作物生长期内的热量状况。气象资料显示，青岛地区 1960—2010 年的≥0℃积温在 4 577.0℃（莱西）至 4 796.6℃（崂山），2001—2010 年≥0℃平均积温比 1960—1970 年高了 383.8℃，增幅非常明显。20 世纪 60 年代和 70 年代比较，除青岛市区和青西新区稍有上升之外，其他区市均为下降趋势，70 年代以后全市均为明显的上升趋势，其中崂山区上升幅度最大，50 年间上升了 545.9℃。1960—2010 年青岛市≥10℃积温在 4 167.0℃（莱西）至 4 355.8℃（即墨），20 世纪 60 年代和 70 年代比较，除青岛市区略升，其他区市均有所下降，70 年代后开始上升趋势非常明显，2001—2010 年≥10℃平均积温比 1960—1970 年高了 316.0℃，崂山上升幅度最大，50 年上升了 470.7℃。总体上来看，1960—2010 年青岛地区可以利用的热量资源在逐年增加，南部沿海地区积温较高，北部山区较低。

四、无霜期

无霜期是指一年中终霜后至初霜前的一整段时间，即当年地面出现白霜的春季终日至秋季初日期间的持续日数。无霜期的时间长短是农业上的一项很重要的热量指标。在农作物生长季内，当地表温度降至 0℃ 以下时，大多数喜温作物会受到霜冻的危害，所以在农业生产中常用地面最低温度 ≤0℃ 的初、终日期以及初终日之间的日数（无霜期）来衡量作物大田生长期的长短。青岛常年无霜期分布规律为南部沿海地区无霜期较长，北部地区较短。1980—2010 年，青岛各地无霜期日数在 154 天（即墨，1992 年）至 290天（青岛市区，1999 年），青岛市区内无霜期时间最长，30 年间平均为 246 天，莱西市无霜期最短，平均为 187 天。其中，青岛各地平均无霜期 1991 年为 185 天，为 30 年间以来无霜期最短年份，2006 年为 233 天，为无霜期最长年份。1980—2010 年青岛无霜期总体呈现延长的趋势，即墨区延长趋势最为明显，平度市则略有缩短。青岛初霜日出现在9 月 11 日至 12 月 14 日，南部沿海地区初霜日偏晚，北部较早；终霜日在 2 月 11 日至 5月 14 日，南部沿海地区霜期结束早，大多在 3—4 月，北部地区则多在 4—5 月结束霜期。

五、降水量

据 1899—1987 年计 89 年气象降水记录统计，青岛市累年平均降水量为 687.3mm；以 1911 年降水量为最多，达到 1 272.7mm；1981 年降水量最少，仅为 308.3mm。1975年，崂山及大小珠山山区，降水达 1 426.1mm。第二次土壤普查资料中，青岛年平均降水量为 690~790mm，其中青西新区最多，为 790.9mm，平度市最少，为 691.3mm，其他区市差异不大，多在 700mm 左右。青岛市气象资料显示，1987—2016 年青岛市年平均降水量 666.7mm，近 30 年平均降水量呈先增后降趋势，气候倾向率为 24.72mm/10 年。其中 1987—1990 年年均降水量较少，为 607.3mm，但在 1990 年出现 30 年来第三大值928.2mm；21 世纪前 10 年为降水量最多时期，年均降水量为 761.7mm，其中，2011—2016 年年均降水量仅为 584.2mm，为近 30 年青岛降水最少时期。总体上看，青岛市近30 年与之前相比较，年平均降水量明显减少，对农业生产极为不利。

青岛降水量年变化呈"单峰"形，季节性强，以 7 月降水量最多，1 月降水量最少。全年降水量大部分集中在夏季，6—8 月的降水量约占全年总降水量的 58%；其次为秋季，以 9 月降水量较多，约占全年总降水量的 23%；春季降水量较少，约占全年总降水量的 14%；冬季降水量为最少，仅占全年总降水量的 5%。

六、蒸发量

青岛市年平均潜在蒸发量为 1 434.1mm，春季和初夏蒸发量最大，冬季蒸发量最小，年平均蒸发量最大的区域在平度、即墨及胶州北部地区，较小的地区在青西新区和青岛市区，其次是莱西市、崂山区。有关文献资料研究结果显示，1961—2008 年青岛陆面实际蒸发量为年 600mm 左右，1991 年之后呈现出减少现象。

七、干燥度

干燥度是表征气候干燥程度的指数，又称干燥指数，反映某地、某时段水分的收入和支出状况，我们习惯用年内区域蒸发量与降水量比值表示。青岛 3—11 月农作物生长期的干燥度一般在 0.8~1.4，属于半湿润气候。

八、灾害性天气

1. 干　旱

农业干旱以土壤含水量和植物生长状态为特征，是指农业生长季节内因长期无雨，造成大气干旱、土壤缺水，农作物生长发育受抑，导致明显减产，甚至绝收的一种农业气象灾害。据统计，青岛市 1961—2010 年的旱涝情况，总体上是从 1986 年前涝的状态变为 1986 年后旱的状态，并且呈现越来越旱的趋势。近年来青岛地区秋旱、冬旱、春旱非常明显，并且干旱程度也在加剧，这三季正是小麦播种生长扬花的时期，因此更应该引起高度重视。据统计，青岛市 1981—2010 年共发生干旱灾情 24 次，年均 0.8 次，一年四季均有发生。

2. 雨、洪涝

影响青岛地区的气候极端事件除去干旱之外，主要是暴雨洪涝灾害。据统计，1981—2010 年共发生 73 次较大的暴雨洪涝灾害，造成了很大的损失，受灾人口 4 875 983 人，死亡 43 人，失踪 10 人，农作物受灾面积 623 985.79hm^2，农作物绝收面积 27 246.54hm^2，农业经济损失 132 336 万元。

第四节　水文条件

一、河　流

青岛共有大小河流 224 条，均为季风区雨源型，多为独立入海的山溪性小河。流域面积在 100km^2 以上的较大河流 33 条，按照水系分为大沽河、北胶莱河及沿海诸河流三大水系。

1. 大沽河水系

包括主流及其支流，主要支流有潴河、小沽河、五沽河、落药河、流浩河、桃源河。大沽河是青岛市最大的河流，是胶东半岛最大水系，发源于中国山东省烟台市招远市阜山西麓偏西方向 500m 处，流经烟台市招远、栖霞、莱州、莱阳，由北向南流入青岛，经莱西、平度、即墨、胶州和城阳，至胶州市南码头村入海。干流全长 179.9km，流域面积 6 131.3km²（含南胶莱河流域 1 500km²）。大沽河多年平均径流量为 6.61 亿 m³。20 世纪 70 年代前，大沽河水径流季节性较强，夏季洪水暴涨，常年有水，20 世纪 70 年代后期开始除汛期外，中下游已断流。

2. 北胶莱河水系

包括主流北胶莱河及诸支流，在青岛境内的主要支流有泽河、龙王河、现河和白沙河，总流域面积 1 914.0km²。北胶莱河发源于平度市万家镇姚家村分水岭北麓，沿平度市与昌邑市边界北去，于平度市新河镇大苗家村出境流入莱州湾。干流全长 100km，流域面积 3 978.6km²。该河多年平均径流量为 2.53 亿 m³，多年平均含沙量为 0.24kg/m³。

3. 沿海诸河系

指独流入海的河流，较大者有白沙河、墨水河、王哥庄河、白马河、吉利河、周瞳河、洋河等。

二、水　库

青岛市水库众多，大都有河流输入，有大型水库 3 座，水库总面积 71.52km²，分别是莱西产芝水库、平度尹府水库、城阳棘洪滩水库；中型水库 21 座，水库总面积 63.73km²，分别是书院水库、王圈水库、宋化泉水库、挪城水库、石棚水库、山洲水库、青年水库、吉利河水库、陡崖子水库、铁山水库、孙家屯水库、小珠山水库、黄同水库、黄山水库看、大泽山水库、淄阳水库、双山水库、双庙水库、北墅水库、高格庄水库、崂山水库；小型水库 547 座，水库总面积 29.59km²。

2018 年年末，青岛市 24 座大中型水库蓄水量为 4.131 亿 m³，其中，产芝、尹府、棘洪滩 3 座大型水库 2018 年年末蓄水量为 2.245 亿 m³，中型水库 2018 年年末蓄水量为 1.886 亿 m³。

三、水资源

根据《青岛市水源建设及配置"十三五"规划》《青岛市水资源综合规划》资料，全市多年平均地表水资源总量 15.42 亿 m³（折合径流 144.7mm），在 50%、75% 和 95% 降水频率下，地表水资源量分别为 11.72 m³、5.70 亿 m³ 和 1.39 亿 m³。全市 1980—2010 年多年平均地下水资源量为 9.57 亿 m³，其中平原区 6.12 亿 m³，山丘区 4.03 亿 m³，二者重复量 0.58 亿 m³。全市 1956—2010 年多年平均降水量 691.6mm，合计降水总量 73.68 亿 m³，全市水资源总量 21.48 亿 m³，其中地表水资源量 15.42 亿 m³（入境水量 0.98 亿 m³），地下水资源量 9.57 亿 m³，地表与地下重复计算量 3.51 亿 m³。

青岛市 2014 年总供水量 106 950 万 m³，其中本地地表水供水量 42 523 万 m³，地下水供水量 38 751 万 m³，外调水量 20 810 万 m³，其他水源（海水淡化、再生水）供水量 4 869 万 m³。对 2010—2014 年分水源供水量进行统计，地表水供水量在波动中呈缓慢上升趋势；由于近几年政府对地下水采取的限采、压减政策，地下水供水量呈不断下降趋势；外调水和其他水源（海水淡化、再生水）供水量不断增加。对 2010—2014 年青岛市供水量进行统计分析，5 年间本地水平均供水总量为 80 515 万 m^3，其中本地地表水平均供水量为 45 265 万 m^3，地下水平均供水量为 35 251 万 m^3；全市水资源开发利用率为 37.5%，其中地表水资源开发利用率为 29.4%，地下水开采率为 58.9%。可以看出全市地表及地下水资源开发利用程度均较高，虽有一定的开发潜力，但潜力不大。

青岛市水资源特点如下。

（1）水资源贫乏。青岛市多年平均水资源量 21.5 亿 m^3，人均水资源占有量 $247m^3$，是全国平均水平的 11%，世界平均水平的 3%；亩均耕地占有量 $341m^3$，是全国平均水平的 24%，世界平均水平的 12%；远远少于世界公认的人均 $500m^3$ 的绝对缺水标准。因此，青岛市不仅是缺水城市，也是全国最严重的缺水城市之一。

（2）地区分布不均。青岛市地表水资源主要来源于大气降水。因此地表径流的地域分布总趋势和降水基本一致，由东南沿海向西北内陆递减。但由于地表径流受下垫面条件的影响较大，地域分布的不均匀性比年降水量更为明显。东南沿海的崂山山区径流深可达 400mm 以上，最大值可达 500mm，是青岛市径流深的高值区，西北内陆的北胶莱河区年径流深仅有 100mm 左右。在数值上，高值区约为低值区的 4 倍。地下水资源，山丘区与平原区也有较大差别，平原区地下水资源规模数有的达 20 万 m^3/km^2，而山丘区有的仅 4 万 m^3/km^2。

（3）年际年内变化大。青岛市年径流深的年际变化比年降水量的年际变化要大（全市年径流变差系数为 0.87，而年降水变差系数为 0.27），1956—2010 年，最大年径流为 1964 年，全市总径流量 75.64 亿 m^3，最小为 1981 年，全市总径流量 4.45 亿 m^3，最大值与最小值之比 17∶1。从年内变化情况看，青岛市 70%～75%的降水集中在汛期（6—9月），其中 7—8 月约占全年的 50%。这就决定了青岛市水资源的年际年内变化较大。

（4）连丰、连枯变化规律。青岛市降水量的年际变化还具有连丰、连枯的特点，因此水资源也有同样的规律。1899 年以来 100 多年的观测资料分析，青岛市降水量的丰、枯变化周期为 60 年左右，丰、枯期各为 30 年左右。自 1916 年起青岛市进入枯水期，至 1946 年进入丰水期，1976 年起再次进入枯水期，至 2007 年起又转入下一个丰水期。而且，在每一个丰、枯水期内又有若干个较小的丰、枯水段。其中偏大值、偏小值可达 20%以上，特丰年或特枯年常发生在连续丰、枯水期内。

第五节　植被类型

青岛地区植物种类丰富繁茂，是同纬度地区植物种类最多、组成植被建群种最多的地区。

一、植被区系

青岛植物区系属于泛北极植物区—中国、日本森林植物亚区—华北植物地区—辽东、山东丘陵植物亚地区—鲁东丘陵植物小区，有植物资源种类 152 科 654 属 1 237 种与变种（不含温室栽培种及花卉栽培类型）。原生木本植物区系共有 66 科 136 属 332 种，分别占山东省木本植物区系科、属、种总数的 93%、84% 和 80.2%。

二、主要植被类型

青岛市植被类型主要有针叶林、落叶阔叶林、竹林、灌丛、灌草丛、草甸、盐生植被、沼泽和水生植被等 10 余种。地带性植被为暖温带落叶阔叶林和落叶阔叶—针叶混交林，由于人类的干扰和破坏具有明显的次生性质。

针叶林是本区分布最广、面积最大的林种之一，可细分为赤松林、黑松林、落叶松。赤松林是在海洋性气候条件下形成的温性松林，属地带性松林，从海拔几十米至山顶（1 000m）都有自然分布，是唯一松属自然分布种，中华人民共和国成立前天然次生赤松林已基本破坏殆尽。20 世纪 50 年代初赤松次生林面积有所恢复，50 年代后期大部分形成疏残林，或呈散生状分布，或被人工黑松、刺槐、日本落叶松等其他树种所更替。至 80 年代末，仅崂山区的王哥庄镇、崂山林场、华岩寺，青西新区的大珠山、小珠山、铁橛山以及平度市大泽山等尚有残林面积，且大部生长不良，很难成林。油松林在大泽山有自然分布，崂山于 1958 年引种栽培，主要在海拔 700m 以上山坡形成建群种。伴生乔木树种有麻栎、山合欢、日本花柏等。

落叶阔叶林是本区气候顶级群落。阔叶树种主要为落叶栎类，由以麻栎最为常见，此外还有栓皮栎、槲栎、短柄枹栎、黄连木、枫杨等。近百年来，由于刺槐的引入和迅速繁殖，已成为部分区域优势阔叶树。

竹是常绿本植物，属亚热带成分，总面积不大，主要有淡竹、毛竹、刚竹。灌丛及灌草丛均为原生森林植被遭到破坏后形成的次生植被，主要有胡枝子灌丛、绣线菊灌丛、白檀灌丛、杜鹃灌丛、大叶胡颓子灌丛、山茶灌丛、单叶蔓荆灌丛、怪柳灌丛、紫穗槐灌丛、荆条—酸枣—黄背草灌草丛、荆条—荻灌草丛。盐生草甸是盐碱土上最主要的植被类型，一般包括獐茅群落、杂类草草甸、白茅草甸和罗布麻群落。沼生和水生植被主要以芦苇、大米草、香蒲、扁秆藨草为建群种，均分布于滨海洼地、河沟两岸及积水地带。

第六节　社会经济条件

一、历史沿革

青岛，别称岛城、琴岛、胶澳，是山东省副省级市、计划单列市，国务院批复确定的中国沿海重要中心城市和滨海度假旅游城市、国际性港口城市。青岛市专名"青岛"本指老城区前海海湾内的一座小岛，因岛上绿树成荫，终年郁郁葱葱而得名"青岛"，明嘉靖年间（1522—1566 年）首度被记载于王士性的《广志绎》中。明万历七年（1579

年），即墨县县令许铤主持编修的《地方事宜议·海防》中记述："本县东南滨海，即中国东界，望之了无津涯，惟岛屿罗峙其间。岛之可人居者，曰青、曰福、曰管……"这里的"青"，即指青岛。青岛所在的海湾因岛而名青岛湾，由此入海的一条小河被称为青岛河；青岛河口于明万历年间（1573—1620年）建港，称青岛口；河两岸的两个村落分别得名上青岛村和下青岛村；河源头的一座山于1923年也被命名为青岛山。

清光绪十七年（1891年）6月14日，清政府在胶澳设防，青岛由此建置。清光绪二十三年（1897年）11月14日，德国以"巨野教案"为借口侵占青岛，青岛沦为殖民地。1914年，第一次世界大战爆发，日本取代德国占领青岛。1919年，以收回青岛主权为导火索，中国爆发了"五四运动"，这是中国近现代历史的分水岭。1922年12月10日，中国北洋政府收回青岛，辟为商埠。1929年7月，国民政府设青岛特别市，1930年改称青岛市。1938年1月，日本再次侵占青岛。1945年9月，国民政府接管青岛，仍为特别市。1949年6月2日，青岛成为华北地区最后一座解放的城市，改属山东省辖市。

1986年10月15日，国务院正式批准青岛市在国家计划中实行单列，成为继重庆、武汉、沈阳、大连、广州、哈尔滨和西安之后，全国第八个实行计划单列的城市。

二、行政区划

青岛市从中华人民共和国成立初期的下辖市内7区的格局，到目前7个市辖区代管3个县级市的格局经历了多次调整，辖区范围几经变迁。

1949年6月青岛解放后，全市划分为7个区，分别为：市南区、市北区、台西区、台东区、四沧区、李村区、浮山区。1951年6月，胶州专区的崂山办事处划归青岛市领导并改称崂山郊区办事处，1953年6月为崂山郊区人民政府，1961年10月改建为崂山县。1958年9月烟台地区的即墨县，昌潍地区的胶县、胶南县划归青岛市管辖，1961年5月胶南县、胶县、即墨县划出。1978年11月胶南县、胶县、即墨县又划归青岛市，并以胶南县划出的黄岛、薛家岛、辛安3个公社新设立青岛市黄岛区。1983年10月，平度县和莱西县划归青岛市管辖。至此全市形成6区6县格局：市南区、市北区、台东区、四方区、沧口区、黄岛区、崂山县、即墨县、胶县、胶南县、莱西县、平度县，所管辖地域范围延续至今。

1987年2月撤销胶县设立胶州市，1988年11月撤销崂山县设立崂山区，1989年7月撤销平度县和即墨县设立平度市和即墨市，1990年12月胶南县和莱西县撤县设市，青岛市成为全国第一个市管市的城市群。全市划为7区5市：市南区、市北区、台东区、四方区、沧口区、黄岛区、崂山区、胶州市、即墨市、平度市、胶南市、莱西市。

1994年5月，经调整市区形成7区，即市南区、市北区、四方区、李沧区、崂山区、黄岛区、城阳区。2012年11月撤销黄岛区、胶南市，合并设立新的黄岛区，2014年6月9日改设为青岛西海岸新区。市内辖区经过调整至2012年11月形成了市南、市北、李沧3区格局。2017年9月20日即墨市撤市设区，至此青岛市形成当前的7区（市南、市北、李沧、崂山、青西新区、城阳、即墨）3市（胶州、平度、莱西）格局，辖街道办事处 104 个, 社区区委会 1 206 个, 镇 41 个, 村民委员会 5 445 个。

三、人口与社会经济概况

(一) 人 口

2019 年年末, 全市常住总人口 949.98 万人。其中, 市区常住人口 645.20 万人, 常住外来人口达 161 万人。

(二) 社会经济概况

2019 年, 青岛市实现生产总值 11 741.31 亿元, 其中, 第一产业增加值 409.98 亿元, 第二产业增加值 4 182.76 亿元, 第三产业增加值 7 148.57 亿元。人均 GDP 达到 124 282 元。三次产业结构调整为 3.5 : 35.6 : 60.9。全年财政总收入 4 089.5 亿元, 一般公共预算收入为 1 241.7 亿元。

1. 第一产业

2019 年, 全年农业增加值 436.2 亿元, 比 2018 年增长 2.0%。其中, 种植业增加值 212.6 亿元, 增长 4.2%; 林业增加值 2.7 亿元, 增长 18.5%; 畜牧业增加值 78.6 亿元, 下降 1.3%; 渔业增加值 116.1 亿元, 下降 0.1%。农林牧渔专业及辅助性活动增加值 26.2 亿元, 增长 9.2%。

2. 第二产业

2019 年, 青岛市全部工业增加值 3 159.86 亿元, 增长 2.8%。其中, 规模以上工业实现增加值增长 0.6%。全年规模以上工业企业产销率达到 99.6%。规模以上工业企业实现出口交货值增长 5.4%, 比 2018 年提升 2.6 个百分点。

3. 第三产业

2019 年, 青岛市服务业实现增加值 7 148.57 亿元, 增长 8.0%, 占 GDP 比重为 60.9%, 比上年提高 1.3 个百分点, 对经济增长的贡献率为 70.4%。

第二章 土壤类型

土壤是发育于地球表面的一层疏松的物质，由各种颗粒状矿物质、有机物质、水分、空气、微生物等组成，能够生长绿色植物。土壤具有提供植物所需营养物质的源泉，是陆地动植物和微生物生存的环境条件，它与动植物及人类的生存发展息息相关，也是人类赖以生存的物质基础和财富的源泉，对人类经济社会发展发挥着至关重要的作用。

第一节 土壤普查历史回顾

一、第一次土壤普查

中华人民共和国成立以来，我国已经先后开展过两次土壤普查。1958—1960 年开展的全国第一次土壤普查（除西藏自治区和台湾省），是以土壤农业性状为基础，并提出全国第一个农业土壤分类系统。通过第一次土壤普查，了解了土壤肥力，总结了农民鉴别、利用、改良的实践经验，编制了"四图一志"，即 1：250 万全国土壤图、1：400 万全国农业土壤图、1：400 万全国土壤肥力概图、全国土壤改良图、全国土地利用现状概图及农业土壤志，为合理利用土地和指导农业生产提供了大量的土壤资料。全国第一次土壤普查，奠定了我国土壤地理学的发展基础，但由于调查范围和内容较窄，总结性资料很少，山东省仅存几份图件资料，青岛市目前未发现相关资料。

二、第二次土壤普查

全国第二次土壤普查始于 1979 年，以成土条件、成土过程及其属性为土壤分类依据，采用土类、亚类、土属、土种、变种 5 级分类，分级完成不同比例尺的土壤制图 [全国 1：100 万，各省区（1：50 万）～（1：100 万），各地市区（1：10 万）～（1：20 万），各县 1：5 万]，并编绘相应的土壤类型图、土壤资源利用图、土壤养分图、土壤改良分区图。

青岛市的第二次土壤普查是根据《国务院批转农业部关于全国土壤普查工作会议报告和关于开展全国第二次土壤普查工作方案》（国发〔1979〕111 号）指示精神和山东省土壤普查办公室的统一部署，在市委、市政府以及各区、市党委、政府的领导下，在各级农业部门及相关单位的积极参与和支持下完成的。这次土壤普查始于 1979 年 8 月，于 1986 年 8 月结束，历时 7 年。直接参加工作的农业科技人员共 625 人。整个普查工作主要分成 3 个阶段进行：第一阶段，1979 年 8—12 月，市土壤普查试点；第二阶段，1980 年 3 月至 1983 年 6 月，各区、市全面开展普查和汇总；第三阶段，1984 年 7 月至 1986 年 8 月，进行市级汇总。1986 年 12 月，经山东省土地资源调查办公室检查验收，符合

"全国第二次土壤普查技术规程"要求。

三、第二次土壤普查成果

青岛市第二次土壤普查涵盖了全市全部土地、土壤，取得丰硕成果。全市共挖掘主要土壤观察剖面 19 193 个（在耕地中每个剖面控制面积为 496 亩，山地控制面积为 3 364 亩），采集土壤样品 10 740 个（每点控制面积为 843 亩），水样 472 个，共计化验分析 150 360 项次，物理分析 6 320 项次；各区、市（原崂山县、黄岛区、胶县、胶南县、平度县、莱西县）编写了"土壤志"、土壤普查工作总结、土地利用现状调查报告和专题调查报告，各编绘专业图 10 余幅，其中，主要图件有：1∶5 万土壤图，土壤利用现状图，土壤改良分区图，土壤养分系列图（包括有机质、全氮、有效磷、速效钾），土壤表层质地和土体构型图，潜水埋深和矿化度图，土地评级图等。一些区、市还结合当地实际和生产需求，增加绘制了土壤侵蚀图、地貌类型图、盐碱地分布图等。市级在汇总各区、市成果资料的基础上，又进行了补充调查，完成了土壤志《青岛土壤》《青岛土种志》，土壤普查工作总结、土壤专题调查报告和土地利用现状调查报告，编绘了 1∶20 万、1∶10 万与县级相同类型的系列成果图及土壤微量元素图等。

第二次土壤普查摸清了青岛市土地资源家底，建立了市、县两级土肥技术机构。土地利用现状概查作为第二次土壤普查的一项内容与土壤普查同时进行，通过利用现状概查，基本摸清了全市土地数量、类型和分布。此次普查得到全市土地总面积为 16 455 834 亩（10 970.56km²），上报面积为 15 614 550 亩（10 409.7km²），比现在使用的 11 282km²，分别少 311.44km²、872.3km²。土地利用类型划分为十大类，其中耕地普查面积为 9 055 465 亩（水田 134 260 亩，旱地 8 599 061 亩，菜地 322 144 亩），上报数值为 7 945 474 亩，园地 381 045 亩，林地 1 368 139 亩，草地 97 990 亩，城乡居民用地 1 098 689 亩，工矿用地 268 163 亩，交通用地 605 843 亩，水域 2 051 731 亩，特殊用地 44 893 亩，难利用地（裸岩地）218 103 亩，其他用地（盐田）1 275 773 亩。通过对土壤样品的化验分析，全市耕地土壤有机质含量偏低，氮素含量不足，普遍缺磷，部分缺钾，缺锌、缺钼、缺硼面积很大。其中，有机质平均含量为 8.4g/kg，全氮为 0.56g/kg，有效磷为 5.0mg/kg，速效钾为 76mg/kg，普遍低于全省平均水平。同期，山东省土壤有机质平均含量为 9.1g/kg，全氮为 0.62g/kg，有效磷为 5.6mg/kg，速效钾为 91mg/kg。据当时青岛市农科所做的土壤微量元素调查：青岛市土壤微量元素含量与分布不均衡，除大部分土壤有效铜、有效铁含量不缺乏外，锰含量中等，有效锌、有效钼、有效硼含量都很低。其中，酸性岩坡洪积物或洪冲积物发育的棕壤土类，大部分缺硼、钼，小部分缺锌；第四季河湖相沉积物形成的砂姜黑土，大部分缺锌、硼，极小部分缺锰；河流冲积物形成的潮土，大部分缺硼、钼，小部分缺锌。第二次土壤普查促进了青岛市土肥技术机构的建立健全，市级成立了青岛市土壤肥料工作站，除原黄岛区，其他 6 个县（含崂山县）都成立了专门的土壤肥料工作站，县级专业土肥技术人员达到 26 人，建立土壤化验室市级 1 个、县级 7 个、乡镇级 2 个，土肥技术队伍和检测设施建设保证了全市土壤普查工作的顺利完成。

青岛市第二次土壤普查工作中坚持边查边用的原则，把普查取得的成果及时转化为生产力，指导实施了洼地砂姜黑土和山岭薄地棕壤的中低产田改造，取得了良好的经济、生态和社会效益。如平度市，针对砂姜黑土有效养分含量偏低、土质较黏等问题，因地制宜采取了压砂、施肥、秸秆还田、深耕改土等改良措施。1982—1984 连续 3 年，每年每亩压砂 2 250~2 500kg、施用钙镁磷肥 40kg，逐年深耕，每年增加深 2~3cm，明显改善耕层物理性状。据测定，土壤容重比改良前降低 0.2g/cm³，总孔隙度与毛管孔隙度分别增加 0.8%和 4.1%，同期孔隙度降低 2.3%，田间持水量增加 2%，当年种植玉米亩产 365.1kg，较改良前亩增产 54.6kg，增产 17.6%，次年种植花生，亩产 405kg，比改良前亩增 102kg，增产 33.44%。连续多年在小麦地上每亩还田玉米秸秆 600kg，使耕层（0~20cm）有机质含量比改良前增加 0.07%，全氮增加 0.016%，容重降低 0.04g/cm³，总孔隙度、毛管孔隙度、同期孔隙度和田间持水量，分别增加 1.5%、1.29%、0.21%和 2.71%，全面改善了土壤理化性状，1985 年粮食亩产达 666.5kg，较改良前亩增 193kg，增产 40.76%。1984 年在小麦上采取氮磷配合使用，增产明显，其中单施氮肥、磷肥比不施肥对照分别增产 65kg、38kg，增产率分别为 21.28%和 12.44%。在棕壤土改良上，各区、市针对土体结构不良、养分含量低和水源不足等突出问题，因地制宜，创造了多种模式。如崂山区、即墨区等，根据当地棕壤所处坡陡多石的特点，大搞基本农田建设，修建梯田，改良土体结构，加厚耕层，蓄水保墒。胶州市则通过氮肥、磷肥配合使用，以磷保氮、以氮促磷，提高肥效和作物产量。各区、市还通过调整作物布局，适当扩大花生和小杂粮等养地作物种植面积，既培肥了地力，又增加了经济收入。

第二次土壤普查已经过去了近 40 年，但其成果一直在持续发挥作用，被国土、环保、林业、水利、交通等部门广泛应用，产生了巨大的社会效益。

第二节　土壤分类

土壤在不同的成土因素作用下有其自身的发生规律。土壤分类就是根据这一规律，系统认识土壤，将外部形态和内在性质相同或近似的土壤归并入相应的分类单元，纳入一定的分类系统，反映土壤之间以及土壤与环境之间的联系，体现不同土壤的肥力水平和利用价值，为合理利用土壤、改良土壤和提高土壤肥力提供依据。

一、第一次土壤普查分类

青岛的土壤，中华人民共和国成立前，曾以"山东棕壤"概称之。1959 年全国第一次土壤普查时，以地域表土质地附加群众习惯名称，按照土类、亚类、土组、土种、变种五级分类。从现存的农业部全国土壤普查办公室编制的《中国农业土壤志（初稿）》（1964 年）中，可以查找到一些有关青岛土壤类型的信息。《中国农业土壤志（初稿）》

在我国土壤分布概况中谈到，胶东半岛地区为棕壤土带，土壤因易溶性盐基和碳酸盐都被淋失而呈中性至微酸性反应，土壤黏化作用强烈，表土往下质地黏重。山麓平原和丘陵台地已开垦农业土壤为棕黄土，其中缓坡地的棕黄土因水土流失程度不同，黏化层接近地表、土壤渗水、透气性能和耕作性差，群众称之为黄黏土；山岭坡地水土流失严重，土层很薄含有很多风化碎石，群众称之为山岭薄地或者岭砂土，这种农业土壤属棕砂土类。根据全国第一次土壤普查的《全国农业土壤分类和命名草案》和农业土壤类型论述，在此仅对青岛土壤进行土类、亚类、土组、土种四级概略性分类（表2-1）。

表2-1　第一次土壤普查青岛土壤分类概况

土类	分布	亚类	土组	土种
棕黄土	山前平地和丘陵缓坡地	棕黄土	麦黄土	麦黄土，黑黄土
			棕黄土	黄土（平地棕黄土），小黄土，黄漏风土
		黏棕黄土	黄黏土	黄黏土，黑黄黏土，老黄土，懈黄土
			红黏土	红黏土，红土
棕砂土	山地		坡淤土	山淤黄砂土，山淤黑砂土
			青砂土	青砂土，灰砾土
			黄棕砂土	黄砂土，灰黄砂土
			红砂土	红砂土，红糟土，紫红土
黄垆土	胶济线沿线山麓平原，山前残塬阶地及岗坡地	黄垆土	金黄土	油黄土，老黄土，立黄土，白黄土
黑潮土	南、北胶河两岸	青黑土	黑胶土	黑黏土，黑胶泥土，死黑土，漏风黑土
河淤土	河流两岸冲积河滩地	河淤土	油砂土	油砂土，乌砂土，油绵土
			河淤土	河淤土，淤泥土
			黄砂泥土	淤砂泥土，夹砂泥土，淤砂土
		泛淤土	淤砂泥土	淤砂泥土
			培泥土	培泥土
河砂土	河流及沟谷两侧新冲积砂地		粗砂土	粗砂土，河砂土，白眼砂
			河淤飞砂土	飞砂土，细砂土，流砂土
			淤砂石土	砂石土，石子砂土
山地砂石土	石质山地和丘陵坡地	山砂土	黑砂土	黑砂土，乌砂土，青砂土
			黄砂土	黄砂土，红砂土
			粗砂土	麻砂土，马牙砂，白砂土
		石渣土	砂石土	黑砂石土，黄砂石土，山石土，扁石土
			石渣土	黑石渣，黄石渣，青石渣，麻骨土
盐碱土	滨海平原低地，多与海岸线平行呈条带状分布。	滨海盐土	脱盐土	砂碱土
			轻盐土	白盐土
			重盐土	死碱土，死黑碱土，黑油碱土
菜园土	城镇和居民点周边	—		菜园土是城市、村庄附近长期栽培蔬菜而高度熟化农业土壤，未有专门的亚类、土组划分，土种大多采用农民习惯称谓
北方水稻土	冲积平原河流两岸	北方水稻土	水田泥砂土	水田两合土，水田黄土

二、第二次土壤普查分类

青岛市第二次土壤普查时，县级采用全国、全省统一的土类、亚类、土属、土种、变种五级分类制，市级汇总时只进行到土种一级分类。

土类是土壤高级分类的基本单元，主要根据成土条件、成土过程和土壤属性三者的共同性划分，将青岛土壤划分为棕壤、褐土、砂姜黑土、潮土、盐土、水稻土、山地草甸土、风沙土 8 类。亚类是土类的辅助级别和续分，主要根据主导成土过程的不同发育阶段或附加成土过程的特征，以及是否具有母质残留特性来划分，棕壤续分 5 个亚类，褐土、潮土各续分 3 个亚类，砂姜黑土、盐土、水稻土、山地草甸土、风沙土土类仅有 1 个亚类。土属是亚类下的续分单元，主要根据水文地质、母质的岩石学和化学性质等地方性因素所造成的土壤属性差异划分。土种是土壤分类中的基层分类单元，是土属内具有相似的发育程度和剖面形态特征基本一致的一组个体，依据表土质地、土体构型、盐化程度、有效土层厚度划分。

表土质地，县级按 6 级划分，分别为松砂土、紧砂土、砂壤土、轻壤土、中壤土、重壤土。市级汇总归并为砂土、砂壤土、轻壤土、中壤土 4 个级别。此外，山丘地区薄层性土，区分为砾质土（砾石含量<30%）与砾石土（砾石含量>30%），并反映其细粒部分的质地状况，即细分为 6 级：砾质砂土、砾质壤土、砾质黏土、砾质砾石土、壤质砾石土、黏质砾石土。

土体构型划分时以 1m 土体为准，以上部土层为主、下部土层为辅，将多级制归并为 3 级，即砂质（包括松砂、紧砂、砂壤）、壤质（包括轻壤、中壤）、黏质（包括重壤、黏土）。按障碍层（夹层）出现的层位和厚度又分为多种类型，主要有：砂均质、壤均质、黏均质、蒙淤型、蒙金型、蒙银型、砂体型、壤体型、黏体型、夹砂型、砂底型、夹黏型。此外，将山区棕壤性土和褐土性土的土体构型分为极薄层硬石底、薄层硬石底、薄层酥石棚、中层硬石底及中层酥石棚 5 种。夹层层位按出现的位置划分，山丘地区厚层土夹层位置 20~60cm 为浅位、60~100cm 为深位，平原砂姜黑土、潮土、盐土 20~60cm 为心土层、60~100cm 为底土层。砂、壤、黏层夹层厚度，县级以 10~30cm 为薄层，大于 30cm 为厚层，市级汇总时对异质夹层仅反映厚度大于 20cm 的，归并于厚层中，小于 20cm 的不予反映，归到类似构型中。

盐化程度分 3 级：轻度盐渍化，含盐量 0.1%~0.2%；中度盐渍化，含盐量 0.2%~0.4%；重度盐渍化，含盐量 0.4%~0.8%。有效土层厚度仅限于山丘土壤：小于 15cm 为极薄层，15~30cm 为薄层，30~60cm 为中层，大于 60cm 为厚层。

市级汇总时按照《山东省第二次土壤普查市（地）成果资料汇总土壤工作分类系统暂行方案》要求开展了土壤命名工作。土类采用文献常用名称，例如棕壤、褐土、盐土等；或将群众俗称加以提炼而确定，如潮土、砂姜黑土等。亚类是在土类前添加表示附加成土的形容词的连续命名法，如棕壤附加了潮土的成土过程而形成潮棕壤亚类。土属是在亚类前添加成土母质的连续命名法，如潮棕壤亚类中的酸性洪岩、冲积潮棕壤和洪、冲积潮棕壤，潮土亚类中的砂质河潮土和壤质河潮土等。土种是在土属前添加表土质地、土体构型的连续命名法，如轻壤质浅位黏质酸性岩坡、洪积棕壤，轻壤质夹砂型冲积湿潮土等。

由于青岛地形复杂，土壤类型较多，在第二次土壤普查市级汇总时，将青岛土壤划分为 8 个土类、16 个亚类、29 个土属、51 个土种（表 2-2）。与山东省土壤类型划分对比，粗骨土和石质土两个土类青岛未单独划分出来，而是归并入棕壤和褐土。

表 2-2　青岛第二次土壤普查土壤分类系统

土类	亚类	土属	土种
棕壤	棕壤	酸性岩坡、洪积棕壤	轻壤质浅位黏质酸性岩坡、洪积棕壤
			轻壤质深位黏质酸性岩坡、洪积棕壤
			轻壤质中层酸性岩坡、洪积棕壤
		基性岩坡、洪积棕壤	轻壤质浅位黏质基性酸性岩坡、洪积棕壤
			轻壤质中层基性酸性岩坡、洪积棕壤
	白浆化棕壤	侧渗型白浆化棕壤	砂壤浅位白浆层侧渗型白浆化棕壤
	酸性棕壤	酸性岩残、坡积酸性棕壤	砾质壤土中层酥石棚酸性岩残、坡积酸性棕壤
	潮棕壤	酸性岩洪、冲积潮棕壤	轻壤质浅位黏质酸性岩洪、冲积潮棕壤
			轻壤均质酸性岩洪、冲积潮棕壤
			砂壤浅位黏质酸性岩洪、冲积潮棕壤
		洪、冲积潮棕壤	轻壤质浅位黏质洪、冲积潮棕壤
	棕壤性土	酸性岩残、坡积棕壤性土	砂质砾石薄层酥石棚酸性岩残、坡积棕壤性土
			砂质砾石中层酥石棚酸性岩残、坡积棕壤性土
			砂质轻壤薄层酥石棚酸性岩残、坡积棕壤性土
		基性岩残、坡积棕壤性土	砾质轻壤薄层酥石棚基性岩残、坡积棕壤性土
			砾质轻壤中层酥石棚基性岩残、坡积棕壤性土
		非石灰性砂页岩残、坡积棕壤性土	砾质轻壤薄层酥石棚非石灰性砂页岩残、坡积棕壤性土
		砾岩残、坡积棕壤性土	砂质砾石薄层硬石底砾岩残、坡积棕壤性土
褐土	褐土	钙质岩坡、洪积褐土	轻壤质深位黏质钙质岩坡、洪积褐土
	淋溶褐土	钙质岩坡、坡积淋溶褐土	轻壤质浅位黏质钙质岩坡、坡积淋溶褐土
	褐土性土	钙质岩残、坡积褐土性土	砾质壤土中层硬石底钙质岩残、坡积褐土性土
砂姜黑土	砂姜黑土	黑土裸露砂姜黑土	中壤质深位厚砂姜层黑土裸露砂姜黑土
			中壤质浅位厚砂姜层黑土裸露砂姜黑土
		黄土覆盖砂姜黑土	轻壤质浅位厚黑土层黄土覆盖砂姜黑土
			中壤质深位厚黑土层黄土覆盖砂姜黑土

（续表）

土类	亚类	土属	土种
潮土	潮土	非石灰性砂质河潮土	砂均质非石灰性河潮土
			砂壤均质非石灰性河潮土
			砂壤质蒙银型非石灰性河潮土
		非石灰性壤质河潮土	轻壤均质非石灰性河潮土
			轻壤质蒙金型非石灰性河潮土
			轻壤质砂体型非石灰性河潮土
			轻壤质蒙淤型非石灰性河潮土
		砂质河潮土	砂壤均质河潮土
		壤质河潮土	轻壤质砂体型河潮土
			轻壤均质河潮土
			中壤质蒙淤型河潮土
	湿潮土	壤质冲积河潮土	轻壤质夹砂型冲积河潮土
			轻壤质黏体型冲积河潮土
			轻壤质蒙金型冲积河潮土
	盐化潮土	砂质滨海氯化物盐化潮土	砂壤均质滨海氯化物轻度盐化潮土
		壤质滨海氯化物盐化潮土	轻壤质夹砂型滨海氯化物轻度盐化潮土
			轻壤质滨海氯化物轻度盐化潮土
			中壤质黏体型滨海氯化物轻度盐化潮土
盐土	滨海潮盐土	滨海氯化物潮盐土	砂壤均质滨海氯化物潮盐土
			中壤质夹黏型滨海氯化物潮盐土
		滨海氯化物滩地盐土	中壤质滨海氯化物滩地盐土
水稻土	幼年水稻土	砂姜黑土型幼年水稻土	中壤质深位厚砂姜层黑土裸露型幼年水稻土
		滨海盐潮土型幼年水稻土	中壤质黏体滨海盐化潮土型幼年水稻土
山地草甸土	山地草甸型土	酸性岩残、坡积山地草甸型土	砾质壤土薄层酥石棚酸性残、坡积山地草甸型土
风沙土	流动风沙土	冲积流动风沙土	砂均质冲积流动风沙土
		海积流动风沙土	砂均质海积流动风沙土

第三节 土壤分布

青岛南北纬度跨度不大，同属一个生物气候带，地域性土壤为棕壤。大部分山体较低，土壤垂直带谱简单，但地域性（水平）分布规律较为显著。

一、地域性分布规律

青岛土壤受地形、水文、成土母质影响，低山丘陵区以棕壤为主，浅平洼地为砂姜黑土，河流两岸及下游扇形冲积平原为潮土，滨海低地为盐土。分布形势有以下两种。

（1）枝状分布：低山、丘陵地区，在河谷发育的影响下，土壤分布与河谷走向、水系形态基本一致，沿河道走向呈枝状分布，表层为河流沉积物，下层为当地母岩风化形成的坡积或洪积物。

（2）堤围式分布：如在大沽河流域，除沿主河道筑堤束水外，两侧数千米外筑有外堤挡水，河水泛滥漫出内堤时所携带的泥沙淤积于外堤以内，形成壤质河潮土，而外堤外为黑土裸露砂姜黑土。

二、垂直分布规律

崂山最高峰为巨峰，位于山区东部，海拔 1 132.7m，是中国海岸线第一高峰。崂山山区受地形、小气候和成土母质影响，形成了不同土壤。崂山土壤的成土母岩，主要是中生代花岗岩酸性岩类及喷发熔岩基性岩类，其母质有现代残积物、洪积冲积物、河流冲积物、河海相沉积物五大类。海拔 300m 以下分布着棕壤；300~600m 处为棕壤性土及白浆化棕壤；600~700m 处的阴坡林地为酸性棕壤；700m 以下为山地草甸型土。

第四节　土壤类型特征

在农业生产和土地利用规划等工作当中，土类的应用最为广泛。青岛市在第二次土壤普查工作中，将土壤划分为 8 个土类，其中棕壤、褐土、潮土、砂姜黑土和盐土为主要土壤类型，山地草甸型土、水稻土和风沙土，面积较小且零星分布。

一、棕壤土类

棕壤主要分布于山地丘陵和山前缓坡地上，又称棕色森林土，俗称黄堰土或黄坚土，面积 7 276 479.2 亩（第二次土壤普查数据，下同），占全市土壤总面积的 58.76%。是本市的主要土壤类型之一，其中耕地 4 610 175.2 亩，非耕地 2 666 304 亩。成土母质多为残、坡积物和厚层洪、冲积物，在生物、气候、人为等因素的综合影响下，其形成过程有明显的淋溶过程、黏化作用和较强烈的生物积累作用，钙镁钾钠等盐基成分已被淋失，剖面无石灰反应，一般呈微酸性至酸性，盐基不饱和，黏粒自上而下淋溶，淀积成黏质层。

根据发育程度及附加成土作用的影响可分为棕壤、白浆化棕壤、潮棕壤、棕壤性土和酸性棕壤 5 个亚类。根据成土母质的母岩类型、成土过程和土壤水分移动状况，在 5 个亚类下可划分出酸性岩坡积-洪积棕壤、基性岩坡积—洪积棕壤、侧渗型白浆化棕壤、酸性岩残积—坡积酸性棕壤、酸性岩洪积—冲积潮棕壤、洪积—冲积潮棕壤、酸性岩残积—坡积棕壤性土、基性岩残积—坡积棕壤性土、非石灰性砂页岩残积—坡积棕壤性土、砾岩残积—坡积棕壤性土 10 个土属。在各个土属下，依据土壤表层质地及土体构型的不同，又划分出 18 个土种。

二、褐土土类

褐土集中分布于平度市西部明村一带的剥蚀残丘地上，莱西西部和胶南西北部也有少量分布，又称褐色森林土，群众称为黄土，面积118 222亩，占全市土壤总面积的0.95%，其中耕地84 053.8亩，非耕地34 168.2亩。与棕壤在青岛同属暖温带季风气候区的地带性土壤，成土母质含碳酸盐较多，特别在当地气候条件下，一价离子大部分已被淋溶，二价离子还大量存在，故与棕壤相比，在土壤形成条件，剖面性状，利用途径有一定差异。其成土过程具有明显的黏化作用和钙化作用，在结构面上可清晰见到黏粒胶膜，剖面石灰反应明显，其底部可见各种碳酸钙的新生体（砂姜、石灰结核、假菌丝体）。

根据发育程度及附加成土作用的影响不同，分为褐土、淋溶褐土和褐土性土3个亚类。根据成土母质的母岩类型不同，在3个亚类下可划分出钙质岩坡积—洪积褐土、钙质岩坡积—坡积淋溶褐土、钙质岩残积—坡积褐土性土3个土属。在各个土属下，依据土壤表层质地及土体构型的不同，划分出3个土种。

三、砂姜黑土土类

砂姜黑土主要分布于平度、即墨、莱西、胶州浅平洼地，是具有"黑土层"和"砂姜层"的暗色土壤，面积2 656 488.7亩，占全市总面积的21.45%，是青岛市主要的土壤类型之一，其中耕地2 257 072.4亩，非耕地399 416.3亩。在青岛的砂姜黑土区，自第四纪更新统起，曾有过一段温暖、湿润的气候条件，年平均降水量约1 000mm，蒸发量为降水量的一倍，年干湿交替十分明显。浅平洼地经常处于季节性积水状态，各种湿生和水生型的湖沼相植物茂密生长，为黑土层腐殖质积累提供了条件。砂姜黑土区地势低洼，不仅是冲积物质的沉积区，而且也是地下水中HCO_3^-和Ca^{2+}的富集区，为砂姜黑土的形成提供了丰富的钙质基础。其肥力演变又与人类的经济活动密切相关，千百年的耕作施肥等农事活动，使土壤逐渐向着旱耕熟化方向发展。砂姜黑土的形成过程包括草甸潜育化和旱耕熟化两个成土阶段，剖面具有黑土层和砂姜层。

青岛的砂姜黑土只有砂姜黑土一个亚类。根据母质性质及黑土层出现部位，可分为黑土裸露砂姜黑土（俗称干狗土）和黄土覆盖砂姜黑土（俗称黄黑土）2个土属。依据土壤表层质地及土体构型的不同，又划分出4个土种。

四、潮土土类

潮土主要分布于沿河平地及河漫滩地，原称浅色草甸土，群众习惯称河淤土、蒙金土或两合土等，面积2 107 744.8亩，占全市土壤总面积的17.02%，是本市的主要土壤类型之一，其中耕地1 520 881.5亩，非耕地586 863.3亩。青岛地区的潮土，是在第四纪近代河流沉积物上，受地下水及人为耕种等影响下形成的一种土壤，冲积层理和潮化特征较明显。依据其形成特点、母质特性和耕作熟化程度，可划分潮土、湿潮土和盐化潮土3个亚类。根据成土母质、盐化程度等因素，可分出非石灰性砂质河潮土、非石灰性壤质河潮土、砂质河潮土、壤质河潮土、壤质冲积河潮土、砂质滨海氯化物盐化潮土、壤质滨海氯化物盐化潮土7个土属。依据表层质地、土体构型和盐化程度的不同，划分出 18 个土种。

五、盐土土类

盐土分布于常受海潮侵袭、海水溯河倒灌或海水渗漏补给地下水的滨海地区，面积 141 508.4 亩，占全市土壤总面积的 1.14%，未经改良，农林难以利用。青岛的盐土仅有滨海盐土 1 个亚类。发育在海相沉积物上，土壤富含可溶氯化物，1m 土层内含盐多在 0.5% 以上，盐分组成中阴离子以 Cl^- 为主，阳离子以 K^+、Na^+ 为主。根据成土母质的特性，在亚类下划分出滨海氯化物潮盐土和滨海氯化物滩地盐土 2 个土属。依据表土质地和土体构型不同，又划分出 4 个土种。

六、水稻土土类

水稻土，在土壤分类系统中属幼年水稻土，土类下只列 1 个亚类，2 个土属、2 个土种。原分布于大沽河下游滨海低地及莱西朴木、牛溪埠等地，主要由潮土、砂姜黑土等土壤类型经种植水稻人工培育而成，面积 75 297.5 亩，占全市土壤总面积的 0.6%，面积很小。由于青岛推广种植水稻时间较短，后因连年干旱缺水，大部分于 20 世纪 70 年代末期停种，改为旱田，故水稻土剖面发育不完全，基本上恢复到其原来的土壤类型。近年各农业区市水稻种植有所恢复，但面积也不大。

七、山地草甸型土土类

山地草甸型土，土类下只列 1 个亚类、1 个土属、1 个土种；主要分布于崂山顶部，面积 4 500 亩，占全市土壤总面积的 0.04%。该土类主要特点是：表层有机质含量很高，一般可达 10% 以上，pH 值低。

八、风沙土土类

风沙土，青岛面积很小，仅有 2 482 亩，占全市土壤总面积的 0.02%；土类下只列 1 个亚类、2 个土属、2 个土种；主要分布于河床附近及海滩近岸处；此土类的特点是：容易遭受风蚀，形成流动性沙丘，细砂和粗粉砂含量较高，土壤结构差，有机质含量低，氮磷缺乏，钾素营养也不足，未经改良，农业难以利用。可用于封沙育林育草，发展林果业。

第三章　土地资源利用

　　土地资源是指在一定的技术经济条件下，能直接和可预见的未来能被人类生产和生活所利用，并能产生效益的土地。如耕地、林地、草地、农田水利设施用地、养殖水面，以及城乡住宅和公共设施用地、工矿用地、交通水利设施用地、旅游用地、军事设施用地等。荒草地、盐碱地、沙地等土地，因在现实的技术经济条件下，难以利用或未利用，则被称之为未利用土地。土地资源是最主要的自然资源，它不仅是任何物质生产不可替代的生产资源，也是人类生存和必需的物质条件。土地资源既包括自然范畴，即土地的自然属性，也包括经济范畴，即土地的社会属性，是人类的生产资料和劳动对象。土地资源的生产性是它的自然属性，土地资源的使用价值是它的经济属性。

第一节　土地资源综述

一、土地资源总量与构成

　　2015年9月发布的《关于青岛市第二次土地调查主要数据成果的公报》数据显示，青岛市土地总面积1 128 199.63hm²。其中，全市耕地面积535 031.58hm²（8 025 473.7亩），基本农田480 404.22hm²（7 206 063.3亩），耕地后备资源8 129.33hm²（121 940.0亩）；园地39 581.69hm²（593 725.4亩）；林地124 509.74hm²（1 867 646.1亩）；草地（荒草地）23 374.88hm²（350 623.2亩）；城镇村及工矿用地183 589.25hm²（2 753 838.8亩）；交通运输用地53 780.95hm²（806 714.3亩）；水域及水利设施用地117 955.61hm²（1 769 334.1亩）；其他土地50 375.93hm²（755 638.9亩）。第二次土地调查土地利用现状数据以2009年12月31日为标准时点。

　　根据2018年度青岛市土地利用现状变更调查，全市土地面积1 129 336.11hm²，按照利用类型分为耕地、园地、林地、草地、城镇村及工矿用地、交通运输用地、水域及水利设施用地、其他土地八大类。其中，耕地面积516 213.39hm²，占全市土地总面积45.71%；园地面积37 223.41hm²，占3.30%；林地面积120 565.17hm²，占10.67%；草地面积20 736.93hm²，占1.84%；城镇村及工矿用地面积210 267.67hm²，占18.62%；交通运输用地面积58 903.55hm²，占5.21%；水域及水利设施用地面积114 497.17hm²，占10.14%；其他土地面积50 928.82hm²，占4.51%（图3-1和表3-1）。

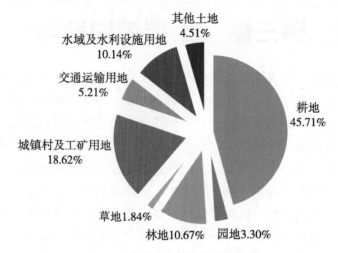

图 3-1 青岛市土地资源利用构成

表 3-1 青岛市土地利用结构

土地利用类型		面积（hm²）	比重（%）	土地利用类型		面积（hm²）	比重（%）
土地总面积		1 129 336.11	100.00		小计	58 903.55	5.22
耕地	小计	516 213.39	45.71	交通运输用地	铁路用地	2 301.01	0.20
	水田	0.00	0.00		公路用地	20 235.52	1.79
	水浇地	243 836.12	21.59		农村道路	33 148.81	2.94
	旱地	272 377.27	24.12		机场用地	2 000.43	0.18
园地	小计	37 223.41	3.30		港口码头用地	1 204.93	0.11
	果园	30 831.83	2.73		管道运输用地	12.85	0.00
	茶园	1 892.26	0.17	水域及水利设施用地	小计	114 497.17	10.14
	其他园地	4 499.32	0.40		河流水面	18 204.03	1.61
林地	小计	120 565.17	10.68		湖泊水面	0.00	0.00
	有林地	82 967.56	7.35		水库水面	14 957.82	1.32
	灌木林地	1 284.86	0.11		坑塘水面	30 167.00	2.67
	其他林地	36 312.75	3.22		沿海滩涂	24 065.14	2.13
草地	小计	20 736.93	1.84		内陆滩涂	1 889.58	0.17
	天然牧草地	0.00	0.00		沟渠	21 151.62	1.87
	人工牧草地	0.00	0.00		水工建筑用地	4 061.98	0.36
	其他草地	20 736.93	1.84	其他土地	小计	50 928.82	4.51
城镇村及工矿用地	小计	210 267.67	18.62		设施农用地	14 201.88	1.26
	城市	65 145.33	5.77		田坎	23 181.38	2.05
	建制镇	28 452.78	2.52		盐碱地	2 167.57	0.19
	村庄	96 371.87	8.53		沼泽地	0.00	0.00
	采矿用地	13 387.22	1.19		沙地	17.52	0.00
	风景名胜及特殊用地	6 910.47	0.61		裸地	11 360.47	1.01

数据来源：2018 年青岛市土地利用现状变更调查数据。

二、土地资源分布

（一）区域分布情况

以 2018 年度青岛市土地利用现状变更调查数据为基准，从行政区划上看，面积最大的为平度市，土地总面积 317 565.36hm²，占青岛市总面积的 28.12%，面积最小的为市南区，面积 3 220.65hm²，占全市总面积不足 0.29%。全市 7 区 3 市土地面积从大到小依次为平度市、青西新区、即墨区、莱西市、胶州市、城阳区、崂山区、李沧区、市北区、市南区。

（二）垂直分布

青岛市土地资源中，丘陵占 41.04%，平原占 46.33%，山地和滨海低地各占 9.43% 和 3.29%，受地形、降水、日照等自然因素影响，土地利用类型在垂直分布上也呈现出比较明显的差异。水浇地、旱地、果园、茶园等绝大部分分布在海拔 500m 以下的平原和低丘，林地、草地主要分布在 500m 以上的丘陵，间或零星分布有果园、旱地等，1 000 米以上的山地则主要是林地和草地，滨海低地主要是海水养殖场区。

（三）人均土地资源分布情况

青岛市工农业发达，人口密度大，人均土地资源少。2018 年青岛全市常住人口 939.48 万人，人均土地面积 1.80 亩，在山东省 17 个地市中排位倒数第二，仅比济南市多 0.1 亩。山东省人均土地资源 2.6 亩，人均土地资源最多的东营市为 5.9 亩，可见土地资源对青岛市经济社会发展约束力较强。青岛各区、市间人均土地面积不均衡，青西新区最多，人均土地资源 5.53 亩，市南区最少，人均土地资源 0.08 亩（53m²）。青西新区、即墨区、平度市、莱西市人均土地资源面积均超过 3 亩，土地资源相对充足，这 4 个区、市土地资源占青岛市的 77.86%（表 3-2）。

三、土地资源特点

（一）土地资源人均占有量少

青岛市土地资源总量约占全省的 7.34%，人均土地资源面积 1.80 亩，约为全省平均水平的 2/3，全国平均水平的 1/7。与其他计划单列市比较，大连市人均土地资源 2.70 亩，宁波为 2.44 亩，均高于青岛。随着经济社会的快速发展，青岛人多地少的矛盾所导致的土地资源制约作用越来越明显。特别是建设用地增加虽与经济社会发展要求相适应，但许多地方建设用地格局失衡、利用粗放、效率不高，建设用地供需矛盾仍很突出。

（二）土地后备资源严重不足

2018 年全市已利用土地面积 1 576.34 万亩，土地利用率为 93.05%，未利用土地面积 117.66 万亩，占全市总面积的 6.95%。青岛未利用土地多分布在星罗棋布的陡峭山地和浅海滩涂一带，成片的大块地较少，主要以荒草地、滩涂及裸岩石砾地占多数，以现有的科技手段，开发难度很大，成本较高。

表3-2 青岛市各区、市土地利用分类

行政区划	土地总面积（万亩）	占全市总面积（%）	人均土地面积（亩）	耕地 面积（万亩）	耕地 占各区、市总面积（%）	园地 面积（万亩）	园地 占各区、市总面积（%）	林地 面积（万亩）	林地 占各区、市总面积（%）	草地 面积（万亩）	草地 占各区、市总面积（%）	城镇村及工矿用地 面积（万亩）	城镇村及工矿用地 占各区市总面积（%）	交通运输用地 面积（万亩）	交通运输用地 占各区市总面积（%）	水域及水利设施用地 面积（万亩）	水域及水利设施用地 占各区市总面积（%）	其他土地 面积（万亩）	其他土地 占各区市总面积（%）
青岛市	1 694.00	100.00	1.80	774.32	45.71	55.84	3.30	180.85	10.68	31.11	1.84	315.40	18.62	88.36	5.22	171.75	10.14	76.39	4.51
市南区	4.83	0.29	0.08	0.00	0.00	0.00	0.00	0.14	2.95	0.00	0.00	4.31	89.18	0.00	0.00	0.37	7.66	0.01	0.21
市北区	9.88	0.58	0.09	0.00	0.00	0.00	0.02	0.43	4.36	0.00	0.00	9.38	94.99	0.00	0.02	0.06	0.61	0.00	0.00
李沧区	14.87	0.88	0.26	0.05	0.30	0.20	1.32	1.80	12.12	0.06	0.43	11.79	79.30	0.26	1.78	0.62	4.15	0.09	0.60
崂山区	59.37	3.50	1.33	1.34	2.26	4.49	7.57	27.00	45.48	1.38	2.33	12.85	21.65	1.94	3.27	3.95	6.66	6.40	10.77
城阳区	87.55	5.17	1.08	9.68	11.05	2.57	2.94	11.43	13.05	0.29	0.33	37.96	43.36	5.15	5.88	15.64	17.86	4.84	5.53
青西新区	319.25	18.85	5.53	110.53	34.62	5.70	1.79	69.16	21.66	7.90	2.48	59.41	18.61	15.44	4.84	29.59	9.27	21.52	6.74
即墨区	288.13	17.02	3.23	148.38	51.50	1.31	0.46	17.98	6.24	3.20	1.11	49.76	17.27	15.80	5.48	39.35	13.66	12.36	4.29
胶州市	198.55	11.72	1.62	94.08	47.38	3.10	1.56	10.16	5.12	4.18	2.10	44.53	22.43	13.76	6.93	23.04	11.60	5.70	2.87
平度市	476.35	28.12	3.45	276.43	58.03	27.45	5.76	33.09	6.95	8.95	1.88	53.83	11.30	22.02	4.62	37.66	7.91	16.93	3.55
莱西市	235.23	13.89	3.08	133.84	56.90	11.01	4.68	9.64	4.10	5.15	2.19	31.59	13.43	13.98	5.94	21.48	9.13	8.54	3.63

（三）土地利用效益不断提高

中华人民共和国成立以来，青岛市地区生产总值不断提高。1949年青岛市生产总值仅为2.87亿元，1952年达到6.74亿元，翻了一番多。1957年为10.82亿元，1999年达到1 018.97亿元，40年间增长了近100倍。2016年全市生产总值突破1万亿元，达到10 184.70亿元。2018年全市生产总值达到12 001.52亿元，平均每公顷土地产出106.27万元，高于山东省48.41万元的平均水平。

（四）建设用地持续增加

自20世纪80年代改革开放以来，青岛市城市化进程加快，城市规模不断扩大，城镇化水平不断提高，建设用地范围逐渐扩大。1996年青岛市建设用地16.27万hm²，占全市土地总面积的14.65%，2005年更新调查建设用地19.99万hm²，占全市土地总面积的17.95%，2018年全市建设用地25.5万hm²，占22.58%（表3-3）。

表3-3　青岛市土地利用类型变化

土地利用类型	1996年		2005年		2018年	
	面积（万hm²）	比重（%）	面积（万hm²）	比重（%）	面积（万hm²）	比重（%）
土地总面积	111.03	100.00	111.75	100.00	112.93	100.00
农用地	86.07	77.52	83.65	74.85	79.59	70.48
建设用地	16.27	14.65	19.99	17.89	25.50	22.58
未利用地	8.69	7.83	8.11	7.26	7.84	6.94

（五）城镇建设土地利用不合理

1996年，青岛市城市用地23 940hm²、建制镇用地6 039.2hm²、村庄用地71 727.2hm²，分别占全市总面积的2.16%、0.54%和6.46%，合计9.16%；2005年，城市用地39 515.7hm²、建制镇15 142.37hm²、农村居民点64 612.81hm²，分别占全市总面积的3.54%、1.36%和5.78%，合计10.68%；2018年，城市用地65 145.33hm²、建制镇28 452.78hm²、农村居民点96 371.87hm²，分别占全市总面积的5.77%、2.52%和8.53%，合计16.82%。2018年比1996年农村居民点用地增加了34.36%，而2018年农村农户户数和人口比1996年分别减少约15万户和78万人，可见青岛农村居民点建设用地增长率和人口增长率出现了倒挂现象。2018年城市用地、建制镇用地和村庄用地总量比2005年增加了43.50%，而常住人口增长了仅14.63%，城镇用地增长高于人口增长，城镇发展带有一定的盲目性，导致土地利用率低。《青岛市土地整治规划（2016—2020年）》明确指出：农村居民点比重高、分布散，整理潜力大，2015年青岛市农村居民点有93 336.10hm²，按农村人口计算，人均农村居民点面积已经超过340m²，节约集约利用水平有待提高；城镇土地低效利用和闲置浪费问题突出，调查显示，全市城镇空闲土地较多，城镇土地利用存在混乱、无序、低效等现象，造成城市功能及景观上的不协调。

（六）土地生态压力较大

青岛市山地丘陵区面积占全市土地总面积的 50% 以上，属于水土流失易发区。水土流失问题会导致土壤流失，土地退化，毁坏耕地，加剧旱情发展，威胁粮食安全；加剧洪涝灾害，威胁防洪安全和公共安全等。全市大部分土地均有轻微水土流失现象，年土壤侵蚀量超过国家规定的每年 200t/km²；较为严重的水土流失有近千平方千米，治理难度较大。2016 年青岛市划分市级水土流失重点预防区 928.66km² 和重点治理区 4 194.72km²。近年来，青岛市的城镇用地主要沿大沽河生态中轴和环胶州湾集聚，协调城镇建设与水体及海岸线环境保护的压力也较大。

第二节　耕地资源综述

耕地，是人类赖以生存的基本资源和条件。《土地利用现状分类》（GB/T 21010—2017）把耕地定义为指种植农作物的土地，包括熟地、新开发、复垦、整理地、休闲地（含轮歇地、休耕地）；以种植农作物（含蔬菜）为主，间有零星果树、桑树或其他树木的土地；平均每年能保证收获一季的已垦滩地和海涂。耕地中包括南方宽度<1.0m，北方宽度<2.0m 固定的沟、渠、路和地坎（埂）；临时种植药材、草皮、花卉、苗木等的耕地，临时种植果树、茶树和林木且耕作层未破坏的耕地，以及其他临时改变用途的耕地。耕地分水田、水浇地和旱地 3 种类型。

一、耕地资源总量

青岛市是山东省经济中心、国家重要的现代海洋产业发展先行区、东北亚国际航运枢纽、海上体育运动基地，"一带一路"新亚欧大陆桥经济走廊主要节点城市和海上合作战略支点。1891 年 6 月 14 日清政府在胶澳设防，青岛由此建置，至今仅 100 余年的历史，是一座年轻的城市，但是其背后也有悠远深厚的农业文明底蕴。据考古发现，新石器时代，青岛是东夷人繁衍生息的主要地区之一，遗留了丰富多彩的大汶口文化、龙山文化和岳石文化。大汶口原始居民种植粟，东夷人则被认为是世界上最早种植小麦的原始居民，可见青岛地区土地垦殖历史悠久。中华人民共和国成立以来，青岛市耕地保有量经历了增加、降低、平稳等曲折变化的过程。根据原青岛市农业委员会编著的《青岛市农村经济统计实用手册（1949—1990）》数据，1949 年全市耕地面积 985.6 万亩（65.71 万 hm²），其后连续 4 年增长，到 1953 年达到青岛耕地总量历史最高点 1 020.8 万亩（68.05 万 hm²），此后开始连续下降。1958 年、1959 年、1960 年连续 3 年，青岛耕地总量大幅度减少，分别比上一年度减少 41.5 万亩、34.5 万亩、35.7 万亩，1962 年青岛耕地总量下降到 900 万亩以下，1980 年下降到 800 万亩以下。1996 年县级土地资源调查汇总数据显示，全市耕地面积 55.01 万 hm²（折合 825.15 万亩），比统计数据 726.9 万亩多出 98.25 万亩，2005 年变更调查全市 51.33 万 hm²（折合 769.95 万亩），

10 年减少耕地 3.68 万 hm² （折合 55.2 万亩）。第二次国土调查数据表明，2009 年年底全市耕地面积 53.50 万 hm² （折合 802.55 亩），比统计数据 41.87 万 hm² （折合 628.05 万亩）多出 174.5 万亩。此后，全市耕地数据在第二次国土调查数据基础上进行增减变更。变更调查数据显示，2018 年全市耕地 516 213.39hm² （折合 774.32 万亩），其中水浇地 243 836.12hm² （折合 365.75 万亩），占 47.23%，旱地 272 377.27hm² （折合 408.57 万亩），占 52.77%（表 3-4、表 3-5、图 3-2）。

表 3-4 青岛市 1949—2011 年耕地数量增减变化

| 年份 | 耕地面积（万亩） | 较上一年增减 | | 年份 | 耕地面积（万亩） | 较上一年增减 | |
		绝对数（万亩）	百分比（%）			绝对数（万亩）	百分比（%）
1949	985.60			1981	794.11	-3.17	-0.40
1950	992.00	6.40	0.65	1982	790.15	-3.96	-0.50
1951	1 013.40	21.40	2.16	1983	787.88	-2.27	-0.29
1952	1 018.70	5.30	0.52	1984	781.85	-6.03	-0.77
1953	1 020.80	2.10	0.21	1985	758.17	-23.68	-3.03
1954	1 019.20	-1.60	-0.16	1986	754.42	-3.75	-0.49
1955	1 018.60	-0.60	-0.06	1987	752.47	-1.95	-0.26
1956	1 013.50	-5.10	-0.50	1988	749.63	-2.04	-0.39
1957	1 013.60	0.10	0.01	1989	748.16	-1.37	-0.18
1958	972.10	-41.50	-4.09	1990	747.59	-0.57	-0.08
1959	937.60	-34.50	-3.55	1991	744.60	-2.99	-0.40
1960	901.90	-35.70	-3.18	1992	738.45	-6.15	-0.83
1961	900.70	-1.20	-0.13	1993	735.00	-3.45	-0.47
1962	895.40	-5.30	-0.59	1994	732.15	-2.85	-0.39
1963	892.30	-2.80	-0.31	1995	729.75	-2.40	-0.33
1964	898.10	5.50	0.62	1996	726.90	-2.85	-0.39
1965	892.80	-5.30	-0.59	1997	726.90	0.00	0.00
1966	883.40	-9.40	-1.05	1998	724.95	-1.95	-0.27
1967	876.50	-6.90	-0.78	1999	721.50	-3.45	-0.48
1968	872.60	-3.90	-0.44	2000	716.25	-5.25	-0.73
1969	867.40	-5.20	-0.60	2001	701.10	-15.15	-2.12
1970	861.30	-6.10	-0.70	2002	681.75	-19.35	-2.76
1971	857.19	-4.11	-0.48	2003	640.35	-41.40	-6.07
1972	851.61	-5.58	-0.65	2004	633.90	-6.45	-1.01
1973	847.91	-3.70	0.43	2005	631.50	-2.40	-0.38
1974	841.63	-6.28	-0.74	2006	619.35	-12.15	-1.92
1975	828.87	-12.76	-1.52	2007	619.65	0.30	0.05
1976	816.34	-12.53	-1.51	2008	626.85	7.20	1.16
1977	808.81	-7.53	-0.92	2009	628.05	1.20	0.19
1978	803.66	-5.15	-0.64	2010	630.60	2.55	0.41
1979	800.13	-3.53	-0.44	2011	629.70	-0.90	-0.14
1980	797.28	-2.85	-0.36				

数据来源：《青岛市农村经济统计实用手册（1949—1990）》《2012 青岛统计年鉴》。

表 3-5　青岛市第二次国土调查调整耕地数量年度增减变化

年份	耕地面积（万亩）	较上一年增减		年份	耕地面积（万亩）	较上一年增减	
		绝对数（万亩）	百分比（%）			绝对数（万亩）	百分比（%）
1993	853.50			2015	783.30	-3.00	-0.38
1996	825.15			2016	780.00	-3.30	-0.42
2012	792.15			2017	777.90	-2.10	-0.27
2013	788.25	-3.90	-0.49	2018	777.90	0.00	0.00
2014	786.30	-1.95	-0.25				

数据来源：《2019 青岛统计年鉴》。

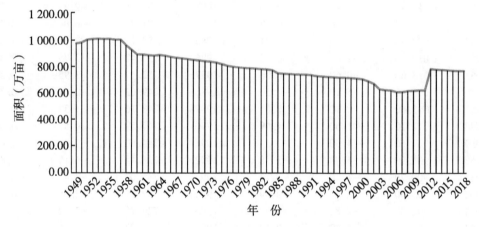

图 3-2　青岛市 1949—2018 年耕地总面积变化趋势

二、耕地资源分布

（一）各区、市分布情况

2018 年青岛市耕地面积 516 213.39hm²（折合 7 743 200.85 亩），占全市土地面积的 45.71%，占农用地面积的 64.86%，其中水浇地 243 836.12hm²（折合 3 657 541.8 亩），旱地 272 377.27hm²（折合 4 085 659.05 亩）。从各区、市耕地面积上来看，平度市耕地绝对数量最多，占全市耕地面积的 1/3 多，青西新区、即墨区、胶州市、平度市和莱西市 5 个主要农业区市耕地面积占全市的 98.57%（表 3-6 和表 3-7）。

农业生产中，除了利用耕地种植农作物（含蔬菜）以外，还要直接或间接利用土地资源，从事其他种养、加工等农事活动，这些土地称为农用地，包括耕地、园地、林地、牧草地、养捕水面、农田水利设施用地以及田间道路和其他一切农业生产性建筑物占用的土地等。青岛农用地的主要类型为：耕地、园地（果园、茶园、其他园地）、林地

（有林地、灌木林地、其他林地）、交通运输用地（农村道路）、水域及水利设施用地（沟渠、坑塘水面）和其他土地（设施农业用地、田坎）（表 3-7）。

表 3-6　青岛市 2018 年各区、市耕地资源分类

区、市	耕地面积（亩）	占全市耕地比重（%）	耕地					
			水浇地			旱地		
			面积（亩）	占全市耕地比重（%）	占各区市耕地比重（%）	面积（亩）	占全市耕地比重（%）	占各区市耕地比重（%）
青岛市	7 743 200.85	100.00	3 657 541.8	47.24		4 085 659.05	52.76	
市南区	0.00		0.00			0.00		
市北区	0.00		0.00			0.00		
李沧区	451.65	0.01	0.00			451.65	0.01	100.00
崂山区	13 444.05	0.17	481.95	0.01	3.58	12 962.10	0.17	96.42
城阳区	96 750.60	1.25	20 886.15	0.27	21.59	75 864.45	0.98	78.41
青西新区	1 105 278.90	14.27	34 875.15	0.45	3.16	1 070 403.75	13.82	96.84
即墨区	1 483 777.05	19.16	196 578.30	2.54	13.25	1 287 198.75	16.62	86.75
胶州市	940 794.90	12.15	588 645.45	7.60	62.57	352 149.45	4.55	37.43
平度市	2 764 285.20	35.70	2 571 172.80	33.21	93.01	193 112.40	2.49	6.99
莱西市	1 338 418.50	17.29	244 902.00	3.16	18.30	1 093 516.50	14.12	81.70

（二）分布规律

青岛市耕地分布由地貌特征决定的特点是：中部坳陷平原区域多，南北台地山地丘陵区域少。山地丘陵区主要以旱地为主，平原区以水浇地为主。即墨、胶州、平度、莱西 4 区市水浇地占全市耕地面积的 46.51%，占全市水浇地的 98.46%，而青西新区、即墨区和莱西市旱地占全市耕地面积的 44.57%，占全市旱地面积的 84.47%。

（三）耕地坡度

根据第二次土地调查，全市耕地按坡度划分：2°以下耕地 420 447.82 公顷 hm^2（6 306 717.3 亩），占 78.58%；2°～6°耕地 86 653.80hm^2（1 299 807.0 亩），占 16.20%；6°～15°耕地 27 254.62hm^2（408 819.3 亩），占 5.09%；15°～25°耕地 634.57hm^2（9 518.5 亩），占 0.12%；25°以上的耕地（含陡坡耕地和梯田）40.77hm^2（611.6 亩），占 0.01%。

表 3-7 青岛市 2018 年各区、市农用地构成

区，市	农用地合计（亩）	耕地 面积（亩）	耕地 占全市比重（%）	耕地 占各区市比重（%）	果园 面积（亩）	果园 占全市比重（%）	果园 占各区市比重（%）	茶园 面积（亩）	茶园 占全市比重（%）	茶园 占各区市比重（%）	其他园地 面积（亩）	其他园地 占全市比重（%）	其他园地 占各区市比重（%）	林地 面积（亩）	林地 占全市比重（%）	林地 占各区市比重（%）
青岛市	11 937 789.90	7 743 200.85	64.86	64.86	462 477.45	3.87	3.87	28 383.90	0.24	0.24	67 489.80	0.57	0.57	1 808 477.55	15.15	15.15
市南区	1 425.00	0.00	0.00	0.00	0.00	0.00	0.00	0.00	0.00	0.00	0.00	0.00	0.00	1 425.00	0.01	100.00
市北区	4 347.15	0.00	0.00	0.00	15.00	0.00	0.00	0.00	0.00	0.00	0.00	0.00	0.00	4 310.55	0.04	99.16
李沧区	21 865.35	451.65	0.00	2.07	1 778.70	0.01	8.13	45.00	0.00	0.21	144.00	0.00	0.66	18 018.90	0.15	82.41
崂山区	356 726.55	13 444.05	0.11	3.77	27 502.20	0.23	7.71	17 058.75	0.14	4.78	387.45	0.00	0.11	270 038.85	2.26	75.70
城阳区	293 493.45	96 750.60	0.81	32.97	25 039.05	0.21	8.53	572.55	0.00	0.20	112.50	0.00	0.04	114 294.45	0.96	38.94
青西新区	2 210 133.00	1 105 278.90	9.26	50.01	46 125.45	0.39	2.09	9 777.30	0.08	0.44	1 087.35	0.01	0.05	691 583.70	5.79	31.29
即墨市	2 073 484.20	1 483 777.05	12.43	71.56	11 491.35	0.10	0.55	630.90	0.01	0.03	996.00	0.01	0.05	179 822.85	1.51	8.67
胶州市	1 297 983.45	940 794.90	7.88	72.48	29 181.15	0.24	2.25	93.75	0.00	0.01	1 735.35	0.01	0.13	101 633.40	0.85	7.83
平度市	3 858 666.60	2 764 285.20	23.16	71.64	215 707.65	1.81	5.59	99.60	0.00	0.00	58 679.25	0.49	1.52	330 904.50	2.77	8.58
莱西市	1 819 665.15	1 338 418.50	11.21	73.55	105 636.90	0.88	5.81	106.05	0.00	0.01	4 347.90	0.04	0.24	96 445.35	0.81	5.30

区，市	农用地合计（亩）	沟渠 面积（亩）	沟渠 占全市比重（%）	沟渠 占各区市比重（%）	坑塘水面 面积（亩）	坑塘水面 占全市比重（%）	坑塘水面 占各区市比重（%）	设施农用地 面积（亩）	设施农用地 占全市比重（%）	设施农用地 占各区市比重（%）	田坎 面积（亩）	田坎 占全市比重（%）	田坎 占各区市比重（%）	农村道路 面积（亩）	农村道路 占全市比重（%）	农村道路 占各区市比重（%）
青岛市	11 937 789.90	317 274.30	2.66	2.66	452 505.00	3.79	3.79	213 028.20	1.78	1.78	347 720.70	2.91	2.91	497 232.15	4.17	4.17
市南区	1 425.00	0.00	0.00	0.00	0.00	0.00	0.00	0.00	0.00	0.00	0.00	0.00	0.00	0.00	0.00	0.00
市北区	4 347.15	0.00	0.00	0.00	0.00	0.00	0.00	1.65	0.00	0.04	0.00	0.00	0.00	19.95	0.00	0.46
李沧区	21 865.35	37.05	0.00	0.17	421.35	0.00	1.93	358.80	0.00	1.64	96.15	0.00	0.44	513.75	0.00	2.35
崂山区	356 726.55	7 608.90	0.06	2.13	2 122.95	0.02	0.60	6 753.60	0.06	1.89	3 260.70	0.03	0.91	8 549.10	0.07	2.40
城阳区	293 493.45	5 277.75	0.04	1.80	27 777.60	0.23	9.46	5 550.75	0.05	1.89	2 895.00	0.02	0.99	15 223.20	0.13	5.19
青西新区	2 210 133.00	20 439.15	0.17	0.92	98 727.00	0.83	4.47	34 212.15	0.29	1.55	149 251.05	1.25	6.75	53 650.95	0.45	2.43
即墨市	2 073 484.20	58 358.10	0.49	2.81	144 233.55	1.21	6.96	39 545.70	0.33	1.91	64 041.60	0.54	3.09	90 587.10	0.76	4.37
胶州市	1 297 983.45	44 500.05	0.37	3.43	58 525.80	0.49	4.51	17 366.70	0.15	1.34	36 825.15	0.31	2.84	67 327.20	0.56	5.19
平度市	3 858 666.60	134 664.00	1.13	3.49	71 193.75	0.60	1.85	57 909.75	0.49	1.50	59 400.75	0.50	1.54	165 822.15	1.39	4.30
莱西市	1 819 665.15	46 389.30	0.39	2.55	49 503.00	0.41	2.72	51 329.10	0.43	2.82	31 950.30	0.27	1.76	95 538.75	0.80	5.25

第三节 耕地资源利用

青岛气候条件适宜多种作物生长，种植业门类齐全，农作物种类繁多，粮食作物主要有小麦、玉米、甘薯、大豆、谷子和少量水稻、高粱等，经济作物主要有花生、蔬菜和少量棉花、烟草等。耕地利用可理解为农作物种植结构，种植结构与社会政治政策息息相关。中华人民共和国成立 70 余年来，以家庭联产承包责任制的实施为时间标点，可将青岛市农业发展划分成两个大的时空段落，即社会主义农业发展道路探索期（1949—1981 年）和中国特色社会主义现代农业发展期（1982 年至今），每一个阶段政策导向对耕地利用都有重大影响。70 余年来，随着农业生产技术水平不断提高，青岛农业生产能力持续增强，成为全国唯一实现主要农产品自给有余的计划单列市。以粮食为例，1949 年全市粮食单产 57kg/亩，总产 73 万 t，1978 年全市粮食单产每亩 199kg，总产 190 万 t，2018 年全市粮食单产每亩 430kg，总产 310 万 t。

一、社会主义农业发展道路探索期（1949—1981 年）

这一时期从耕地的利用的社会组织形式上，又可分为土地改革、社会主义改造和人民公社 3 个阶段。

（一）土地改革阶段（1949—1953 年）

以 1950 年 6 月颁布的《中华人民共和国土地改革法》为标志的土地改革运动，至 1953 年春全国除部分少数民族地区，全国 3 亿无地少地的农民（包括老解放区）无偿分得 4 700 万 hm²（折合 7.05 亿亩）土地及其他生产资料，实现了真正意义上的"耕者有其田"，延续了几千年的封建土地所有制被彻底砸碎，得到人身解放和生产资料的农民焕发出极大的劳动热情和对土地的热爱。1951 年 2 月，土地改革运动在崂山全面开展，废除了封建土地所有制，实现了耕者有其田，农业生产得到迅速恢复和发展。1953 年全市耕地数量达到了历史最高点 1 020.8 万亩，比 2018 年多出 242.9 万亩，多出的面积相当于今天的青西新区加莱西市耕地面积总和，几乎和平度市耕地面积相当。这一时期青岛从刚刚结束战乱状态到社会稳定，农业生产处于恢复期，受限于当时的农业生产技术、装备条件，农民一家一户缺乏抵御自然灾害和社会风险的能力。种植结构上，粮食和经济作物比例总体上变化不大，依然以粮食作物为主，但经济作物的比例开始出现上升的苗头，国民经济发展和农民对生活质量追求的需求对经济作物播种面积的上升起到拉动作用（表 3-8 至表 3-11）。

这段时间粮食总产量从 1949 年的 73.32 万 t，上升到了 1953 年的 84.93 万 t，1952 年甚至达到 96.66 万 t，粮食产量的增加也是促进经济作物播种面积的出现扩大势头的原因。1953 年的减产，是与当年春季干旱低温和夏季台风暴雨等自然灾害有关，同年虫灾也大面积发生，胶州、莱阳、文登 3 个专区的麦田内发生的粟黏虫为害尤为严重。

表 3-8　青岛市 1949—1953 年粮食作物播种面积变化情况

年份	总面积（万亩）	小麦		玉米		稻谷		大豆		甘薯		谷子		高粱	
		面积（万亩）	占比（%）	面积（万亩）	占比（%）	面积（万亩）	占比（%）	面积（万亩）	占比（%）	面积（万亩）	占比（%）	面积（万亩）	占比（%）	面积（万亩）	占比（%）
1949	1 260.8	361.1	28.64	48.8	3.87	2.7	0.002	213.4	16.93	275.2	21.83	169.2	13.42	121.1	9.61
1950	1 280.2	377.9	29.52	49.4	3.86	1.3	0.001	199.8	15.61	294.0	22.97	160.4	12.53	126.6	9.89
1951	1 288.5	358.2	27.80	56.0	4.35	1.6	0.001	221.5	17.19	275.2	21.36	157.5	12.22	129.6	10.06
1952	1 273.4	391.2	30.72	61.8	4.85	1.7	0.001	237.0	18.61	255.2	20.07	159.5	12.53	102.6	8.06
1953	1 286.0	389.8	30.31	69.3	5.39	2.3	0.002	227.0	17.65	263.4	20.48	166.6	12.95	104.1	8.09

数据来源：《青岛市农村经济统计实用手册（1949—1990）》。

表 3-9　青岛市 1949—1953 年粮食作物产量变化情况

年份	总产量（万 t）	小麦		玉米		稻谷		大豆		甘薯		谷子		高粱	
		总产（万 t）	占比（%）	总产（万 t）	占比（%）	总产（万 t）	占比（%）	总产（万 t）	占比（%）	总产（万 t）	占比（%）	总产（万 t）	占比（%）	总产（万 t）	占比（%）
1949	72.32	15.88	21.96	2.58	3.57	0.13	0.18	7.56	10.45	25.57	35.36	9.32	12.89	7.44	10.29
1950	87.98	16.15	18.36	3.65	4.15	0.11	0.13	10.46	11.89	30.00	34.10	12.51	14.22	10.38	11.80
1951	91.30	17.67	19.35	4.01	4.39	0.12	0.13	10.84	11.87	29.85	32.69	12.53	13.72	10.11	11.07
1952	96.66	20.04	20.73	5.81	6.01	0.13	0.13	12.02	12.44	32.32	33.44	13.53	14.00	8.69	8.99
1953	84.93	17.67	20.81	6.00	7.06	0.20	0.24	10.21	12.02	32.14	37.84	8.61	10.14	6.44	7.58

数据来源：《青岛市农村经济统计实用手册（1949—1990）》。

表 3-10　青岛市 1949—1953 年主要经济作物和蔬菜播种面积变化情况

年份	总面积（万亩）	经济作物										蔬菜
		棉花		油料				麻类		烟草		总面积（万亩）
		面积（万亩）	占比（%）	面积（万亩）	占比（%）	其中：花生		面积（万亩）	占比（%）	面积（万亩）	占比（%）	
						面积（万亩）	占比（%）					
1949	109.2	12.7	11.63	91.2	83.52	90.6	82.97	3.8	3.48	—	—	33.1
1950	106.1	9.2	8.67	92.9	87.56	91.6	86.33	3.8	3.58	0.2	0.18	28.4
1951	121.5	22.8	18.77	92.1	75.80	86.2	70.95	6.1	5.02	0.5	0.47	28.4
1952	162.5	38.3	23.57	115.3	70.95	114.8	70.65	8.8	5.42	0.1	0.08	25.0
1953	139.4	29.4	21.09	107.0	76.76	106.4	76.33	2.7	1.94	0.3	0.18	29.6

数据来源：《青岛市农村经济统计实用手册（1949—1990）》。

表 3-11　青岛市 1949—1953 年农作物播种面积变化情况

年份	农作物播种总面积（万亩）	粮食作物		经济作物		其他作物		复种指数
		面积（万亩）	占比（%）	面积（万亩）	占比（%）	面积（万亩）	占比（%）	
1949	1 405.0	1 260.8	89.74	109.2	7.77	39.10	2.78	142.6
1950	1 417.2	1 280.2	90.33	106.1	7.49	42.93	3.03	142.9

（续表）

年份	农作物播种总面积（万亩）	粮食作物		经济作物		其他作物		复种指数
		面积（万亩）	占比（%）	面积（万亩）	占比（%）	面积（万亩）	占比（%）	
1951	1 442.2	1 288.5	89.34	121.5	8.42	42.98	2.98	142.3
1952	1 463.6	1 273.4	87.00	162.5	11.10	47.57	3.25	143.7
1953	1 458.9	1 286.0	88.15	139.4	9.56	50.86	3.49	142.9

数据来源：《青岛市农村经济统计实用手册（1949—1990）》。

（二）社会主义改造阶段（1954—1957年）

全国在1953年春天土地改革基本完成，1953年8月毛泽东同志在一个批示中指出："从中华人民共和国成立，到社会主义改造基本完成，这是一个过渡时期。党在这个过渡时期的总路线和总任务，是要在一个相当长的时间内，基本上实现国家工业化和对农业、手工业和资本主义工商业的社会主义改造。这条总路线，应该是照耀我们各项工作的灯塔，各项工作离开它，就要犯'右倾'或'左倾'的错误。"1952年下半年至1956年，中国仅仅用了4年时间，就完成了对农业、手工业和资本主义工商业的社会主义改造，实现了把生产资料私有制转变为社会主义公有制，使中国从新民主主义社会跨入了社会主义社会，我国初步建立起社会主义的基本制度。从此，中国进入社会主义的初级阶段。

社会主义农业改造过程是伴随着农业合作化而展开，对农业的社会主义改造政策的制定整体上是理性的，是我们党对中国传统小农经济社会向社会主义经济社会转化的积极探索尝试。正如毛泽东同志所说："就农业来说，社会主义道路是我国农业唯一的道路。发展互助合作运动，不断地提高农业生产力，这是党在农村中工作的中心。"其间，中共中央对农业社会主义改造高度关注，1953年12月16日中共中央通过《中共中央关于发展农业生产合作社的决议》。1955年10月4—11日七届六中全会（扩大）通过《关于农业合作化问题的决议》，至此全国农业合作化运动迅猛发展。"截至1956年3月底，全国农业合作社占全国农户总数的90%，入社户达到10 668万户，到1956年年底参加高级社的农户占全国总农户的87.8%，基本上完成了对农业的社会主义改造。"社会主义改造阶段农业合作化道路对农业生产的促进，保障了第一个"五年计划"工业对农产品原材料的需求，保障了农产品统购统销政策的顺利实施。通过互助合作凝聚了人心，克服了小农经济产生的小资产阶级思想，坚定了人民走社会主义道路的信念。可以说，社会主义改造既是一次生产关系的再造，更是一次思想的突破和升华，为社会主义建设铺平了思想道路。随着全国农业的社会主义改造开始，青岛崂山各地陆续成立农业互助组，在此基础上，1952年4月，李家下庄农民李京明组织起崂山办事处第一个初级农业生产合作社。1955年，崂山郊区开始组建高级农业合作社，1957年合并为231处，有79 745户、43 423人，土地私有制变为合作社集体所有，完成了农业的社会主义改造。

这一时期，全市粮食产量继续提高，1957年达到89.19万t，1956年高达103.16万t。1957年的减产与当年干旱洪涝灾害有直接的关系。根据《山东省志·农业志》的记载，1953 年山东省旱灾受灾、成灾面积都为 4 060.9 万亩，涝灾受灾、成灾面积分别为 3 232.0 万亩、2 732.3 万亩，1957 年旱灾受灾、成灾面积都为 3 804.2 万亩，涝灾受灾、成灾面积分别为 3 201.2 万亩、2 566.5 万亩。青岛市 1953 年粮食总产比 1952 年下降 12.14%，1957 年粮食总产比 1956 年下降 13.54%。

社会主义改造阶段与土地改革阶段相比较，明显看出粮食播种面积比例开始下降，平均下降 3.4 个百分点，而经济作物和其他农作物播种平均比例上升了 2.3 个百分点。粮食作物中，小麦、玉米、甘薯的播种比例上升，谷子、高粱的播种比例明显下降。1950—1953 年全市平均总产为年 90.22 万 t，1954—1957 年为 95.43 万 t，比前 4 年高 5.77%（表 3-12 至表 3-15）。

表 3-12　青岛市 1954—1957 年粮食作物播种面积变化情况

年份	总面积（万亩）	小麦		玉米		稻谷		大豆		甘薯		谷子		高粱	
		面积（万亩）	占比（%）	面积（万亩）	占比（%）	面积（万亩）	占比（%）	面积（万亩）	占比（%）	面积（万亩）	占比（%）	面积（万亩）	占比（%）	面积（万亩）	占比（%）
1954	1 263.3	381.9	30.23	86.4	6.84	2.8	0.22	204.4	16.18	275.9	21.84	143.5	11.36	94.6	7.49
1955	1 223.3	366.4	29.95	114.8	9.38	4.0	0.33	183.3	14.98	268.0	21.91	127.4	10.41	84.9	6.94
1956	1 228.9	396.6	32.27	192.8	15.69	6.1	0.50	184.0	14.97	287.1	23.36	67.9	5.53	45.4	3.69
1957	1 261.3	395.2	31.33	148.2	11.75	5.0	0.40	186.7	14.80	310.4	24.61	80.8	6.41	55.8	4.42

数据来源：《青岛市农村经济统计实用手册（1949—1990）》。

表 3-13　青岛市 1954—1957 年粮食作物产量变化情况

年份	总产量（万 t）	小麦		玉米		稻谷		大豆		甘薯		谷子		高粱	
		总产（万 t）	占比（%）	总产（万 t）	占比（%）	总产（万 t）	占比（%）	总产（万 t）	占比（%）	总产（万 t）	占比（%）	总产（万 t）	占比（%）	总产（万 t）	占比（%）
1954	95.30	19.55	2.05	9.24	0.97	0.19	0.02	8.03	0.84	35.44	3.72	114.22	11.99	6.43	0.67
1955	94.06	16.43	1.75	12.45	1.32	0.18	0.02	9.90	1.05	35.27	3.75	98.37	10.46	6.62	0.70
1956	103.16	21.57	2.09	19.58	1.90	0.40	0.04	10.29	1.00	39.62	3.84	44.91	4.35	2.91	0.28
1957	89.19	21.07	2.36	14.18	1.59	0.29	0.03	6.51	0.73	36.55	4.10	58.99	6.61	3.41	0.38

数据来源：《青岛市农村经济统计实用手册（1949—1990）》。

表 3-14　青岛市 1954—1957 年主要经济作物和蔬菜播种面积变化情况

年份	总面积（万亩）	经济作物										蔬菜
		棉花		油料				麻类		烟草		总面积（万亩）
		面积（万亩）	占比（%）	面积（万亩）	占比（%）	其中：花生		面积（万亩）	占比（%）	面积（万亩）	占比（%）	
						面积（万亩）	占比（%）					
1954	154.5	26.5	17.15	125.6	81.29	124.8	80.78	2.1	1.36	0.3	0.19	32.4
1955	169.5	39.7	23.42	126.6	74.69	125.3	73.92	3.1	1.83	0.5	0.29	38.4
1956	172.6	40.3	23.35	128.0	74.16	127.0	73.58	3.9	2.26	0.4	0.23	41.2
1957	158.6	34.1	21.50	120.0	75.66	119.4	75.28	4.2	2.65	0.3	0.19	48.7

数据来源：《青岛市农村经济统计实用手册（1949—1990）》。

表 3-15　青岛市 1954—1957 年农作物播种面积结构变化和复种指数情况

年份	农作物播种总面积（万亩）	粮食作物		经济作物		其他作物		复种指数
		面积（万亩）	占比（%）	面积（万亩）	占比（%）	面积（万亩）	占比（%）	
1954	1 454.4	1 263.3	86.86	154.5	10.62	36.6	2.52	142.7
1955	1 438.7	1 223.3	85.03	169.5	11.78	45.1	3.13	141.2
1956	1 449.4	1 228.9	84.79	172.6	11.91	47.9	3.30	143.0
1957	1 477.3	1 261.3	85.38	158.6	10.74	57.4	3.89	145.7

数据来源：《青岛市农村经济统计实用手册（1949—1990）》。

（三）人民公社阶段（1958—1981 年）

这一阶段时间跨度 24 年，可分为两个阶段，即人民公社运动和三级所有人民公社制度。

1. 人民公社运动（1958—1962 年）

1958 年 8 月 17 日，中央政治局扩大会议通过了《关于在农村建立人民公社问题的决议》，决定把各地高级农业生产合作社，普遍升级为大规模的、政社合一的人民公社，10 月底全国达到公社化，1.2 亿农户入社，占总农户的 99%。1958 年 9 月 10 日青岛市郊区第一个人民公社——红旗人民公社在崂山县李村成立。以此为起点当年 9 月崂山县 32 个乡（镇）先后建起红旗、金星、爱国、卫星、东风、先锋、火箭、幸福 8 处人民公社，同年改名李村、夏庄、仙家寨、惜福镇、沙子口、北宅、王哥庄和中韩人民公社。1961 年 10 月 5 日，国务院 113 次会议决定设立崂山县，辖李村、惜福镇、王哥庄、夏庄、仙家寨、北宅、中韩、沙子口、棘洪滩、城阳、马哥庄、河套、红岛 13 处人民公社。

这一时期可以明显看出青岛市农作物播种面积下降，年均农作物播种面积为 1 266.7 万亩，其中粮食 1 105.76 万亩、经济作物 83.98 万亩、其他农作物 67.56 万亩；1950—1957 年农作物播种面积年均 1 445.19 万亩，粮食 1 262.86 万亩，经济作物 143.77 万亩，其他农作物 45.60 万亩；农作物、粮食、经济作物播种面积下降比例分别为 12.35%、12.44%、41.59%，只有其他农作物上升了 48.14%。1950—1957 年耕地面积年均为 1 013.73 万亩，1958—1962 年为 921.54 万亩，下降了 9.09%。从复种指数中我们也可以看出明显的下降趋势。综合比较，这一时期耕地利用率下降了 3 个多百分点。1960 年粮食总产甚至下降到 46.16 万 t，比 1956 年的 103.16 万 t 下降了一半还多（表 3-16 至表 3-19）。

表 3-16　青岛市 1958—1962 年粮食作物播种面积变化情况

年份	总面积（万亩）	小麦		玉米		稻谷		大豆		甘薯		谷子		高粱	
		面积（万亩）	占比（%）	面积（万亩）	占比（%）	面积（万亩）	占比（%）	面积（万亩）	占比（%）	面积（万亩）	占比（%）	面积（万亩）	占比（%）	面积（万亩）	占比（%）
1958	1 231.7	393.6	31.96	160.9	13.06	25.5	2.07	146.4	11.89	363.6	29.5	35.8	2.91	30.6	2.48
1959	1 055.4	239.6	22.70	115.4	10.93	6.9	0.65	146.8	13.91	320.4	30.4	76.0	7.20	65.7	6.23

（续表）

年份	总面积(万亩)	小麦		玉米		稻谷		大豆		甘薯		谷子		高粱	
		面积(万亩)	占比(%)	面积(万亩)	占比(%)	面积(万亩)	占比(%)	面积(万亩)	占比(%)	面积(万亩)	占比(%)	面积(万亩)	占比(%)	面积(万亩)	占比(%)
1960	1 084.6	383.0	35.31	67.6	6.23	2.5	0.23	152.0	14.01	325.3	30.0	37.9	3.49	33.3	3.07
1961	1 069.0	315.1	29.48	68.0	6.36	2.4	0.22	148.6	13.90	327.1	30.6	53.4	5.00	64.7	6.05
1962	1 088.1	297.3	27.32	74.1	6.81	2.8	0.26	148.4	13.64	349.5	32.1	57.4	5.28	75.6	6.95

数据来源：《青岛市农村经济统计实用手册（1949—1990）》。

表3-17　青岛市1958—1962年粮食作物产量变化情况

年份	总产量(万t)	小麦		玉米		稻谷		大豆		甘薯		谷子		高粱	
		总产(万t)	占比(%)	总产(万t)	占比(%)	总产(万t)	占比(%)	总产(万t)	占比(%)	总产(万t)	占比(%)	总产(万t)	占比(%)	总产(万t)	占比(%)
1958	97.21	19.16	19.71	14.65	15.07	1.85	1.90	6.79	6.98	45.85	4.72	2.84	2.92	2.27	2.34
1959	86.20	13.04	15.13	9.20	10.67	0.37	0.43	7.18	8.33	42.86	4.97	5.10	5.92	4.21	4.88
1960	46.16	15.93	34.51	2.41	5.22	0.07	0.15	3.84	8.32	19.10	4.14	1.15	2.49	0.76	1.65
1961	67.65	8.57	12.67	4.47	6.61	0.09	0.13	5.65	8.35	39.51	5.84	2.78	4.11	3.48	5.14
1962	63.89	10.43	16.32	5.30	8.30	0.14	0.22	5.10	7.98	34.70	5.43	2.74	4.29	2.52	3.94

数据来源：《青岛市农村经济统计实用手册（1949—1990）》。

表3-18　青岛市1958—1962年主要经济作物和蔬菜播种面积变化情况

年份	总面积(万亩)	经济作物										蔬菜
		棉花		油料				麻类		烟草		总面积(万亩)
						其中：花生						
		面积(万亩)	占比(%)	面积(万亩)	占比(%)	面积(万亩)	占比(%)	面积(万亩)	占比(%)	面积(万亩)	占比(%)	
1958	139.2	34.4	24.71	100.3	72.05	99.9	71.77	4.3	3.09	0.2	0.14	46.3
1959	83.9	33.4	39.81	45.8	54.59	33.8	40.29	4.3	5.13	0.4	0.48	64.5
1960	84.7	30.4	35.89	51.0	60.21	37.9	44.75	3.1	3.66	0.2	0.24	81.0
1961	74.4	16.8	22.58	54.5	73.25	54.3	72.98	2.8	3.76	0.3	0.40	68.2
1962	37.7	23.7	62.86	61.2	162.33	61.0	161.80	2.7	7.16	0.1	0.27	46.6

数据来源：《青岛市农村经济统计实用手册（1949—1990）》。

表3-19　青岛市1958—1962年农作物播种面积结构变化和复种指数情况

年份	农作物播种总面积(万亩)	粮食作物		经济作物		其他作物		复种指数
		面积(万亩)	占比(%)	面积(万亩)	占比(%)	面积(万亩)	占比(%)	
1958	1 425.6	1 231.7	86.40	139.2	9.76	54.7	0.38	146.7
1959	1 212.9	1 055.4	87.01	83.9	6.92	73.6	0.61	129.4

（续表）

年份	农作物播种总面积（万亩）	粮食作物		经济作物		其他作物		复种指数
		面积（万亩）	占比（%）	面积（万亩）	占比（%）	面积（万亩）	占比（%）	
1960	1 253.8	1 084.6	86.51	84.7	6.76	87.5	0.70	139.0
1961	1 215.3	1 069.0	87.96	74.4	6.12	71.9	0.59	134.9
1962	1 225.9	1 088.1	88.76	37.7	3.08	50.1	0.41	136.9

数据来源：《青岛市农村经济统计实用手册（1949—1990）》。

1959—1961 年我国经历了"三年困难时期"，国内学者根据对灾情、受灾面积等资料的分析，证实这 3 年发生了持续的严重自然灾害，同时决策错误带来的影响也不容忽视。1958 年 5 月的八大二次会议提出农业"以粮为纲"，会议还调整了"二五"计划的指标，粮食从 5 000 亿斤[①]上升到 7 000 亿斤。1958—1962 年的青岛市粮经比大约为 7.3∶1，1950—1957 年约为 6.7∶1。

2. 三级所有人民公社制度（1963—1981 年）

鉴于"三年困难时期"对国家和人民带来的伤害，党和政府开始对人民公社化运动过程中出现的问题进行思考，以 1962 年 1 月 11 日"七千人大会"在北京召开标志，人民公社化运动进入了相对平稳的发展阶段。后又经过几年的调整最终确立了以生产队所有制为基础的三级所有制作为人民公社的基本制度，一直到十一届三中全会随着家庭联产承包责任制的实行，人民公社才退出历史舞台。

1959 年毛泽东同志对人民公社的论述是："农村人民公社所有制必须有一个发展过程，由队的小集体所有制，到社的大集体所有制，需要一个过程，这个过程要有几年时间才能完成。"1962 年 9 月，第八届中央委员会第十次全体会议，正式通过了《农村人民公社工作条例》修正草案，从法律层面上，调整与规范了人民公社的性质、规模、组织及日常管理等问题，人民公社从此走上正确的轨道。恢复公社三级核算制度、继续搞农村集贸市场、扩大了社员自留地、允许发展家庭副业等政策，对后期农村社会经济发展起到了积极作用，影响深远。《农村人民公社工作条例》有一条很明确的规定，生产队应该按照当地的需要和条件，积极发展农村原有的农副产品加工作坊（磨坊、粉坊、油坊、豆腐坊等），手工业（农具、烧窑、土纸、编织等），养殖业（养母畜、种畜、群鸭、群鹅、蜜蜂等）。这条政策，颇为重要，为后来公社大队兴办集体企业指明方向，为农村经济多元化发展提供法律层面的支持，也为改革开放后的乡镇企业发展奠定了思想基础，锻炼储备了技术、经营人才。

这一时期跨度 18 年，耕地面积下降较快，从 1963 年的 892 万亩下降到 1981 年的 794 万亩，减少 98 万亩，年均减少 5.44 万亩。自 1980 年始青岛耕地面积下降到了 800 万亩以下。农业种植结构上粮经比进一步优化，表现在耕地利用上，农作物播种总面积

---

① 1 斤=0.5kg，全书同。

在下降，粮食播种面积在下降，经济作物播种面积在上升。从复种指数上看，受人民公社化运动影响的农业生产积极性在经过了4~5年的调整恢复，逐步回归正常。虽然粮食播种面积下降了，但是粮食总产却在稳步提升（表3-20至表3-23）。这背后的推力是国家对农业的重视。一是对农业科技的重视。1964年年底到1965年年初召开的第三届全国人民代表大会第一次会议提出"四个现代化"的宏伟目标，农业现代化和农业科技得到了重视。二是对农业基础设施建设的重视。1964年，轰轰烈烈的"农业学大寨"运动在全国铺开，20世纪70年代初"战山河"运动在全国广大农村如火如荼掀起。随着这些运动的开展，农业基础设施建设得到很大加强，农民依靠集体的力量和人海战术，肩挑手提完成了河流改道、引水入田、平整梯田、修路架桥等治山治水治路工程，使耕地的生产能力得到了极大提高。

表3-20　青岛市1963—1981年粮食作物播种面积变化情况

年份	总面积(万亩)	小麦		玉米		稻谷		大豆		甘薯		谷子		高粱	
		面积(万亩)	占比(%)	面积(万亩)	占比(%)	面积(万亩)	占比(%)	面积(万亩)	占比(%)	面积(万亩)	占比(%)	面积(万亩)	占比(%)	面积(万亩)	占比(%)
1963	1 048.20	281.50	26.86	91.50	8.73	3.20	0.31	139.30	13.29	322.60	30.78	59.90	5.71	72.60	6.93
1964	1 055.60	308.00	29.18	112.90	10.70	3.50	0.33	123.00	11.65	337.00	31.92	50.80	4.81	55.00	5.21
1965	1 077.20	333.10	30.92	116.50	10.82	20.80	1.93	134.20	12.46	341.30	31.68	36.70	3.41	40.20	3.73
1966	1 034.40	330.10	31.91	143.00	13.82	23.50	2.27	113.10	10.93	317.90	30.73	28.60	2.76	35.80	3.46
1967	1 025.10	356.80	34.81	132.80	12.95	18.10	1.77	113.90	11.11	294.70	28.75	36.90	3.60	44.80	4.37
1968	1 000.30	337.50	33.74	132.40	13.24	14.00	1.40	106.20	10.62	307.40	30.73	45.70	4.57	38.70	3.87
1969	1 031.80	351.50	34.07	139.10	13.48	9.10	0.88	96.90	9.39	322.60	31.27	57.30	5.55	35.80	3.47
1970	1 023.90	349.20	34.10	159.40	15.57	8.40	0.82	78.80	7.70	298.80	29.18	76.70	7.49	34.90	3.41
1971	1 054.25	393.58	37.33	155.75	14.77	17.68	1.68	83.58	7.93	280.19	26.58	46.57	4.42	54.64	5.18
1972	1 063.01	403.56	37.96	144.85	13.63	35.24	3.32	69.29	6.52	302.98	28.50	26.34	2.48	55.20	5.19
1973	1 032.88	375.62	36.37	164.19	15.90	25.33	2.45	60.17	5.83	318.61	30.85	28.23	2.73	27.89	2.70
1974	1 005.82	382.63	38.04	173.22	17.22	23.16	2.30	60.11	5.98	296.19	29.45	27.04	2.69	16.40	1.63
1975	987.49	392.96	39.79	188.26	19.06	28.52	2.89	50.58	5.12	269.87	27.33	21.86	2.21	14.66	1.48
1976	982.62	418.98	42.64	200.32	20.39	48.49	4.93	42.48	4.32	228.47	23.25	16.35	1.66	11.22	1.14
1977	967.07	406.93	42.08	202.69	20.96	34.47	3.56	42.53	4.40	242.93	25.12	14.85	1.54	9.55	0.99
1978	954.44	395.01	41.39	221.84	23.25	10.80	1.13	38.93	4.08	253.00	26.51	12.48	1.31	10.01	1.05
1979	921.44	385.20	41.80	215.03	23.34	19.00	2.06	38.51	4.18	232.97	25.28	12.59	1.37	8.98	0.97
1980	905.38	374.81	41.40	228.29	25.21	18.70	2.07	40.79	4.51	212.98	23.52	11.07	1.22	11.42	1.26
1981	908.15	378.80	41.71	246.85	27.18	8.67	0.95	55.29	6.09	192.53	21.20	9.46	1.04	10.60	1.17

数据来源：《青岛市农村经济统计实用手册（1949—1990）》。

表3-21　青岛市1963—1981年粮食作物产量变化情况

年份	总产量(万t)	小麦		玉米		稻谷		大豆		甘薯		谷子		高粱	
		总产(万t)	占比(%)	总产(万t)	占比(%)	总产(万t)	占比(%)	总产(万t)	占比(%)	总产(万t)	占比(%)	总产(万t)	占比(%)	总产(万t)	占比(%)
1963	75.95	12.54	16.51	8.81	11.60	0.18	0.24	6.56	8.64	36.87	48.55	3.91	5.15	3.71	4.88
1964	80.08	18.34	22.90	10.93	13.65	0.27	0.34	3.74	4.67	38.60	48.20	2.54	3.17	2.31	2.88

（续表）

年份	总产量(万t)	小麦		玉米		稻谷		大豆		甘薯		谷子		高粱	
		总产(万t)	占比(%)	总产(万t)	占比(%)	总产(万t)	占比(%)	总产(万t)	占比(%)	总产(万t)	占比(%)	总产(万t)	占比(%)	总产(万t)	占比(%)
1965	91.53	18.06	19.73	13.56	14.81	2.02	2.21	6.55	7.16	43.56	47.59	2.34	2.56	2.47	2.70
1966	117.00	20.63	17.63	20.06	17.15	3.76	3.21	7.90	6.75	57.10	48.80	2.88	2.46	3.01	2.57
1967	115.00	22.23	19.33	20.93	18.20	3.01	2.62	7.05	6.13	52.18	45.37	4.10	3.57	3.69	3.21
1968	101.24	18.90	18.67	19.18	18.95	1.92	1.90	5.12	5.06	46.21	45.64	5.12	5.06	3.53	3.49
1969	112.91	23.13	20.49	21.72	19.24	1.38	1.22	5.12	4.53	50.76	44.96	6.37	5.64	2.98	2.64
1970	117.60	24.39	20.74	24.44	20.78	1.50	1.28	5.88	5.00	51.59	43.87	5.38	4.57	2.88	2.45
1971	132.51	31.08	23.45	27.05	20.41	3.85	2.91	5.63	4.25	54.64	41.23	3.52	2.66	5.00	3.77
1972	144.06	35.41	24.58	26.81	18.61	7.67	5.32	3.83	2.66	59.26	41.14	2.43	1.69	6.15	4.27
1973	165.43	29.96	18.11	32.96	19.92	6.27	3.79	4.57	2.76	82.37	49.79	3.29	1.99	3.58	2.16
1974	159.31	39.97	25.09	35.37	22.20	5.51	3.46	3.94	2.47	67.51	42.38	2.68	1.68	1.69	1.06
1975	190.06	42.95	22.60	42.01	22.10	8.17	4.30	3.68	1.94	87.28	45.92	2.22	1.17	1.58	0.83
1976	188.53	56.92	30.19	47.56	25.23	1.05	0.56	4.19	2.22	64.23	34.07	1.93	1.02	1.11	0.59
1977	179.09	46.33	25.87	51.46	28.73	9.14	5.10	3.57	1.99	63.02	35.19	2.22	1.24	1.76	0.98
1978	190.09	44.98	23.66	51.06	26.86	2.74	1.44	3.29	1.73	84.14	44.26	1.81	0.95	1.15	0.60
1979	209.77	70.70	33.70	64.92	30.95	5.45	2.60	3.47	1.65	61.16	29.16	1.82	0.87	1.18	0.56
1980	216.22	51.98	24.04	81.91	37.88	6.04	2.79	4.88	2.26	66.95	30.96	1.65	0.76	1.75	0.81
1981	146.49	63.94	43.65	48.70	33.24	1.67	1.14	2.87	1.96	26.86	18.34	1.91	1.30	0.96	0.66

数据来源：《青岛市农村经济统计实用手册（1949—1990）》。

表3-22　青岛市1963—1981年主要经济作物和蔬菜播种面积变化情况

年份	总面积(万亩)	经济作物										蔬菜
		棉花		油料				麻类		烟草		总面积(万亩)
		面积(万亩)	占比(%)	面积(万亩)	占比(%)	其中：花生		面积(万亩)	占比(%)	面积(万亩)	占比(%)	
						面积(万亩)	占比(%)					
1963	97.00	26.00	26.80	66.70	68.76	66.40	68.45	4.00	4.12	0.30	0.31	39.80
1964	115.30	28.80	24.98	81.80	70.95	81.60	70.77	4.40	3.82	0.30	0.26	37.10
1965	125.20	29.20	23.32	87.30	69.73	87.20	69.65	8.50	6.79	0.20	0.16	40.20
1966	149.10	31.20	20.93	104.90	70.36	104.80	70.29	17.60	11.80	0.40	0.27	38.60
1967	169.60	32.40	19.10	121.40	71.58	120.90	71.29	15.60	9.20	0.20	0.12	35.20
1968	166.20	34.70	20.88	109.30	65.76	109.00	65.58	21.70	13.06	0.30	0.18	37.80
1969	149.10	37.20	24.95	99.90	67.00	99.40	66.67	11.30	7.58	0.70	0.47	38.20
1970	153.50	37.60	24.50	103.60	67.49	102.40	66.71	11.70	7.62	0.60	0.39	35.60
1971	152.32	35.55	23.34	103.01	67.63	102.94	67.58	12.24	8.04	0.42	0.28	39.25
1972	151.50	35.86	23.67	103.97	68.63	103.92	68.59	9.77	6.45	0.75	0.50	41.56
1973	153.02	35.06	22.91	98.68	64.49	98.60	64.44	16.84	11.01	0.99	0.65	42.75
1974	170.45	35.87	21.04	107.38	63.00	107.30	62.95	21.46	12.59	1.59	0.93	43.25
1975	167.67	31.96	19.06	106.57	63.56	106.47	63.50	23.68	14.12	3.01	1.80	50.14
1976	168.60	31.42	18.64	101.30	60.08	100.90	59.85	24.92	14.78	3.62	2.15	55.75

（续表）

年份	总面积(万亩)	经济作物										蔬菜
		棉花		油料				麻类		烟草		总面积(万亩)
		面积(万亩)	占比(%)	面积(万亩)	占比(%)	其中:花生		面积(万亩)	占比(%)	面积(万亩)	占比(%)	
						面积(万亩)	占比(%)					
1977	163.24	33.26	20.37	94.96	58.17	94.86	58.11	23.70	14.52	3.37	2.06	57.79
1978	165.78	33.00	19.91	95.13	57.38	94.67	57.11	22.98	13.86	3.48	2.10	54.47
1979	183.83	38.21	20.79	104.85	57.04	104.27	56.72	26.73	14.54	3.32	1.81	54.19
1980	185.92	42.79	23.02	110.87	59.63	110.28	59.32	19.93	10.72	2.97	1.60	56.52
1981	182.52	42.72	23.41	122.76	67.26	122.21	66.96	4.90	2.68	3.33	1.82	52.25

数据来源：《青岛市农村经济统计实用手册（1949—1990）》。

表 3-23　青岛市 1963—1981 年农作物播种面积结构变化和复种指数情况

年份	农作物播种总面积(万亩)	粮食作物		经济作物		其他作物		复种指数
		面积(万亩)	占比(%)	面积(万亩)	占比(%)	面积(万亩)	占比(%)	
1963	1 188.00	1 048.20	88.23	97.00	8.16	42.80	3.60	133.10
1964	1 210.10	1 055.60	87.23	115.30	9.53	39.20	3.24	134.70
1965	1 245.40	1 077.20	86.49	125.20	10.05	43.00	3.45	139.50
1966	1 227.00	1 034.40	84.30	149.10	12.15	43.50	3.55	138.90
1967	1 233.00	1 025.10	83.14	169.60	13.76	38.30	3.11	140.70
1968	1 207.20	1 000.30	82.86	166.20	13.77	40.70	3.37	138.30
1969	1 221.00	1 031.80	84.50	149.10	12.21	40.10	3.28	140.80
1970	1 216.50	1 023.90	84.17	153.50	12.62	39.10	3.21	141.20
1971	1 249.50	1 054.25	84.37	152.32	12.19	42.93	3.44	145.80
1972	1 257.49	1 063.01	84.53	151.50	12.05	42.98	3.42	147.70
1973	1 233.47	1 032.88	83.74	153.02	12.41	47.57	3.86	145.40
1974	1 227.13	1 005.82	81.97	170.45	13.89	50.86	4.14	145.80
1975	1 209.90	987.49	81.62	167.67	13.86	54.54	4.51	146.00
1976	1 213.57	982.62	80.97	168.60	13.89	62.35	5.14	148.70
1977	1 195.47	967.07	80.89	163.24	13.65	65.16	5.45	147.80
1978	1 185.42	954.44	80.51	165.78	13.98	65.20	5.50	147.50
1979	1 170.25	921.44	78.74	183.83	15.71	64.98	5.55	146.30
1980	1 154.32	905.38	78.43	185.92	16.11	63.02	5.46	144.80
1981	1 152.48	908.15	78.80	182.52	15.84	61.78	5.36	145.11

数据来源：《青岛市农村经济统计实用手册（1949—1990）》。

（四）小　结

1949—1981 年，青岛农业总体上得到了很大的发展。耕地利用上，为解决口粮问题，粮食种植始终是头等大事。1972 年谷子、1973 年高粱种植面积开始逐渐萎缩；1976 年水稻种植遭到严重打击，上升的趋势被遏制；大豆播种面积曲折起伏，整体趋于减少，到

1981 年只有顶峰时期的 1/4 面积；甘薯在这段时期主粮地位长期稳固，甚至占到粮食播种面积的近半壁江山，但改革开放之后种植面积断崖式下降，主粮地位动摇；小麦传统主粮精粮的地位长期稳固，结束了公社化运动之前的波折起伏后，种植比例稳步提升；玉米种植面积提升显著，从 1949 年的 48.8 万亩，到 1981 年达到 246.85 万亩，扩大了 4 倍。1976 年开始其他农作物（蔬菜、瓜果类）开始出现显著增长，1979 年经济作物播种面积呈现明显上升（图 3-3 和图 3-4）。

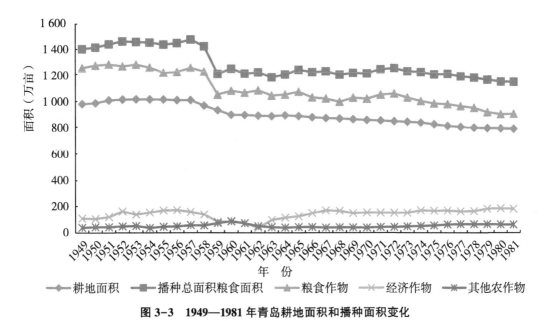

图 3-3　1949—1981 年青岛耕地面积和播种面积变化

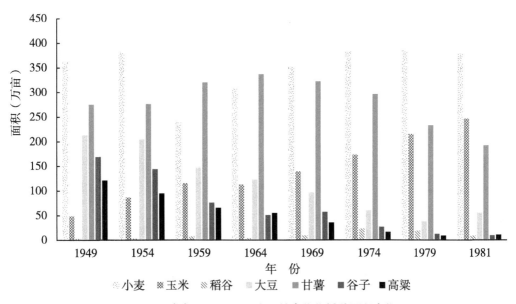

图 3-4　青岛 1949—1981 主要粮食作物播种面积变化

二、中国特色社会主义现代农业发展期（1982 年至今）

1978 年 12 月 18—22 日，中国共产党第十一届中央委员会第三次全体会议在北京举行。会后，各项改革开放政策逐步付诸实施。由于计划经济体制对广大农村的管理相对薄弱，农村经济落后状况对于改革的要求更为迫切，致使经济体制改革首先在农村取得突破。1978 年，安徽省遭受百年不遇的特大旱灾，以万里为第一书记的中共安徽省委作出把土地借给农民耕种、不向农民征统购粮的决策，激发了农民的生产积极性，并引发一些农民"包产到户""包干到户"的行动。安徽省凤阳县小岗村成为全国"包产到户"的典型。1980 年 9 月，中共中央发出《关于进一步加强和完善农业生产责任制的几个问题的通知》，对十一届三中全会以来各地建立的小段包工、定额计酬和包工包产、联产计酬，特别是专业承包、联产计酬等多种形式的生产责任制给予肯定，并允许多种形式、多种劳动组织、多种计酬办法同时存在。文件发出后，"包产到户""包干到户"的双包责任制在全国迅速推广，到 1982 年农村家庭联产承包责任制在我国正式确立。1982 年也成为中国农村人口是否获得集体土地经营权的一个分水岭，从此也开启了中国特色社会主义现代农业波澜壮阔的发展之路，至今依然生机勃勃不断开拓创新。从耕地利用的组织形式上，青岛市这时期分 2 个阶段进行研究论述，即家庭联产承包责任制确立发展稳固时期（1982—2006 年），二是农民专业合作社确立发展时期（2007 年至今）。

（一）家庭联产承包责任制确立发展稳固时期（1982—2006 年）

1980 年秋，原胶县①西门村在青岛地区率先实行家庭联产承包责任制。原胶县县委根据青岛市委的部署安排，积极实行试点，总结推广了 43 个生产大队的做法，鼓励农村社队实行"包产到户"，特别强调要解放思想，尊重群众意愿，不拘形式，大胆搞好这项工作。1981 年上半年，联产承包责任制在胶县得到迅速落实，具体有包工到劳、联产奖赔（占全县生产队总数的 58%）、专业承包联产计酬、田间管理责任制、小段包工、定额计酬等多种形式，从根本上改变了集中劳动的生产方式。1982 年 1 月《全国农村工作会议纪要》印发后，原胶县县委、县政府总结了城北、和平等 5 个公社实行农业生产责任制，以及沽河公社后石龙生产大队实行"两田制"（口粮田责任到户和责任田专业承包到组）的经验，在全县推广。之后，原即墨、崂山、平度等县的部分乡村也陆续出现了联产承包、联产计酬等不同形式的农业生产责任制。至 1982 年，这一改革在青岛农村全面推开，当年年底，青岛市 28 046 个生产队中实行联产承包责任制的有 27 791 个，占生产队总数的 99.1%。

1982—2006 年，青岛市农业种植业结构不断调整优化，粮食作物面积、传统经济作物种植面积下降，蔬菜种植面积急速扩大，蔬菜高峰期甚至占到农作物播种总面积的近1/4。粮食作物内部，小麦种植面积占比稳中有升；玉米种植面积占比明显提高，高峰期占到播种总面积的 48%；甘薯种植面积急速下滑，从 1982 年的 198.74 万亩，占比

---

① 胶县（1949—1987 年），1987 年撤销胶县设立胶州市（县级）。

22.20%，下降到 2006 年的 13.53 万亩，占比 1.81%，播种面积下降了 13 倍余，占比下降 11 倍余，失去主粮地位；大豆种植面积下滑近一半；谷子、高粱也同样下滑，以至于被农民称为"杂粮"。经济作物内部结构调整也比较明显，棉花播种面积下降近 1 半，花生种植比例提升了 20 个百分点。由于蔬菜种植面积的扩大，复种指数明显提升（表 3-24 至表 3-27）。

表 3-24　青岛市 1982—2006 年粮食作物播种面积变化情况

年份	总面积（万亩）	小麦		玉米		稻谷		大豆		甘薯		谷子		高粱	
		面积（万亩）	占比（%）	面积（万亩）	占比（%）	面积（万亩）	占比（%）	面积（万亩）	占比（%）	面积（万亩）	占比（%）	面积（万亩）	占比（%）	面积（万亩）	占比（%）
1982	895.05	375.40	41.94	244.13	27.28	3.37	0.38	47.74	12.72	198.74	22.20	9.75	1.09	10.33	1.15
1983	904.15	384.90	42.57	250.23	27.68	0.85	0.09	55.49	14.42	179.39	19.84	16.47	1.82	8.44	0.93
1984	908.43	402.29	44.28	242.78	26.73	0.47	0.05	55.23	13.73	169.01	18.60	17.90	1.97	10.45	1.15
1985	860.94	397.78	46.20	226.99	26.37	0.91	0.11	53.82	13.53	146.07	16.97	14.23	1.65	12.65	1.47
1986	855.42	398.02	46.53	233.90	27.34	0.72	0.08	59.78	15.02	132.02	15.43	10.66	1.25	11.26	1.32
1987	842.50	388.40	46.10	244.89	29.07	0.46	0.05	54.91	14.14	124.00	14.72	9.10	1.08	11.55	1.37
1988	838.42	389.69	46.48	249.45	29.75	0.30	0.04	56.39	14.47	113.69	13.56	7.82	0.93	11.97	1.43
1989	814.25	363.14	44.60	263.73	32.39	0.21	0.03	47.61	13.11	109.73	13.48	8.88	1.09	10.62	1.30
1990	854.87	396.63	46.40	281.37	32.91	0.17	0.02	49.96	12.60	100.85	11.80	7.58	0.89	8.51	1.00
1991	853.35	400.19	46.90	292.90	34.32	0.17	0.02	51.14	12.78	88.38	10.36	5.74	0.67	7.14	0.84
1992	845.55	402.42	47.59	279.90	33.10	0.14	0.02	64.04	15.91	80.31	9.50	4.31	0.51	5.94	0.70
1993	843.30	414.77	49.18	284.96	33.79	0.07	0.01	61.49	14.82	66.62	7.90	3.13	0.37	5.24	0.62
1994	811.20	393.24	48.48	281.48	34.70	0.07	0.01	63.81	16.23	60.59	7.47	2.84	0.35	4.64	0.57
1995	805.65	391.28	48.57	291.27	36.15	0.09	0.01	56.62	14.47	56.20	6.98	2.43	0.30	3.92	0.49
1996	822.15	398.40	48.46	306.81	37.32	0.11	0.01	54.63	13.71	52.89	6.43	1.82	0.22	3.94	0.48
1997	784.80	401.05	51.10	272.26	34.69	0.06	0.01	60.75	15.15	43.00	5.48	1.47	0.19	2.63	0.33
1998	795.75	387.79	48.73	303.65	38.16	0.10	0.01	55.40	14.29	40.69	5.11	1.37	0.17	3.09	0.39
1999	759.15	369.44	48.67	299.16	39.41	0.09	0.01	46.74	12.65	37.39	4.92	0.96	0.13	2.03	0.27
2000	676.05	336.75	49.81	259.73	38.42	0.14	0.02	43.14	12.84	28.14	4.16	0.75	0.11	3.54	0.52
2001	628.65	292.57	46.54	264.85	42.13	0.09	0.01	39.82	13.61	26.13	4.16	0.95	0.15	1.79	0.29
2002	612.45	288.23	47.06	258.42	42.19	—	—	37.25	12.92	24.94	4.07	0.60	0.10	1.60	0.26
2003	540.75	235.15	43.49	248.82	46.01	—	—	32.61	13.87	18.46	3.41	1.76	0.32	2.17	0.40
2004	541.53	236.40	43.66	260.26	48.06	—	—	25.84	10.93	14.63	2.70	0.68	0.13	1.88	0.35
2005	748.95	384.61	51.35	322.09	43.01	—	—	24.82	6.45	14.49	1.94	0.45	0.06	1.03	0.14
2006	746.85	381.21	51.04	324.33	43.43	—	—	25.71	6.74	13.53	1.81	0.33	0.04	0.61	0.08

数据来源：《青岛市农村经济统计实用手册（1949—1990）》《青岛统计年鉴》《山东省农业厅改革开放 20 年农村经济历史资料（1978—1997）》。

表 3-25 青岛市 1982—2006 年粮食作物产量变化情况

年份	总产量 (万t)	小麦		玉米		稻谷		大豆		甘薯		谷子		高粱	
		总产 (万t)	占比 (%)	总产 (万t)	占比 (%)	总产 (万t)	占比 (%)	总产 (万t)	占比 (%)	总产 (万t)	占比 (%)	总产 (万t)	占比 (%)	总产 (万t)	占比 (%)
1982	182.23	37.79	20.74	74.36	40.81	0.92	0.50	5.46	3.00	59.78	32.80	1.84	1.01	1.22	0.67
1983	240.40	85.43	35.54	81.19	33.77	0.28	0.12	5.60	2.33	62.55	26.02	2.51	1.04	1.29	0.54
1984	245.04	60.90	24.85	102.17	41.70	0.17	0.07	5.24	2.14	69.32	28.29	3.18	1.30	1.95	0.80
1985	233.11	96.11	41.23	73.95	31.72	0.23	0.10	6.74	2.89	50.32	21.59	2.19	0.94	1.90	0.82
1986	255.56	97.04	37.97	95.39	37.33	0.22	0.09	8.26	3.23	48.90	19.13	1.98	0.77	2.06	0.81
1987	266.77	111.46	41.78	94.07	35.26	0.18	0.07	7.68	2.88	47.78	17.91	1.63	0.61	2.22	0.83
1988	262.60	99.62	37.94	103.10	39.26	0.12	0.05	8.90	3.39	45.30	17.25	1.61	0.61	2.41	0.92
1989	265.43	99.34	37.43	108.44	40.85	0.09	0.03	6.97	2.63	44.24	16.67	1.78	0.67	2.21	0.83
1990	299.82	126.52	42.20	121.11	40.39	0.09	0.03	9.01	3.01	37.82	12.61	1.35	0.45	1.84	0.61
1991	318.09	142.11	44.68	128.50	40.40	0.08	0.03	9.35	2.94	33.39	10.50	1.13	0.36	1.57	0.49
1992	267.56	123.58	46.19	98.15	36.68	0.04	0.01	9.95	3.72	29.72	11.11	0.66	0.25	0.89	0.33
1993	316.48	146.38	46.25	124.88	39.46	0.04	0.01	10.90	3.44	28.43	8.98	0.59	0.19	1.18	0.37
1994	310.65	139.30	44.84	125.30	40.33	0.05	0.02	12.38	3.99	28.23	9.09	0.61	0.20	1.06	0.34
1995	329.16	148.04	44.98	136.52	41.48	0.06	0.02	11.18	3.40	28.37	8.62	0.59	0.18	0.94	0.29
1996	339.00	151.35	44.65	146.67	43.26	0.04	0.01	10.57	3.12	26.65	7.86	0.39	0.11	0.95	0.28
1997	252.31	158.45	62.80	74.32	29.46	0.01	0.00	4.94	1.96	12.31	4.88	0.23	0.09	0.28	0.11
1998	346.98	162.73	46.90	148.42	42.77	0.03	0.01	11.21	3.23	21.19	6.11	0.34	0.10	0.75	0.22
1999	333.11	150.12	45.07	149.98	45.02	0.06	0.02	9.69	2.91	20.29	6.09	0.24	0.07	0.48	0.14
2000	278.05	135.34	48.68	116.96	42.07	0.08	0.03	7.67	2.76	15.42	5.55	0.14	0.05	0.59	0.21
2001	253.93	114.37	45.04	117.89	46.43	0.05	0.02	6.69	2.63	13.94	5.49	0.16	0.06	0.30	0.12
2002	238.38	108.59	45.55	109.47	45.92	—	—	5.69	2.39	13.84	5.81	0.12	0.05	0.31	0.13
2003	222.17	93.18	41.94	111.77	50.31	—	—	5.60	2.52	10.24	4.61	0.41	0.18	0.51	0.23
2004	232.34	97.42	41.93	120.21	51.74	—	—	5.12	2.20	8.40	3.61	0.19	0.08	0.50	0.22
2005	315.02	153.55	48.74	147.86	46.94	—	—	4.80	1.52	8.07	2.56	0.12	0.04	0.27	0.09
2006	303.93	154.89	50.96	137.22	45.15	—	—	4.42	1.45	6.94	2.28	0.07	0.02	0.15	0.05

数据来源：《青岛市农村经济统计实用手册（1949—1990）》《青岛统计年鉴》《山东省农业厅改革开放 20 年农村经济历史资料（1978—1997）》。

表 3-26 青岛市 1982—2006 年主要经济作物和蔬菜播种面积变化情况

年份	总面积 (万亩)	经济作物										蔬菜
		棉花		油料				麻类		烟草		总面积 (万亩)
		面积 (万亩)	占比 (%)	面积 (万亩)	占比 (%)	其中：花生		面积 (万亩)	占比 (%)	面积 (万亩)	占比 (%)	
						面积 (万亩)	占比 (%)					
1982	196.92	47.85	24.30	125.36	63.66	123.74	62.84	0.11	0.06	4.31	2.19	55.26
1983	187.20	47.91	25.59	122.08	65.21	121.33	64.81	0.32	0.17	3.32	1.77	51.42
1984	212.00	48.94	23.08	142.22	67.08	140.05	66.06	0.17	0.08	2.80	1.32	51.80
1985	251.92	36.24	14.39	193.30	76.73	191.97	76.20	0.41	0.16	3.99	1.58	52.87

（续表）

| 年份 | 总面积(万亩) | 经济作物 | | | | 其中：花生 | | | | | | 蔬菜 总面积(万亩) |
| | | 棉花 | | 油料 | | | | 麻类 | | 烟草 | | |
		面积(万亩)	占比(%)	面积(万亩)	占比(%)	面积(万亩)	占比(%)	面积(万亩)	占比(%)	面积(万亩)	占比(%)	
1986	240.75	23.48	9.75	194.04	80.60	193.83	80.51	0.11	0.04	3.65	1.52	53.87
1987	240.11	33.62	14.00	180.95	75.36	180.77	75.29	0.01	0.00	2.67	1.11	54.91
1988	239.13	34.54	14.44	177.71	74.32	177.40	74.19	0.03	0.01	2.92	1.22	58.83
1989	240.83	31.92	13.25	177.06	73.52	177.01	73.50	0.02	0.01	3.18	1.32	58.82
1990	232.92	31.91	13.70	169.94	72.96	169.84	72.92	0.01	0.01	3.13	1.34	59.20
1991	235.35	33.87	14.39	169.14	71.87	169.12	71.86	0.04	0.02	2.79	1.19	60.44
1992	234.60	32.94	14.04	159.56	68.01	159.45	67.97	0.05	0.02	5.94	2.53	67.71
1993	235.65	28.40	12.05	150.39	63.82	150.22	63.75	0.02	0.01	4.94	2.09	78.01
1994	243.00	28.10	11.56	165.95	68.29	165.91	68.28	0.02	0.01	2.91	1.20	86.30
1995	234.75	20.89	8.90	164.29	69.99	164.28	69.98	0.00	0.00	1.65	0.70	98.38
1996	223.50	10.02	4.48	157.64	70.53	157.64	70.53	0.01	0.00	2.39	1.07	101.34
1997	216.00	5.00	2.32	153.10	70.88	153.10	70.88	—	—	4.81	2.23	113.51
1998	218.10	6.04	2.77	—	—	163.09	74.78	0.03	0.01	3.77	1.73	129.37
1999	198.60	5.19	2.61	—	—	166.57	83.87	0.00	0.00	3.03	1.52	190.35
2000	209.70	2.51	1.20	—	—	179.27	85.49	—	—	4.13	1.97	243.08
2001	218.10	4.67	2.14	—	—	184.92	84.79	—	—	4.02	1.84	233.68
2002	209.25	4.62	2.21	—	—	175.35	83.80	—	—	3.84	1.84	240.98
2003	217.50	6.55	3.01	—	—	184.07	84.63	—	—	4.17	1.92	244.22
2004	211.65	9.50	4.49	—	—	178.67	84.42	—	—	3.23	1.53	226.19
2005	177.00	5.46	3.08	—	—	154.28	87.17	—	—	3.45	1.95	194.05
2006	176.25	5.19	2.95	—	—	152.47	86.51	—	—	2.42	1.37	196.62

数据来源：《青岛市农村经济统计实用手册（1949—1990）》《青岛统计年鉴》《山东省农业厅改革开放 20 年农村经济历史资料（1978—1997）》。

表 3-27　青岛市 1982—2006 年农作物播种面积结构变化和复种指数情况

| 年份 | 农作物播种总面积(万亩) | 粮食作物 | | 经济作物 | | 其他作物 | | 复种指数 |
		面积(万亩)	占比(%)	面积(万亩)	占比(%)	面积(万亩)	占比(%)	
1982	1 154.45	895.05	77.53	196.92	17.06	62.43	5.41	146.10
1983	1 148.93	904.15	78.69	187.20	16.29	57.55	5.01	145.80
1984	1 179.83	908.43	77.00	212.00	17.97	59.40	5.03	150.90
1985	1 172.00	860.94	73.46	251.92	21.49	60.73	5.18	154.80
1986	1 163.04	855.42	73.55	240.75	20.70	66.87	5.75	154.20
1987	1 149.03	842.50	73.32	240.11	20.90	66.42	5.78	152.70
1988	1 149.06	833.42	72.53	239.13	20.81	71.51	6.22	153.30
1989	1 121.77	814.22	72.58	240.83	21.47	66.71	5.95	149.90

（续表）

年份	农作物播种总面积（万亩）	粮食作物		经济作物		其他作物		复种指数
		面积（万亩）	占比（%）	面积（万亩）	占比（%）	面积（万亩）	占比（%）	
1990	1 152.70	854.87	74.16	232.92	20.21	64.91	5.63	154.20
1991	1 154.65	853.34	73.90	206.71	17.90	60.44	5.23	155.07
1992	1 154.42	845.52	73.24	199.43	17.27	67.71	5.87	156.33
1993	1 166.22	843.28	72.31	184.15	15.79	78.01	6.69	158.67
1994	1 149.09	811.16	70.59	197.23	17.16	86.30	7.51	156.95
1995	1 148.15	805.71	70.17	187.25	16.31	98.38	8.57	157.34
1996	1 158.95	822.22	70.95	170.55	14.72	101.34	8.74	159.44
1997	1 125.64	784.74	69.71	163.01	14.48	113.51	10.08	154.85
1998	1 157.76	795.71	68.73	172.94	14.94	129.37	11.17	159.70
1999	1 163.34	759.15	65.26	174.79	15.02	190.35	16.36	161.24
2000	1 147.04	676.02	58.94	185.92	16.21	243.08	21.19	160.15
2001	1 105.31	628.67	56.88	193.61	17.52	233.68	21.14	157.65
2002	1 084.85	612.37	56.45	183.81	16.94	240.98	22.21	159.13
2003	1 017.24	540.68	53.15	194.79	19.15	244.22	24.01	158.86
2004	990.43	541.53	54.68	191.40	19.33	226.19	22.84	156.24
2005	1 125.36	748.88	66.55	163.19	14.50	194.05	17.24	178.20
2006	1 122.87	746.79	66.51	160.08	14.26	196.62	17.51	181.30

数据来源：《青岛市农村经济统计实用手册（1949—1990）》《青岛统计年鉴》《山东省农业厅改革开放20年农村经济历史资料（1978—1997）》。

注：由于统计方式的变化1991年开始以蔬菜替代其他农作物播种面积。

中国农村土地承包政策虽几经变迁，但政策目标始终在于维持集体所有、均地承包和家庭经营，政策的重点在于延长土地承包期，稳定土地承包格局和人地关系。1984年，《中共中央关于农村工作的通知》提出："土地承包期一般应在15年以上，生产周期长的和开发性的项目如果树、林木、荒山、荒地等，承包期应当更长一些。"1993年，中共中央、国务院《关于当前农业和农村经济经济发展的若干政策措施》提出："为了稳定土地承包关系，鼓励农民增加投入，提高土地的生产率，在原定的耕地承包期到期之后，再延长30年不变。"1997年，中共中央办公厅、国务院办公厅《关于进一步稳定和完善农村土地承包关系的通知》明确指出："家庭承包制是一项长期不变的政策，在第一轮土地承包到期后，土地承包期再延长30年。"2008年，党的十七届三中全会通过的《中共中央关于推进农村改革发展若干重大问题的决定》指出："现有土地承包关系要保持稳定并长久不变。"1982—2006年，稳定的土地承包政策的保证，调动了广大农民的生产积极性，加之农业科技的发展，农业开发治理项目的实施，全市粮、油、菜等主要农作物产量都实现了突破性增长，在耕地面积逐年减少的情况下，人民从解决了温饱到吃穿不愁再到要吃好，也引导农业生产从注重产量提高向注重品质提升和增加效益发展。

（二）农民专业合作社确立发展时期（2007 年至今）

2001 年 12 月 11 日，中国正式加入世界贸易组织（WTO）以后，农产品市场竞争越来越激烈，农产品质量、品质问题越来越多，传统小农户发展困难的问题越来越显现，加之农民专业合作组织的作用越来越突出，推动农民合作社发展的任务终于摆上了重要的议事日程。2006 年 10 月 31 日，中华人民共和国第 57 号主席令发布了《中华人民共和国农民专业合作社法》，从国家层面肯定了农民专业合作组织的作用。青岛市自农村实行家庭联产承包责任制以后，农户中不断出现多种形式的联合体，随着农户之间的专业化分工的发展，各种以农户为主体的专业户、专业村不断涌现，2015 年青岛市《关于应到和促进农民合作社规范发展的意见》出台，引导青岛市农民专业合作组织的发展进入快车道。截至 2018 年年底，全市农民专业合作社达到 1.3 万多家，家庭农场和种植大户 1.2 万多家，成为现代农业发展的主力军。2007 年以来，主要农作物种植结构进一步调整，农业综合生产能力明显增强，2012 年全市粮食产量达到历史最高峰，近 370 万 t。粮食作物内部，小麦种植比例略显下降趋势，其原因与近年来青岛地区秋、冬、春三季十旱加剧不无关系；玉米种植面积与小麦种植面积形成互补，保证了两大主要粮食作物不可动摇的地位；大豆、甘薯、高粱种植面积日趋下降，谷子 2017 年种植面积有开始回升的势头，但也不能再成为主粮。经济作物中，棉花种植在这一时期进一步下降，几近消失；花生种植面积也在减少，但在传统经济作物中所占比重依然最重，小幅上扬 2% 左右。蔬菜种植在经过高峰期，开始下降调整，并在 2016 年再度上升。2012 年开始由于采用新的耕地数据，造成复种指数下降（表 3-28 至表 3-31）。

表 3-28　青岛市 2007—2018 年粮食作物播种面积变化情况

年份	总面积（万亩）	小麦		玉米		大豆		甘薯		谷子		高粱	
		面积（万亩）	占比（%）	面积（万亩）	占比（%）	面积（万亩）	占比（%）	面积（万亩）	占比（%）	面积（万亩）	占比（%）	面积（万亩）	占比（%）
2007	713.44	352.33	49.38	320.53	44.93	26.34	7.48	11.53	1.62	0.36	0.05	0.71	0.10
2008	765.84	385.29	50.31	344.47	44.98	25.60	6.64	8.92	1.16	0.45	0.06	0.47	0.06
2009	793.73	400.06	50.40	361.15	45.50	22.28	5.57	8.30	1.05	0.34	0.04	0.53	0.07
2010	803.46	399.29	49.70	377.09	46.93	19.18	4.80	6.46	0.80	0.24	0.03	0.66	0.08
2011	818.34	405.39	49.54	387.39	47.34	17.99	4.46	6.39	0.78	0.26	0.03	0.36	0.04
2012	811.18	380.64	46.92	367.29	45.28	16.33	4.29	6.27	0.77	0.26	0.03	0.21	0.03
2013	743.25	376.60	50.67	355.79	47.87	12.31	3.27	5.20	0.70	0.17	0.02	0.17	0.02
2014	739.65	370.34	50.07	358.32	48.44	8.93	2.41	4.74	0.64	0.23	0.03	0.12	0.02
2015	739.65	368.90	49.87	357.61	48.35	8.06	2.18	4.50	0.61	0.06	0.01	0.06	0.01
2016	720.30	359.43	49.90	348.23	48.34	6.86	1.91	5.16	0.72	0.36	0.05	0.04	0.00
2017	716.85	341.37	47.62	363.96	50.77	6.11	1.79	4.42	0.62	0.54	0.08	0.03	0.00
2018	721.65	348.33	48.27	362.99	50.30	5.32	1.53	4.15	0.58	0.54	0.07	0.02	0.00

数据来源：《山东统计年鉴》《青岛统计年鉴》。

表3-29 青岛市2007—2018年粮食作物产量变化情况

年份	总产量（万t）	小麦		玉米		大豆		甘薯		谷子		高粱	
		总产（万t）	占比（%）	总产（万t）	占比（%）	总产（万t）	占比（%）	总产（万t）	占比（%）	总产（万t）	占比（%）	总产（万t）	占比（%）
2007	300.74	139.56	46.40	149.73	49.79	4.62	1.54	6.06	2.01	0.10	0.03	0.21	0.07
2008	333.66	162.07	48.57	162.09	48.58	4.33	1.30	4.74	1.42	0.12	0.04	0.13	0.04
2009	353.91	172.80	48.83	172.33	48.69	3.73	1.05	4.43	1.25	0.11	0.03	0.14	0.04
2010	351.41	164.67	46.86	179.52	51.09	3.24	0.92	3.57	1.02	0.08	0.02	0.17	0.05
2011	363.00	165.39	45.56	190.64	52.52	3.10	0.85	3.59	0.99	0.07	0.02	0.10	0.03
2012	369.96	154.48	41.76	181.08	48.94	2.81	0.76	3.46	0.94	0.07	0.02	0.06	0.02
2013	322.39	151.84	47.10	165.81	51.43	1.96	0.61	2.57	0.80	0.06	0.02	0.03	0.01
2014	323.02	152.10	47.09	166.76	51.63	1.42	0.44	2.48	0.77	0.06	0.02	0.05	0.01
2015	321.40	153.52	47.77	163.61	50.91	1.46	0.46	2.57	0.80	0.07	0.02	0.02	0.01
2016	304.99	144.95	47.53	155.91	51.12	1.19	0.39	2.73	0.89	0.10	0.03	0.01	0.00
2017	296.89	126.41	42.58	166.64	56.13	0.95	0.32	2.25	0.76	0.12	0.04	0.01	0.00
2018	310.10	137.66	44.39	169.08	54.52	0.99	0.32	2.10	0.68	0.14	0.04	0.00	0.00

数据来源：《山东统计年鉴》《青岛统计年鉴》。

表3-30 青岛市2007—2018年主要经济作物和蔬菜播种面积变化情况

年份	经济作物							蔬菜
	总面积（万亩）	棉花		花生		烟草		总面积（万亩）
		面积（万亩）	占比（%）	面积（万亩）	占比（%）	面积（万亩）	占比（%）	
2007	181.65	5.75	0.03	158.76	87.40	1.14	0.63	194.52
2008	169.35	5.38	0.03	149.54	88.30	0.84	0.50	174.29
2009	170.10	5.72	0.03	149.90	88.13	0.89	0.52	159.43
2010	165.00	5.09	0.03	145.81	88.37	0.75	0.45	161.05
2011	160.35	4.49	0.03	141.78	88.42	0.67	0.42	155.33
2012	160.35	4.11	0.03	142.95	89.15	0.87	0.54	151.70
2013	162.90	3.44	0.02	143.70	88.21	1.05	0.65	151.36
2014	148.80	2.25	0.02	132.90	89.31	0.45	0.30	157.20
2015	137.85	2.10	0.02	123.00	89.23	0.45	0.33	156.75
2016	142.80	0.60	0.00	128.55	90.02	0.75	0.53	160.50
2017	139.05	0.75	0.01	123.45	88.78	0.60	0.43	162.45
2018	134.10	0.90	0.01	120.00	89.49	0.45	0.34	169.80

数据来源：《山东统计年鉴》《青岛统计年鉴》。

表3-31 青岛市2007—2018年农作物播种面积结构变化和复种指数情况

年份	农作物播种总面积（万亩）	粮食作物		经济作物		复种指数
		面积（万亩）	占比（%）	面积（万亩）	占比（%）	
2007	1 091.83	713.44	65.34	374.70	34.32	176.20
2008	1 111.31	765.84	68.91	340.95	30.68	177.29

（续表）

年份	农作物播种总面积（万亩）	粮食作物		经济作物		复种指数
		面积（万亩）	占比（%）	面积（万亩）	占比（%）	
2009	1 125.08	793.73	70.55	325.80	28.96	179.14
2010	1 130.90	803.46	71.05	321.75	28.45	179.34
2011	1 135.44	818.34	72.07	310.50	27.35	180.32
2012	1 124.35	811.18	72.15	306.00	27.22	141.94
2013	1 064.85	743.25	69.80	307.20	28.85	135.09
2014	1 049.40	739.65	70.48	299.25	28.52	133.46
2015	1 034.25	739.65	71.52	287.55	27.80	132.04
2016	1 023.60	720.30	70.37	295.50	28.87	131.23
2017	1 018.20	716.85	70.40	293.10	28.79	130.89
2018	1 025.55	721.65	70.37	303.90	29.63	131.84

数据来源：《山东统计年鉴》《青岛统计年鉴》。经济作物数据口径根据 2019 年《青岛统计年鉴》调整。

（三）小 结

1982—2018 年，青岛农业发展迅速，彻底摆脱传统农业经济的束缚。其间，国家在农村土地问题上的政策、决策，对农村农业的发展起到了关键的推动作用，最值得关注的是农村土地"三权分置"改革。2014 年中央一号文件深化农村土地制度改革十分瞩目，一个是稳定承包权，一个是放活经营权；2014 年 12 月中央全面深化改革领导小组第七次会议审议了《关于农村土地征收、集体经营性建设用地入市、宅基地制度改革试点工作的意见》；2016 年 10 月国务院颁布《关于农村土地所有权承包权经营权分置办法的意见》，将农村土地产权中的土地承包经营权进一步划分为承包权和经营权，实行所有权、承包权、经营权分置并行，这一意见的出台在现阶段具有非常重要的意义，是继家庭联产承包责任制后农村改革又一重大制度创新。青岛市按照落实所有权稳定承包权放活经营权要求，持续深化农村土地"三权分置"改革，截至 2018 年年底全市 4 679 个村庄、489 万亩耕地完成确权登记颁证，占应确权村庄 97.3%，近百万户农民吃上发展生产的"定心丸"，并充分应用确权成果，建立起市、区（市）、镇（街）三级农村产权交易系统，全市农村土地流转面积达到 302 万亩，全市农业适度规模经营水平 65%，综合托管率达到 59.2%，土地经营权在更大范围内的优化配置每年可增加农民租金收入 12 亿元以上。在全国率先开展农村土地承包经营权抵押贷款试点，全市农地抵押贷款余额达到 9.93 亿元，成为农民融资新渠道。

近年来，随着农民对种植业本身效益和农业生态环境的关注，以及社会对食品安全和营养结构需求的日益提高，农业开始向"高产、优质、高效、生态、安全"方向发展。2017 年 9 月，中共中央办公厅、国务院办公厅印发了《关于创新体制机制推进农业绿色发展的意见》，成为指导当前和今后农业绿色发展的纲领性文件。农业绿色发展的提出，对保护耕地、利用耕地提出了更高的要求。

三、果 园

青岛是传统的北方水果产区，种植面积和产量在全省都占有一定的地位。在种植业内部，水果与粮油同等重要，发展果树与种植粮经作物争地是长期存在的问题。果园大部分是由耕地演变而来，甚至在农民的认识中，果园就是耕地的一部分。1949—2018 年，青岛果园面积从小规模到大发展，再到调整下降，变化明显（表 3-32 和图 3-5）。

表 3-32　青岛市 1949—2018 年果园面积变化情况

年份	面积 （万亩）	比上一年增减 （万亩）	年份	面积 （万亩）	比上一年增减 （万亩）
1949	4.02	—	1984	42.10	5.66
1950	4.03	0.01	1985	71.01	28.91
1951	5.05	1.02	1986	85.89	14.88
1952	4.33	-0.72	1987	89.11	3.22
1953	5.11	0.78	1988	87.60	-1.51
1954	6.60	1.49	1989	85.48	-2.12
1955	7.39	0.79	1990	83.16	-2.32
1956	9.52	2.13	1991	78.51	-4.65
1957	10.38	0.86	1992	76.14	-2.36
1958	12.26	1.88	1993	76.24	0.10
1959	15.85	3.59	1994	82.77	6.53
1960	17.87	2.02	1995	84.66	1.89
1961	10.31	-7.56	1996	84.38	-0.29
1962	11.46	1.15	1997	75.55	-8.82
1963	10.49	-0.97	1998	76.74	1.19
1964	11.82	1.33	1999	82.05	5.31
1965	12.31	0.49	2000	81.57	-0.48
1966	14.83	2.52	2001	79.82	-1.75
1967	17.32	2.49	2002	77.80	-2.02
1968	19.27	1.95	2003	78.78	0.99
1969	21.29	2.02	2004	80.41	1.63
1970	22.54	1.25	2005	73.97	-6.44
1971	25.88	3.34	2006	67.83	-6.14
1972	28.84	2.96	2007	57.82	-10.01
1973	31.41	2.57	2008	50.81	-7.02
1974	30.91	-0.50	2009	49.82	-0.99
1975	32.94	2.03	2010	46.06	-3.75
1976	30.94	-2.00	2011	45.47	-0.59
1977	33.41	2.47	2012	40.35	-5.12
1978	36.18	2.77	2013	38.60	-1.76
1979	35.49	-0.69	2014	42.71	4.11
1980	36.07	0.58	2015	40.80	-1.90
1981	36.71	0.64	2016	40.73	-0.07
1982	34.09	-2.62	2017	41.21	0.47
1983	36.44	2.35	2018	42.28	1.07

数据来源：《青岛市农村经济统计实用手册（1949—1990）》《青岛统计年鉴》《山东省农业厅改革开放 20 年农村经济历史资料（1978—1997）》。

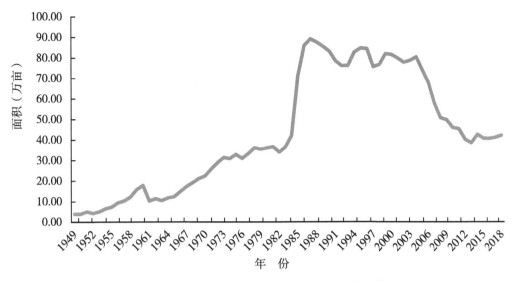

图 3-5　青岛市 1949—2018 年果园面积变化趋势

第四节　耕地资源特点

2018 年青岛市耕地面积 51.86 万公顷（折合 777.9 万亩），位于山东省第七位（据 2018 年《山东统计年鉴》青岛市为 51.43 万公顷），人均耕地 0.93 亩，比全省人均耕地 1.13 亩少约 0.20 亩，比全国人均耕地 1.44 亩少 0.51 亩。青岛的自然资源条件和社会经济结构决定了青岛市的耕地资源独有的特征。

一、耕地资源总量和人均耕地占有量持续减少

中华人民共和国成立初期，青岛耕地资源总量经历了一个短暂的增加期（1949—1954 年）后，开始持续下降。纵观中华人民共和国成立 70 余年，耕地面积从 1949 年的 985 万亩下降到 2018 年的 777.9 万亩，减少了 21%（207.1 万亩），年减少约 3‰。人均耕地从 1949 年的 2.43 亩下降到 2018 年的 0.93 亩，减少了 61.73%（1.5 亩），年减少 0.88%。随着全市社会经济快速发展和城镇化进程的不断加快，人多耕地少的矛盾将日益突出，主要农产品的自给的压力将越来越大，也给青岛农业发展方向提出新的挑战（表 3-33）。

表 3-33　青岛市 1949—2018 年耕地资源人均占有量变化

年份	耕地面积（万亩）	户籍总人口		乡村户数		乡村人口		乡村劳动力		种植业劳动力	
		人口（万人）	人均耕地（亩）	户数（万户）	户均耕地（亩）	人口（万人）	人均耕地（亩）	人数（万人）	人均耕地（亩）	人数（万人）	人均耕地（亩）
1949	985.60	405.66	2.43	76.31	12.92	337.05	2.92	—	—	—	—
1950	992.00	410.36	2.42	76.98	12.89	341.57	2.90	—	—	—	—

（续表）

年份	耕地面积（万亩）	户籍总人口		乡村户数		乡村人口		乡村劳动力		种植业劳动力	
		人口（万人）	人均耕地（亩）	户数（万户）	户均耕地（亩）	人口（万人）	人均耕地（亩）	人数（万人）	人均耕地（亩）	人数（万人）	人均耕地（亩）
1951	1 013.40	417.32	2.43	77.85	13.02	346.16	2.93	—	—	—	—
1952	1 018.70	423.36	2.41	78.96	12.90	351.54	2.90	—	—	—	—
1953	1 020.80	434.49	2.35	79.02	12.92	359.61	2.84	—	—	—	—
1954	1 019.20	446.41	2.28	79.04	12.89	364.60	2.80	—	—	—	—
1955	1 018.60	459.45	2.22	80.64	12.63	374.99	2.72	—	—	—	—
1956	1 013.50	472.49	2.15	81.67	12.41	382.40	2.65	—	—	—	—
1957	1 013.60	482.28	2.10	82.83	12.24	386.63	2.62	—	—	—	—
1958	972.10	483.52	2.01	83.47	11.65	380.81	2.55	147.93	6.57	—	—
1959	937.60	479.41	1.96	84.33	11.12	369.69	2.54	137.95	6.80	—	—
1960	901.90	463.65	1.95	84.21	10.71	357.03	2.53	135.16	6.67	—	—
1961	900.70	452.92	1.99	86.82	10.37	355.30	2.54	136.83	6.58	—	—
1962	895.40	462.72	1.94	86.80	10.32	368.97	2.43	150.13	5.96	—	—
1963	892.30	473.70	1.88	85.61	10.42	376.47	2.37	157.64	5.66	—	—
1964	898.10	481.80	1.86	84.99	10.57	383.12	2.34	156.64	5.73	—	—
1965	892.80	490.16	1.82	85.36	10.46	390.78	2.28	151.88	5.88	—	—
1966	883.40	496.66	1.78	85.95	10.28	400.60	2.21	134.40	6.57	—	—
1967	876.50	504.49	1.74	86.43	10.14	405.63	2.16	149.69	5.86	—	—
1968	872.60	513.95	1.70	87.49	9.97	415.28	2.10	155.91	5.60	—	—
1969	867.40	528.19	1.64	89.38	9.70	429.38	2.02	160.35	5.41	—	—
1970	861.30	539.19	1.60	90.79	9.49	440.79	1.95	170.12	5.06	—	—
1971	857.19	549.24	1.56	91.94	9.32	446.14	1.92	178.34	4.81	—	—
1972	851.61	557.24	1.53	92.87	9.17	454.94	1.87	178.16	4.78	—	—
1973	847.91	563.53	1.50	93.51	9.07	459.30	1.85	184.43	4.60	—	—
1974	841.63	569.16	1.48	95.71	8.79	463.47	1.82	186.70	4.51	—	—
1975	828.87	574.21	1.44	92.62	8.95	469.15	1.77	185.05	4.48	—	—
1976	816.34	578.88	1.41	99.19	8.23	472.60	1.73	183.36	4.45	—	—
1977	808.81	583.00	1.39	101.05	8.00	474.78	1.70	183.76	4.40	—	—
1978	803.66	585.37	1.37	102.85	7.81	474.43	1.69	185.71	4.33	—	—
1979	800.13	591.31	1.35	104.72	7.64	474.47	1.69	190.50	4.20	—	—
1980	797.28	596.11	1.34	106.67	7.47	475.58	1.68	194.09	4.11	179.55	4.44
1981	794.11	604.99	1.31	110.55	7.18	478.70	1.66	196.66	4.04	182.62	4.35
1982	790.15	613.47	1.29	112.63	7.02	482.80	1.64	198.77	3.98	173.10	4.56
1983	787.88	620.42	1.27	113.12	6.96	482.10	1.63	204.58	3.85	180.54	4.36
1984	781.85	623.60	1.25	114.03	6.86	469.24	1.67	216.70	3.61	167.78	4.66

（续表）

年份	耕地面积（万亩）	户籍总人口		乡村户数		乡村人口		乡村劳动力		种植业劳动力	
		人口（万人）	人均耕地（亩）	户数（万户）	户均耕地（亩）	人口（万人）	人均耕地（亩）	人数（万人）	人均耕地（亩）	人数（万人）	人均耕地（亩）
1985	758.17	626.72	1.21	115.09	6.59	466.18	1.63	225.09	3.37	147.89	5.13
1986	754.42	633.10	1.19	117.06	6.44	481.10	1.57	231.92	3.25	148.43	5.08
1987	752.47	641.16	1.17	119.62	6.29	484.75	1.55	234.63	3.21	144.67	5.20
1988	749.63	651.69	1.15	123.06	6.09	489.86	1.53	238.93	3.14	146.00	5.13
1989	748.16	657.16	1.14	126.09	5.93	491.54	1.52	242.70	3.08	151.16	4.95
1990	747.59	666.65	1.12	133.73	5.59	495.45	1.51	247.29	3.02	155.20	4.82
1991	744.60	670.93	1.11	137.96	5.40	499.29	1.49	253.01	2.94	137.49	5.42
1992	738.45	673.11	1.10	141.12	5.23	500.70	1.47	258.23	2.86	136.46	5.41
1993	735.00	675.35	1.09	143.17	5.13	500.15	1.47	259.18	2.84	139.56	5.27
1994	732.15	678.53	1.08	144.75	5.06	499.84	1.46	258.34	2.83	134.02	5.46
1995	729.75	684.63	1.07	145.71	5.01	496.93	1.47	258.66	2.82	134.79	5.41
1996	726.90	690.27	1.05	146.77	4.95	494.64	1.47	256.34	2.84	131.10	5.54
1997	726.90	695.44	1.05	147.58	4.93	492.14	1.48	258.60	2.81	133.67	5.44
1998	724.95	699.57	1.04	148.25	4.89	489.62	1.48	258.50	2.80	131.99	5.49
1999	721.50	702.97	1.03	149.17	4.84	488.41	1.48	256.82	2.81	129.28	5.58
2000	716.25	706.65	1.01	148.20	4.83	483.39	1.48	254.62	2.81	123.23	5.81
2001	701.10	710.49	0.99	149.00	4.71	483.01	1.45	253.98	2.76	112.42	6.24
2002	681.75	715.65	0.95	149.10	4.57	479.68	1.42	254.08	2.68	99.65	6.84
2003	640.35	720.68	0.89	149.43	4.29	480.77	1.33	257.67	2.49	99.33	6.45
2004	633.90	731.12	0.87	150.57	4.21	479.75	1.32	258.91	2.45	93.97	6.75
2005	631.50	740.91	0.85	151.06	4.18	478.78	1.32	257.87	2.45	87.24	7.24
2006	619.35	749.38	0.83	151.10	4.10	478.32	1.29	264.70	2.34	83.40	7.43
2007	619.65	757.99	0.82	151.19	4.10	478.06	1.30	268.31	2.31	81.86	7.57
2008	626.85	761.56	0.82	151.75	4.13	480.22	1.31	270.71	2.32	81.31	7.71
2009	628.05	762.92	0.82	152.37	4.12	484.81	1.30	274.74	2.29	82.55	7.61
2010	630.60	763.64	0.83	154.92	4.07	487.04	1.29	276.03	2.28	82.50	7.64
2011	629.70	766.36	0.82	154.91	4.06	488.67	1.29	277.24	2.27	83.07	7.58
2012	792.15	769.56	1.03	155.66	5.09	491.10	1.61	276.97	2.86	82.66	9.58
2013	788.25	773.67	1.02	155.22	5.08	491.39	1.60	277.32	2.84	83.89	9.40
2014	786.30	780.64	1.01	157.00	5.01	494.26	1.59	276.90	2.84	82.33	9.55
2015	783.30	783.09	1.00	155.40	5.04	495.10	1.58	274.80	2.85	81.30	9.63
2016	780.00	791.35	0.99	155.10	5.03	497.40	1.57	273.40	2.85	82.00	9.51
2017	777.90	803.28	0.97	140.40	5.54	453.50	1.72	245.90	3.16	73.50	10.58
2018	777.90	817.79	0.95	131.23	5.93	419.07	1.86	223.54	3.48	74.27	10.47

数据来源：《青岛市农村经济统计实用手册（1949—1990）》《青岛统计年鉴》《山东统计年鉴》。

二、种植内部耕地人均占有量持续提高

虽然人口的增加和耕地的减少导致了社会人均耕地面积逐年下降，但是在农村内部，农村户均耕地面积、乡村人口平均占有耕地面积、乡村劳动力平均占有耕地面积在经历了长时期的下降之后，在 2012 年前后出现了明显上升趋势，而种植业内部劳动力人均耕地面积自 1980 年以来增幅明显。1980 年全市种植业劳动力人均耕地 4.44 亩，2018 年为 10.47 亩，增加 135.81%（6.03 亩），年均增加 3.48%。1980 年乡村人口为 475.58 万人，2018 年为 419.07 万人，减少 11.88%，年均减少约 3‰。这一现象表明青岛市农业科技水平、机械化水平在持续提高，种植业劳动力需求减少，同时也表明青岛种植业集约化经营的条件日渐成熟（图 3-6）。

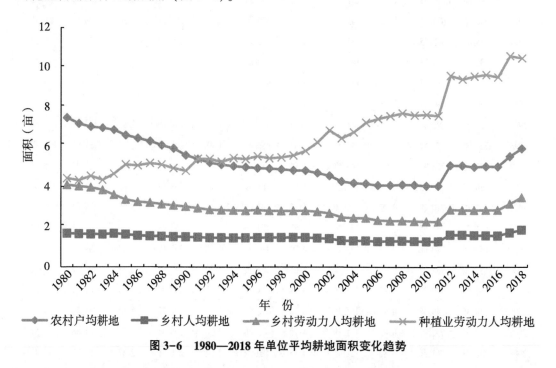

图 3-6　1980—2018 年单位平均耕地面积变化趋势

三、土地垦殖率高耕地产出能力稳步提高

2018 年青岛市土地垦殖系数为 45.97%，1996 年土地垦殖率为 49.55%，降低 3.58个百分点，表明耕地减少过快。2018 年山东省土地垦殖系数为 48.19%。在耕地面积逐年减少的情况下，通过调整农业种植结构提高复种指数、增加农业投入和提高农业技术水平等手段，全市农业生产效益逐年提高，农业总产值从 1949 年的 33 370 万元，提高到2018 年的 3 290 651 万元，提高了近 100 倍。如果不考虑第二次国土调查对耕地面积的调整这一因素，20 世纪 80 年代全市复种指数平均为 150% 左右，90 年代为 157%，进入 21世纪第一个十年为 168%，2010 年以后达到近 180%。

第五节 耕地施肥

有粮无粮在于水，粮多粮少在于肥。种植业离不开肥料。在日常生产中一般以有机肥和化肥来区分肥料品种。

一、有机肥资源

（一）农家肥

青岛地区农民种地施用农家肥已有悠久的历史，并在生产实践中积累了丰富的积造施用有机肥料的经验。农家肥种类繁多，青岛地区传统农家肥主要有人粪尿、圈肥、厩肥、炕土、绿肥、饼肥、腥肥、草木灰等。有关资料显示 1986 年全市每亩平均施优质农家肥达 1 500kg 左右，比 1949 年约增加 7 倍多（表 3-34）。从 20 世纪 90 年代开始，农户自家圈养的鸡、猪、牛数量逐渐减少，农村庭院中的畜栏坑圈开始消失，积制和施用农家肥的数量和质量也有较大差异。近年来随着大力提倡社会主义新农村建设，农家对庭院和周边卫生环境的要求越来越高，传统农家肥的积造越来越少。

表 3-34 青岛市 1949—1986 年单位播亩年占有优质农家肥数量

年份	年积肥总量（万 t）	播种面积（万亩）	每播亩占有量（kg）
1949	243	1 405.0	171.4
1952	579	1 463.6	395.6
1957	384	1 477.3	259.9
1962	308	1 225.9	251.2
1965	473	1 245.4	379.8
1970	777	1 216.5	638.7
1975	1 453	1 209.9	1 219.1
1978	1 316	1 185.4	1 110.1
1980	1 707	1 154.3	1 478.0
1986	1 654	1 163.0	1 422.2

数据来源：《青岛市志·农业志》。

（二）秸秆还田

秸秆还田是受到社会普遍重视的一项培肥地力的增产措施，在杜绝了秸秆焚烧所造成的大气污染的同时还有增肥增产作用。青岛地区自 20 世纪 70 年代开始推广秸秆还田，80 年代大面积推开。主要方式有秸秆粉碎翻压还田、秸秆覆盖还田、堆沤还田、过腹还田等。随着机械化水平的提高，秸秆还田面积逐年扩大。1988 年全市秸秆还田面积 180 万亩左右，2018 年全市仅机械秸秆还田就达到 600 多万亩。

（三）养殖场有机废弃物

青岛市畜禽养殖业发达，畜禽粪便资源量巨大，年畜禽粪便产量为 650 万 t 左右。近年来畜禽粪污资源化利用备受社会关注，2018 年市委、市政府将畜禽规模养殖场配建废弃物处理设施列入市办实事，当年畜禽粪便处理利用率达 84%。统计资料显示，2018 年全市生猪存栏 170.1 万头，规模化存栏 71.3%；牛存栏 16.8 万头，规模化存栏 66.5%；羊存栏 21.1 万只，规模化占 60%；活鸡存栏 4 987.7 万只，100% 规模化。规模化养殖率高，为青岛市充分利用畜禽粪便提供了便利。2017 年农业部印发了《种养结合循环农业示范工程建设规划（2017—2020 年）》。在种植业内部，2017 年在平度市旧店镇等苹果主产区，依托国家果菜茶有机肥替代化肥试点项目，开展了利用畜禽粪便和农作物秸秆混合堆肥，利用堆肥培肥地力并替代部分化肥的使用；2018 年莱西市也被确定为国家级试点县。畜牧业内，也启动了规模化畜禽养殖粪便处理试点项目。当前及今后一段时期，种养结合的秸秆、畜禽粪污统筹综合利用形式和相关技术研发要成为重点突破方向，为农田提供更加优质的堆肥。

（四）商品有机肥

据统计，全市有机肥料工厂 34 家，以产品类型分：有机无机肥料厂 11 家、生物有机肥料厂 4 家、精制有机肥 19 家。设计年生产能力 39.5 万 t，年产各类有机肥 21.6 万 t，其中精制有机肥 6.5 万 t，生物有机肥 3.8 万 t，有机—无机复混肥 11.3 万 t。2018 年青岛市各类商品有机肥使用量约为 18 万 t。商品有机肥由于受原料、发酵堆腐技术、加工工艺流程等因素的影响，以养分计算产品单价相对较无机复混肥高，加之有商品机肥料肥效缓长，主要在瓜果、蔬菜、花生、茶叶等经济效益较高的作物上作为基肥使用。

二、化 肥

青岛市自 20 世纪 30—40 年代即有人使用硫铵，当时叫"肥田粉"。中华人民共和国成立后，青岛市农田化肥施用量逐年增加，由单一品种向多元化品种发展，有力推动了农业的迅猛发展，为解决人民群众的温饱问题，提高人民生活水平作出了巨大贡献，也为推进国民经济发展，保障社会安定团结发挥了重要作用（表 3-35 和图 3-7）。

表 3-35　青岛市 1957—2018 年化肥使用量

年份	施肥量 （万 t，折纯）	年份	施肥量 （万 t，折纯）
1957	0.19	1990	20.47
1962	0.10	1991	22.53
1965	0.55	1992	22.60
1970	1.76	1993	28.04
1975	2.77	1994	28.73
1978	3.64	1995	31.45
1980	12.06	1996	31.36
1985	11.66	1997	28.99
1987	13.87	1998	31.95
1989	17.91	1999	32.58

（续表）

年份	施肥量 （万 t，折纯）	年份	施肥量 （万 t，折纯）
2000	32.53	2010	29.89
2001	31.73	2011	29.37
2002	31.07	2012	29.09
2003	31.89	2013	29.12
2004	32.45	2014	28.94
2005	33.01	2015	28.49
2006	32.64	2016	28.40
2007	33.89	2017	27.83
2008	31.05	2018	27.05
2009	30.17		

数据来源：《青岛统计年鉴》。

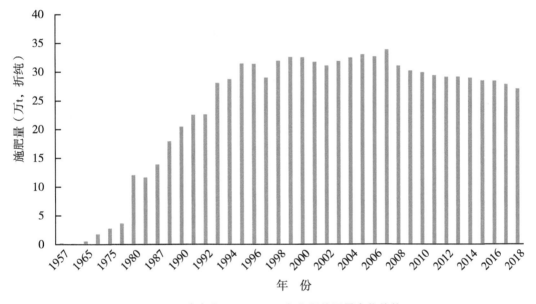

图 3-7　青岛市 1957—2018 年化肥使用量变化趋势

中华人民共和国成立以来，青岛市农业化肥从使用量上看大体经历了 5 个阶段。

（一）第一阶段：起步阶段（1949—1969 年）

这一时期的主要特点是：农家肥为主，化肥以田间肥效试验研究为目的开始少量使用。1949—1956 年，青岛市农业以施用农家肥（有机肥）为主，主要有人粪尿、圈肥、厩肥、炕土、河（塘）泥、秸秆沤制肥、绿肥、饼肥、骨粉、海产腥肥、草木灰等，并开展了硫铵在小麦上的应用试验研究。1957—1970 年依然以农家肥为主，氨水、碳酸氢铵等开始在农业生产中得到推广应用，后期过磷酸钙、钙镁磷肥等磷肥也被农业生产研究所重视。这一时期，青岛市化肥年使用量从 1957 年的 0.2 万 t（折纯）增长到 1965 年的 0.6 万 t（折纯）左右。

（二）第二阶段：增长阶段（1970—1979 年）

这一时期主要特点：有机肥为主，有机肥与和化肥配合施用。仍然是农家肥当家，并提出扩大秸秆还田，同时开始关注施用化肥保持氮磷钾比例合理的科学施肥理论和实践，二元、三元复合肥得到推广应用。全市化肥年使用量从 1970 年的 1.8 万 t（折纯）增长到 1978 年的 3.6 万 t（折纯）。

（三）第三阶段：迅猛增长阶段（1980—1989 年）

这一时期由于国家投建的大型化肥厂产能和进口肥料双增加，化肥供给能力得到极大提升。化肥使用主要特点是：有机肥和化肥均衡施用，化肥开始取代农家肥。同时家庭联产承包责任制的实施激发了农民对增产增收致富的渴望，化肥开始大量投入种植业，1980 年青岛市农业化肥年使用量猛然突破 10 万 t（折纯），但传统农业的习惯使农民依然坚持使用农家肥。据统计，整个 80 年代全市化肥年使用量从 1980 年的 12.1 万 t（折纯）增长到 1989 年的 17.91 万 t（折纯），1986 年的调查显示当年全市每亩平均施优质农家肥仍然达 1 500kg 左右。

（四）第四阶段：爆发增长阶段（1990—2007 年）

这一时间内农民施肥的主要特点是：重施化肥，轻施有机肥。改革开放的深入和农民施肥的愿望，催生了许多小型复混肥生产企业，进一步丰富了肥料的市场的供给，随着 20 世纪 60 年代中后期出生的新生代农民开始成为农业劳动力主力，传统积造有机肥开始退出农业，化学肥料逐渐成为施肥主角。出现了农民重化肥轻有机肥的现象，而且化肥使用中也出现了重氮肥、轻磷钾肥的问题。虽然这一时期，我国的科学施肥理论研究和施肥技术装备研发都有长足的发展，但依然没能解决农民过量施肥、不合理施肥等引发的一系列食品安全的担忧，化肥使用成为备受社会诟病的问题。农业连年增产丰收的喜悦，逐渐被农产品品质下降的忧虑所取代。统计资料显示，全市化肥年使用量 1990 年突破 20 万 t（折纯），达到 20.47 万 t（折纯），1995 年突破 30 万 t（折纯），达到 31.45 万 t（折纯），此后除 1997 年其他年份一直维持在 31 万 t 以上并微增，2007 年达到目前最高年使用量 33.9 万 t（折纯）。这一时期农业有机肥使用量明显不足，来源结构也有所变化，传统农家肥基本绝迹，有机肥以畜禽养殖场畜禽粪便为主，商品有机肥开始出现并表现出高速增长的势头，主要应用在蔬菜果蔬等高效益的农作物上。

（五）第五阶段：平稳下降阶段（2008 年至今）

主要特点：测土配方施肥项目大规模实施，配方肥得到广泛使用；先进的施肥技术在农业生产中大量推广应用，特别是近几年随着水肥一体化设备成本和使用成本的下降，水溶性肥料增长迅速；同时，各种功能性肥料，如生物菌肥、腐殖酸肥料、缓控释肥料、海藻肥料等大量出现，并逐渐得到农民的认可。

青岛市自 2006 年开始实施国家测土配方施肥项目，到 2009 年实现项目覆盖全部涉农业区市（包括城阳区、崂山区和原黄岛区）。这一时期全市土肥系统围绕"测土、配方、配肥、供应、施肥指导"5个核心技术环节，以土壤测试和肥料田间试验为基础，发布了大量区域性配料配方，指导农户科学施用配方肥。这一时期20世纪70年代后期和80年代前期出生的农业劳动力开始进入农业领域，接受先进农业科技的能力强，依靠科技发展绿色高质高效农业的积极性高。青岛市2015年开始实施"到2020年化肥使用零增长"行动，紧紧围绕"稳粮增收调结构，提质增效转方式"的工作主线，大力推进化肥减量提效；2017年开始实施"果菜茶有机肥替代化肥"试点项目；同年根据省、市"关于加快节水农业发展意见"加大了水肥一体化技术应用的推广。测土配方施肥、有机肥替代化肥、水肥一体化技术的应用，提高了青岛市农业化肥利用率，促进了化肥使用量的降低，达到了增加作物产量、改善农产品品质、节支增收的效果。全市化肥年使用量从2008年开始呈现下降趋势，2008全市化肥使用量31.1万t（折纯），2018年降至27.1万t（折纯），比2007年下降20%左右。

青岛市将继续坚持农业绿色发展的导向，加大科学施肥技术推广的力度，提高化肥利用效率，在保证粮食安全的前提下，把化肥对生态环境的影响降低到最低程度。

第四章 耕地调查与采样分析

耕地调查和土壤样品采集化验是耕地地力评价、养分评价、制订土壤改良利用规划等工作的基础。青岛市耕地调查和土样采集化验工作是以区、市为单位开展的，主要包括采样地块基本情况与农户施肥情况调查、土壤样品采集、室内化验分析、数据处理存储等步骤。为保证耕地调查内容的全面性、真实性，采样地块的典型性、代表性，以及土壤样品的数量和质量等，各级土肥技术人员付出了艰辛的劳动，提高了全市耕地地力评价的科学性、准确性，为全市耕地宏观管理决策及指导农民科学施肥奠定了坚实基础。

第一节 耕地调查与土样采集

一、调 查

（一）调查内容

调查包括采样地块基本情况调查和农户施肥情况调查两部分，在每个采样地块及所属农户中进行。采样地块基本情况调查的主要内容：采样地块的地理位置、自然条件、生产条件、土壤情况和来年种植意向，并注明采样调查单位基本信息（表4-1）。农户施肥情况调查的主要内容：采样地块农户施肥情况、技术部门推荐施肥情况、农户实际施肥总体和明细情况（表4-2）。

表4-1 采样地块基本情况调查表

统一编号：　　　　　　调查组号：　　　　　　采样序号：
采样目的：　　　　　　采样日期：　　　　　　上次采样时间：

	省（市）名称		地（市）名称		县（市）名称	
	乡（镇）名称		村名称		邮政编码	
地理位置	农户名称		地块名称		电话号码	
	地块位置		距村距离（m）		／	／
	北纬（°）		东经（°）		海拔高度（m）	
	地貌类型		地形部位		／	／
	地面坡度（°）		田面坡度（°）		坡向	
自然条件	通常地下水位（cm）		最高地下水位（cm）		最深地下水位（cm）	
	常年降水量（mm）		常年有效积温（℃）		常年无霜期（d）	

（续表）

生产条件	农田基础设施		排水能力		灌溉能力	
	水源条件		输水方式		灌溉方式	
	熟制		典型种植制度		常年产量水平（kg/亩）	
土壤情况	土类		亚类		土属	
	土种		俗名		/	/
	成土母质		剖面构型		土壤质地（手测）	
	土壤结构		障碍因素		侵蚀程度	
	耕层厚度（cm）		采样深度（cm）		肥力等级	
	田块面积（亩）		代表面积（亩）		/	/
来年种植意向	茬口	第一季	第二季	第三季	第四季	第五季
	作物名称					
	品种名称					
	目标产量					
采样调查单位	单位名称				联系人	
	地址				邮政编码	
	电话		传真		采样调查人	
	E-mail					

表4-2　农户施肥情况调查表

统一编号：

施肥相关情况	生长季节		作物类型名称		作物品种名称	
	播种季节		收获日期		常年产量水平	
	生长期内降水次数		生长期内降水总量		/	/
	生长期内灌水次数		生长期内灌水总量		灾害情况	

推荐施肥情况	是否推荐施肥指导		推荐单位性质			推荐单位名称		

推荐施肥情况	配方内容	目标产量	推荐肥料成本	化肥（kg/亩）					有机肥（kg/亩）	
				大量元素			其他元素		肥料名称	实物量
				N	P_2O_5	K_2O	养分名称	养分用量		

实际施肥总体情况		实际产量	实际肥料成本	化肥（kg/亩）					有机肥（kg/亩）	
				大量元素			其他元素		肥料名称	实物量
				N	P_2O_5	K_2O	养分名称	养分用量		

（续表）

	施肥序次	施肥时期	项目			施肥情况					
						第一种	第二种	第三种	第四种	第五种	第六种
实际施肥明细	第一次		肥料种类								
			肥料名称								
			养分含量情况（%）	大量元素	N						
					P₂O₅						
					K₂O						
				其他元素	养分名称						
					养分含量						
			实物量（kg/亩）								
	第二次		肥料种类								
			肥料名称								
			养分含量情况（%）	大量元素	N						
					P₂O₅						
					K₂O						
				其他元素	养分名称						
					养分含量						
			实物量（kg/亩）								
	第三次		肥料种类								
			肥料名称								
			养分含量情况（%）	大量元素	N						
					P₂O₅						
					K₂O						
				其他元素	养分名称						
					养分含量						
			实物量（kg/亩）								
	第四次		肥料种类								
			肥料名称								
			养分含量情况（%）	大量元素	N						
					P₂O₅						
					K₂O						
				其他元素	养分名称						
					养分含量						
			实物量（kg/亩）								
	第一次		肥料种类								
			肥料名称								
			养分含量情况（%）	大量元素	N						
					P₂O₅						
					K₂O						
				其他元素	养分名称						
					养分含量						
			实物量（kg/亩）								

（续表）

	施肥序次	施肥时期	项目			施肥情况					
						第一种	第二种	第三种	第四种	第五种	第六种
实际施肥明细	第六次		肥料种类								
			肥料名称								
			养分含量情况（%）	大量元素	N						
					P₂O₅						
					K₂O						
				其他元素	养分名称						
					养分含量						
			实物量（kg/亩）								

（二）调查方法

采取现场调查方式，与采样地块所属农户、当地农技人员面对面交流，采集有关信息。采样地块基本情况调查和农户施肥情况调查大部分内容需要在野外采样现场填写完成，调查采样单位信息等辅助信息也要在调查当日完成。每个取样地块都要填写一张采样地块基本情况调查表，每区、市选择 200～300 户调查农户实际施肥明细情况，其他地块不填写实际施肥明细。

二、采　样

（一）采样布点

1. 布设依据与原则

土壤样品采集点布设主要依据《测土配方施肥技术规范》，按照广泛性、代表性、兼顾均匀性原则，充分考虑土壤类型与分布、作物种植类型和面积，蔬菜地同时考虑设施类型、蔬菜种类、种植年限等因素。青岛市果树种植面积很大，因此果园也一起纳入采样布点范围。县域耕地地力评价时，青西新区、即墨区和胶州、平度、莱西三市，在本区域 2006—2009 年采集的各 10 000 余样点中选择 2 000～2 500 个典型样点参与评价。市级耕地地力评价点位主要源于二区三市的点位，在每区市选择 400～500 个，并补充了城阳区、崂山区和原黄岛区的点位，共计 2 543 个。

2. 布点方法

以县域为采样基本单元，按粮田、园地、露天菜地、设施菜地等作物分类，根据不同的土壤类型在采样前，综合土壤图、土地利用现状图和行政区划图，并参考第二次土壤普查采样点位图确定采样点位，形成采样点位图。根据土壤类型、土地利用、耕作制度、产量水平等因素，将采样区域划分为若干个采样单元，每个采样单元的土壤性状要尽可能均匀一致。

（二）土样采集

1. 采样时间

在作物收获后或播种施肥前采集，一般在秋后。设施蔬菜在晾棚期采集。

2. 采样深度及采样点数量

大田土样采集深度为 0~20cm，蔬菜地为 0~25cm，果园为 0~40cm。土壤硝态氮或无机氮的测定，采样深度应根据不同作物、不同生育期的主要根系分布深度来确定。采样时深度要垂直、上下取土需要一致。微量元素则需用不锈钢取土器采样，采样必须多点混合，每个样品取 15~20 个样点。

3. 采样路线

采样时按照"随机""等量"和"多点混合"的原则进行采样。一般采用"S"形布点采样。在地形变化小、地力较均匀、采样单元面积较小的情况下，采用"梅花"形布点取样。避开路边、田埂、沟边、肥堆等特殊部位。蔬菜地混合样点的样品采集根据沟、垄面积的比例确定沟、垄采样点数量。果园采样以树干为圆点向外延伸到树冠边缘的 2/3 处采集，每株对角采 2 点。

4. 样品量

取混合土样 1kg 左右，用四分法将多余的土壤弃去。方法是将采集的土壤样品放在盘子里或塑料布上，弄碎、混匀，铺成正方形，画对角线将土样分成 4 份，把对角的两份分别合并成 1 份，保留 1 份，弃去 1 份。如果所得的样品依然很多，可再用四分法处理，直至所需数量为止。

5. 采样周期

土壤碱解氮、有效磷、速效钾、有机质等一般每季或每年采集 1 次，中微量元素每 3~5 年采集 1 次。

6. 样品标记

采集的样品放入统一的样品袋，用铅笔写好标签，内外各一张。标签内容见表 4-3。

表 4-3 土壤采样标签

统一编号：	邮编：
采样时间：　年　月　日　时	土壤类型：
采样地点：　镇（街道办）　村　地块	农户名：
地块在村的（中部、东部、南部、西部、北部、东南、西南、东北、西北）	
采样深度：① 0~20cm　②0~25cm　③0~40cm　④___cm（不是①②③的，在④上填写） 该土样由____点混合（规范要求 15~20 点）	
经度：___度___分___秒	纬度：___度___分___秒
采样人：	联系电话：

第二节　土壤样品的制备与分析

一、土壤样品制备

1. 样品登记入库

野外采集回来的土壤样品，及时送交化验室，由化验室管理员进行样品登记。并核实土壤采样标签、采样地块基本情况调查表、农户施肥情况调查表信息，给样品编号入库。

2. 样品风干

入库土壤样品要及时放在样品盘上，摊成薄薄的一层，置于干净整洁的室内通风处自然风干，严禁暴晒。并注意防止酸、碱等气体及灰尘的污染。风干过程中要经常翻动土样并将大块的捏碎以加速干燥，同时剔除土壤以外的侵入体。

3. 样品粉碎处理

风干后的土样按照不同的分析要求研磨过筛，充分混匀后，装入样品瓶中备用。瓶内外各放标签一张，写明编号、采样地点、土壤名称、采样深度、样品粒径、采样日期、采样人、制样时间、制样人等项目。制备好的样品要妥善贮存，避免日晒、高温、潮湿和酸碱等气体的污染。全部分析工作结束，分析数据核实无误后，试样一般还要保存 3~12 个月，以备查询。

（1）一般化学分析试样：将风干后的样品平铺在制样板上，用木棍或塑料棍碾压，也可用不锈钢磨土机进行粉碎，并将植物残体、石块等侵入体和新生体剔除干净。细小已断的植物须根，可采用静电吸附的方法清除。压碎的土样用 2mm 孔径筛过筛，未通过的土粒重新碾压，直至全部样品通过 2mm 孔径筛为止。通过 2mm 孔径筛的土样可供 pH 值及有效养分等项目的测定。将通过 2mm 孔径筛的土样用四分法取出一部分继续碾磨，使之全部通过 0.25mm 孔径筛，供有机质、全氮等项目的测定。

（2）微量元素分析试样：用于微量元素分析的土样，其处理方法同一般化学分析样品，但在采样、风干、研磨、过筛、运输、贮存等环节，不要接触容易造成样品污染的铁、铜等金属器具。采样、制样推荐使用不锈钢、木、竹或塑料工具，过筛使用尼龙网筛等。通过 2mm 孔径尼龙筛的样品可用于测定土壤有效态微量元素。

（3）颗粒分析试样：将风干土样反复碾碎，用 2mm 孔径筛过筛。留在筛上的碎石称量后保存，同时将过筛的土壤称重，计算石砾质量分数。将通过 2mm 孔径筛的土样混匀后盛放于广口瓶内，用于颗粒分析及其他物理性状的测定。

（4）注意事项：若风干土样中有铁锰结核、石灰结核或半风化体，不能用木棍碾碎，应首先细心将其拣出称量保存，然后再进行碾碎。某些土壤成分如二价铁、硝态氮、铵态氮等在风干过程中会发生显著变化，必须用新鲜样品进行分析。为了能真实反映土壤在田间自然状态下的某些理化性状，新鲜样品要及时送回室内进行处理分析，用粗玻璃棒或塑料棒将样品混匀后迅速称样测定。新鲜样品一般不宜贮存，如需要暂时贮存，可将新鲜样品装入塑料袋，扎紧袋口，放在冰箱冷藏室或进行速冻保存。

二、化验分析

1. 土壤样品分析项目

土壤样品的化验项主要有：全氮、碱解氮、有效磷、速效钾、缓效钾、有机质、pH值、有效锌、有效铜、有效铁、有效锰、有效钼、有效硼、交换性钙、交换性镁、有效硫、有效硅、全盐（盐渍化土壤）、土壤容重、孔隙度等。

2. 分析方法

根据《测土配方施肥技术规范》测试分析的要求，采用的测试分析方法见表4-4。

表4-4 分析项目测定方法

分析项目	测定方法名称
pH 值	电位法
土壤容重	环刀法
土壤孔隙度	环刀法
有机质	重铬酸钾—硫酸溶液—油浴法
有效磷	碳酸氢钠浸提—钼锑抗比色法
速效钾	乙酸铵浸提—火焰光度法
全氮	半微量开氏法
碱解氮	碱解扩散法
缓效钾	硝酸浸提—火焰光度法
有效铜	DTPA 浸提—原子吸收法
有效锌	DTPA 浸提—原子吸收法
有效铁	DTPA 浸提—原子吸收法
有效锰	DTPA 浸提—原子吸收法
有效硼	沸水浸提—姜黄素比色法
有效钼	草酸—草酸铵提取—极谱法
交换性钙	乙酸铵交换—原子吸收法
交换性镁	乙酸铵交换—原子吸收法
有效硫	磷酸盐—乙酸提取—硫酸钡比浊法
有效硅	柠檬酸浸提—硅钼蓝比色法
全盐	电导法

3. 化验室质量控制

样品化验结果的准确度和精密度，受试样、方法、试剂、仪器、环境及分析人员素质等多方面因素制约。为保证检测结果的可靠性，化验室必须采取严格的质量控制措施，从环境条件、人力资源、计量器具、设备设施等方面进行全面控制。测土配方施肥项目实施之初，青西新区（原胶南市）、即墨区，以及胶州市、平度市、莱西市都依托项目资金，建立了土壤检测化验室，其中莱西市的化验室通过了农业部的测土配方施肥标准化验室认证。

环境条件的控制：识别并确定影响检测结果的环境因素，重点应关注温度、湿度、振动、噪声等因素。如天平室、仪器室振动应在 4 级以下，振动速度小于 0.20mm/s 等。

人力资源的控制：县级土壤检测化验室要求配备 3~5 人，其中 1 人必须具备相应专业的本科学历或达到中级以上专业技术水平。

仪器设备及计量工具的控制：仪器设备统一采购，对检测质量影响较大的电子天平、小容量玻璃量器（容量瓶、滴定管、移液管）等仪器设备按照鉴定周期送有鉴定资质的计量部门进行鉴定。

化验室内的质量控制：严格按照全国农业技术推广服务中心推荐的《测土配方施肥技术规范》和《土壤分析技术规范》执行。

近年来，青岛各区、市的采集的土壤样品，主要采取了送交给第三方检测机构委托检测。接受委托的机构，必须通过农业农村部或省农业厅组织的耕地质量标准化验室或土肥水项目承检机构资质评估认证。

第五章　耕地地力评价

耕地是土地的精华，是农业生产不可替代的重要生产资料，是保持社会和国民经济可持续发展的重要资源。保护耕地是我们的基本国策之一，因此，及时掌握耕地资源的数量、质量及其变化对于合理规划和利用耕地，切实保护耕地有十分重要的意义。在全面的野外调查和室内化验分析，获取大量耕地地力相关信息的基础上，我们进行了青岛市耕地地力的综合评价，评价结果对于摸清全市耕地地力的现状及问题，为耕地资源的高效和可持续利用提供了重要的科学依据。

第一节　评价的原则依据及流程

一、评价原则依据

（一）评价的原则

耕地地力就是耕地的生产能力，是在一定区域内一定的土壤类型上，耕地的土壤理化性状、所处自然环境条件、农田基础设施及耕作施肥管理水平等因素的总和。根据评价的目的要求，在青岛市耕地地力评价中，我们遵循的基本原则如下。

1. 综合因素研究与主导因素分析相结合原则

土地是一个自然经济综合体，是人们利用的对象，对土地质量的鉴定涉及自然和社会经济多个方面，耕地地力也是各类要素的综合体现。所谓综合因素研究是指对地形地貌、土壤理化性状、相关社会经济因素之总体进行全面的研究、分析与评价，以全面了解耕地地力状况。主导因素是指对耕地地力起决定作用的、相对稳定的因子，在评价中要着重对其进行研究分析。因此，把综合因素与主导因素结合起来进行评价则可以对耕地地力做出科学准确的评定。

2. 共性评价与专题研究相结合原则

青岛市耕地利用存在水浇地、旱地等多种类型，土壤理化性状、环境条件、管理水平等不一，因此耕地地力水平有较大的差异。考虑市内耕地地力的系统、可比性，针对不同的耕地利用等状况，应选用的统一的共同的评价指标和标准，即耕地地力的评价不针对某一特定的利用类型。另外，为了了解不同利用类型的耕地地力状况及其内部的差异情况，则对有代表性的主要类型如蔬菜地等进行专题的深入研究。这样，共性的评价与专题研究相结合，使整个的评价和研究具有更大的应用价值。

3. 定量和定性相结合的原则

土地系统是一个复杂的灰色系统，定量和定性要素共存，相互作用，相互影响。因此，为了保证评价结果的客观合理，宜采用定量和定性评价相结合的方法。在总体上，为了保证评价结果的客观合理，尽量采用定量评价方法，对可定量化的评价因子如有机质等养分含量、土层厚度等按其数值参与计算，对非数量化的定性因子如土壤表层质地、质地构型等则进行量化处理，确定其相应的指数，并建立评价数据库，以计算机进行运算和处理，尽量避免人为随意性因素影响。在评价因素筛选、权重确定、评价标准、等级确定等评价过程中，尽量采用定量化的数学模型，在此基础上则充分运用人工智能和专家知识，对评价的中间过程和评价结果进行必要的定性调整，定量与定性相结合，从而保证了评价结果的准确合理。

4. 采用卫星遥感和 GIS 支持的自动化评价方法原则

自动化、定量化的土地评价技术方法是当前土地评价的重要方向之一。近年来，随着计算机技术，特别是 GIS 技术在土地评价中的不断应用和发展，基于 GIS 技术进行自动定量化评价的方法已不断成熟，使土地评价的精度和效率大大提高。本次的耕地地力评价工作采用最新 SPOT5 卫星遥感数据提取和更新耕地资源现状信息，通过数据库建立、评价模型及其与 GIS 空间叠加等分析模型的结合，实现了全数字化、自动化的评价流程，在一定的程度上代表了当前土地评价的最新技术方法。

（二）评价的依据

耕地地力是耕地本身的生产能力，因此耕地地力的评价则依据与此相关的各类自然和社会经济要素，具体包括 3 个方面。

1. 耕地地力的自然环境要素

包括耕地所处的地形地貌条件、水文地质条件、成土母质条件以及土地利用状况等。

2. 耕地地力的土壤理化要素

包括土壤剖面与质地构型、耕层厚度、质地、容重等物理性状，有机质、N、P、K 等主要养分、微量元素、pH 值、交换量等化学性状等。

3. 耕地地力的农田基础设施条件

包括耕地的灌排条件、水土保持工程建设、培肥管理条件等。

二、评价流程

整个评价可分为 3 个方面的主要内容，按先后的次序如下。

（1）资料工具准备及数据库建立：即根据评价的目的、任务、范围、方法，收集准备与评价有关的各类自然及社会经济资料，进行资料的分析处理。选择适宜的计算机硬件和 GIS 等分析软件，建立耕地地力评价基础数据库。

（2）耕地地力评价：划分评价单元，提取影响地力的关键因素并确定权重，选择相应评价方法，制定评价标准，确定耕地地力等级。

（3）评价结果分析：依据评价结果，量算各等级耕地面积，编制耕地地力分布图。分析耕地地力问题，提出耕地资源可持续利用的措施建议。

评价的工作流程如图 5-1 所示。

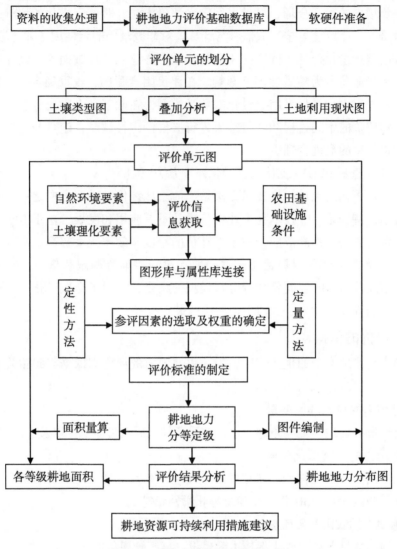

图 5-1 青岛市耕地地力评价流程

第二节 软硬件准备、资料收集处理及基础数据库的建立

一、软硬件准备

(一) 硬件准备

主要包括高档计算机、AO 幅面数字化仪、AO 幅面扫描仪、喷墨绘图仪等。计算机主要用于数据和图件的处理分析,数字化仪、扫描仪用于图件的输入,喷墨绘图仪用于成果图的输出。

（二）软件准备

一是 Windows 操作系统软件，二是 FoxPro 数据库管理、SPSS 数据统计分析、ACCESS 数据管理系统等应用软件，三是 MapGIS、ArcView、ArcMap 等 GIS 通用软件。同时，利用了农业部县域耕地资源管理信息系统软件。

二、资料收集处理

（一）资料的收集

耕地地力评价是以耕地的各性状要素为基础，因此必须广泛地收集与评价有关的各类自然和社会经济因素资料，为评价工作做好数据的准备。本次耕地地力评价我们收集获取的资料主要包括以下几个方面。

1. 野外调查资料

按野外调查点获取，主要包括地形地貌、土壤母质、水文、土层厚度、表层质地、耕地利用现状、灌排条件、作物长势产量、管理措施水平等。

2. 室内化验分析资料

包括有机质、全氮、速效氮、全磷、速效磷、速效钾等大量养分含量，交换性钙、镁等中量养分含量，有效锌、硼、钼等微量养分含量，以及 pH 值、土壤污染元素含量等。

3. 社会经济统计资料

以行政区划为基本单位的人口、土地面积、作物及蔬菜瓜果面积，以及各类投入产出等社会经济指标数据。

4. 基础及专题图件资料

相关比例尺地形图、行政区划图、土地利用现状图、地貌图、土壤图等。

（二）资料的处理

获取的评价资料可以分为定量资料和定性资料两大部分，为了采用定量化的评价方法和自动化的评价手段，减少人为因素的影响，需要对其中的定性因素进行定量化处理，根据因素的级别状况赋予其相应的分值或数值。除此，对于各类养分等按调查点获取的数据，则需要进行插值处理，生成各类养分图。

1. 定性因素的量化处理

耕层质地：考虑不同质地类型的土壤肥力特征，以及与植物生长发育的关系，赋予不同质地类别以相应的分值，见表 5-1。

表 5-1 耕层质地的量化处理

耕层质地	中壤	轻壤	砂壤	砂土	砾质壤
分值	100	95	75	65	50

地貌类型：根据不同的地貌类型对耕地地力及作物生长的影响，赋予其相应的分值，见表 5-2。

表 5-2 地貌类型的量化处理

地貌类型	分值	地貌类型	分值	地貌类型	分值
平地	100	决口扇	90	滨海低地	75
微倾斜平地	100	谷地	90	低丘	70
缓坡地	95	平台	85	高丘	65
斜坡地	95	岗地	85	低山	60
洪积扇	95	阶地	85	中山	50
冲积扇	95	河漫滩	75	海滩	50

土层厚度：根据不同的土层厚度对对耕地地力及作物生长的影响，赋予其相应的分值，见表5-3。

表 5-3 土层厚度的量化处理

土层厚度	>100cm	60～100cm	30～60cm	15～30cm
分值	100	80	60	40

障碍层：考虑影响青岛市耕地地力的主要障碍状况，将其障碍层归纳为不同的类型，并根据其对耕地地力的影响程度进行量化处理，见表5-4。

表 5-4 障碍层的量化处理

障碍层	无	砂层	砂姜层	砾质层
分值	100	80	70	50

灌排能力：根据影响青岛市耕地地力的灌排能力，包括灌溉能力和排水能力两个方面，根据灌溉能力和排水能力对灌排能力进行量化处理，将其灌排能力归纳为不同的类型，表5-5。

表 5-5 灌排能力的量化处理

灌排能力	四水区	三水区	二水区	一水区	不能灌溉
分值	100	85	70	50	30

2. 各类养分专题图层的生成

对于土壤有机质、氮、磷、钾、锌、硼、钼等养分数据，我们首先按照野外实际调查点进行整理，建立了以各养分为字段，以调查点为记录的数据库。之后，进行了土壤采样样点图与分析数据库的连接，在此基础上对各养分数据进行自动的插值处理。我们对比了分别在 MapGIS 和 ArcView 环境中的插值结果，发现 ArcView 环境中的插值结果线条更为自然圆滑，符合实际。因此，本研究中所有养分采样点数据均在 ArcView 环境下操作，利用其空间分析模块功能对各养分数据进行自动的插值处理，经编辑处理，自动生成各土壤养分专题栅格图层。后续的耕地地力评价也以栅格形式进行，与矢量形式相比，能够将各评价要素信息精确到栅格（像元）水平，保证了评价结果的准确。图5-2

和图 5-3 为在 ArcView 下插值生成的青岛市土壤有机质、全氮含量分布栅格图。

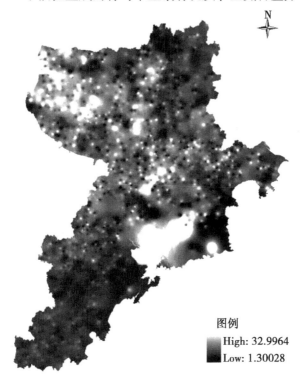

图例

High: 32.9964
Low: 1.30028

图 5-2　青岛市土壤有机质含量分布栅格图

图例

High: 2.21913
Low: 0.080149

图 5-3　青岛市土壤全氮含量分布栅格图

三、基础数据库的建立

(一) 基础属性数据库建立

为更好地对数据进行管理和为后续工作提供方便,将采样点基本情况信息、农业生产情况信息、土壤理化性状化验分析数据等信息以调查点为基本数据库记录进行属性数据库的建立,作为后续耕地地力评价工作的基础。

(二) 基础专题图图形库建立

将扫描矢量化及插值等处理生成的各类专题图件,在 ArcView 和 MapGIS 软件的支持下,分别以栅格形式和点、线、区文件的形式进行存储和管理,同时将所有图件统一转换到相同的地理坐标系统下,以进行图件的叠加等空间操作,各专题图图斑属性信息通过键盘交互式输入或通过与属性库挂接读取,构成基本专题图图形数据库。图形库与基础属性库之间通过调查点相互连接。

第三节 评价单元的划分及评价信息的提取

一、评价单元的划分

评价单元是由对土地质量具有关键影响的各土地要素组成的空间实体,是土地评价的最基本单位、对象和基础图斑。同一评价单元内的土地自然基本条件、土地的个体属性和经济属性基本一致,不同土地评价单元之间,既有差异性,又有可比性。耕地地力评价就是要通过对每个评价单元的评价,确定其地力级别,把评价结果落实到实地和编绘的土地资源图上。因此,土地评价单元划分的合理与否,直接关系到土地评价的结果以及工作量的大小。

目前,对土地评价单元的划分尚无统一的方法,有以土壤类型划分、以土地利用类型划分、以行政区划单位划分、以方里网划分等多种方法。本次青岛市耕地地力评价土地评价单元的划分采用土壤图、土地利用现状图、行政区划图的叠置划分法,相同土壤单元、土地利用现状类型及行政区的地块组成一个评价单元,即"土地利用现状类型—土壤类型—行政区划"的格式。其中,土壤类型划分到土种,土地利用现状类型划分到二级利用类型,行政区划分到乡镇,制图区界以基于遥感影像的青岛市最新土地利用现状图为准。为了保证土地利用现状的现势性,基于野外的实地调查对耕地利用现状进行了修正。同一评价单元内的土壤类型相同,利用方式相同,所属行政区相同,交通、水利、经营管理方式等基本一致,用这种方法划分评价单元既可以反映单元之间的空间差异性,既使土地利用类型有了土壤基本性质的均一性,又使土壤类型有了确定的地域边界线,使评价结果更具综合性、客观性,可以较容易地将评价结果落实到实地。

通过图件的叠置和检索，将青岛市耕地地力划分为 8 478 个评价单元。

二、评价信息的提取

影响耕地地力的因子非常多，并且它们在计算机中的存贮方式也不相同，因此如何准确地获取各评价单元评价信息是评价中的重要一环，鉴于此，我们舍弃直接从键盘输入参评因子值的传统方式，采取将评价单元与各专题图件叠加采集各参评因素的信息。具体的做法是：①按唯一标识原则为评价单元编号；②在 ArcView 环境下生成评价信息空间库和属性数据库；③在 ArcMap 环境下从图形库中调出各化学性状评价因子的专题图，与评价单元图进行叠加计算出各因子的均值；④保持评价单元几何形状不变，在耕地资源管理信息系统中直接对叠加后形成的图形的属性库进行"属性提取"操作，以评价单元为基本统计单位，按面积加权平均汇总评价单元立地条件评价因子的分值。

由此，得到图形与属性相连的，以评价单元为基本单位的评价信息，为后续耕地地力的评价奠定了基础。

第四节　参评因素的选取及其权重确定

正确地进行参评因素的选取并确定其权重，是科学地评价耕地地力的前提，直接关系到评价结果的正确性、科学性和社会可接受性。

一、参评因素的选取

参评因素是指参与评定耕地地力等级的耕地的诸属性。影响耕地地力的因素很多，在本次青岛市耕地地力评价中根据青岛市的区域特点遵循主导因素原则、差异性原则、稳定性原则、敏感性原则，采用定量和定性方法结合，进行了参评因素的选取。

系统聚类方法：系统聚类方法用于筛选影响耕地地力的理化性质等定量指标，通过聚类将类似的指标进行归并，辅助选取相对独立的主导因子。利用 SPSS 统计软件进行了土壤养分等化学性状的系统聚类，聚类结果为土壤养分等化学性状评价指标的选取提供依据。

DELPHI 法：用 DELPHI 法进行了影响耕地地力的立地条件、物理性状等定性指标的筛选。确定了由土壤农业化学学者、专家及青岛市土肥站业务人员组成的专家组，首先对指标进行分类，在此基础上进行指标的选取，并讨论确定最终的选择方案。

综合以上 2 种方法，在定量因素中根据各因素对耕地地力影响的稳定性，以及营养元素的全面性，在聚类分析基础上，结合专家组选择结果，最后确定灌排能力、地貌类型、耕层质地、障碍层、土层厚度、有机质、大量元素（速效钾、有效磷）等 8 项因素作为耕地地力评价的参评指标。

二、权重的确定

在耕地地力评价中，需要根据各参评因素对耕地地力的贡献确定权重，确定权重的方法很多，本评价中采用层次分析法（AHP）来确定各参评因素的权重。

层次分析法（AHP）是在定性方法基础上发展起来的定量确定参评因素权重的一种系统分析方法，这种方法可将人们的经验思维数量化，用以检验决策者判断的一致性，有利于实现定量化评价。AHP 法确定参评因素的步骤如下。

（一）建立层次结构

耕地地力为目标层（G 层），影响耕地地力的立地条件、物理性状、化学性状为准则层（C 层），再把影响准则层中各元素的项目作为指标层（A 层），其结构关系，如图 5-4 所示。

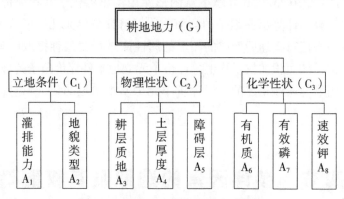

图 5-4 耕地地力影响因素层次结构

（二）构造判断矩阵

根据专家经验，确定 C 层对 G 层以及 A 层对 C 层的相对重要程度，共构成 A、C_1、C_2、C_3 共 4 个判断矩阵。例如，耕层质地、土层厚度、障碍层对耕地物理性状的判断矩阵表示为：

$$C_2 = \begin{pmatrix} a_{11} & a_{12} \\ a_{13} & \\ a_{21} & a_{22} & a_{23} \end{pmatrix} = \begin{pmatrix} 1.000\ 0 & 0.655\ 7 & 1.454\ 5 \\ 1.525\ 0 & 1.000\ 0 & 2.218\ 2 \\ 0.687\ 5 & 0.450\ 8 & 1.000\ 0 \end{pmatrix}$$

其中，a_{ij}（i 为矩阵的行号，j 为矩阵的列号）表示对 C_2 而言，a_i 对 a_j 的相对重要性的数值。

（三）层次单排序及一致性检验

即求取 A 层对 C 层的权数值，可归结为计算判断矩阵的最大特征根对应的特征向量。利用 SPSS 等统计软件，得到的各权数值及一致性检验的结果，见表 5-6。

表 5-6 权数值及一致性检验结果

矩阵	特征向量			CI	CR
矩阵 A	0.362 0	0.411 8	0.226 2	0	0<0.1
矩阵 C_1	0.575 5	0.424 5			
矩阵 C_2	0.311 3	0.474 7	0.214 0	0	0<0.1
矩阵 C_3	0.474 8	0.290 8	0.234 4	0	0<0.1

从表5-6可以看出，CR<0.1，具有很好的一致性。

（四）各因子权重确定

根据层次分析法计算结果，最终确定了青岛市耕地地力评价各参评因子的权重（表5-7）。

表5-7　各因子的权重

参评因子	权重	参评因子	权重	参评因子	权重	参评因子	权重
灌排能力	0.208 3	地貌类型	0.153 7	障碍层	0.088 1	耕层质地	0.128 2
土层厚度	0.195 5	有机质	0.107 4	有效磷	0.065 8	速效钾	0.053 0

第五节　耕地地力等级的确定

土地是一个灰色系统，系统内部各要素之间与耕地的生产能力之间关系十分复杂，此外，评价中也存在着许多不严格、模糊性的概念，因此我们在评价中引入了模糊数学方法，采用模糊评价方法来进行耕地地力等级的确定。

一、参评因素隶属函数的建立

用DELPHI法根据一组分布均匀的实测值评估出对应的一组隶属度，然后在计算机中绘制这两组数值的散点图，再根据散点图进行曲线模拟，寻求参评因素实际值与隶属度关系方程从而建立起隶属函数。各参评因素的分级及其相应的专家赋值和隶属度，如表5-8所示。

表5-8　参评因素的分级及其分值

地貌类型	平地	微倾斜平地	缓坡地	斜坡地	冲积扇	洪积扇	决口扇	谷地	阶地	平台	岗地	滨海低地
分值	100	100	95	95	95	95	90	90	85	85	85	75
隶属度	1.00	1.00	0.95	0.95	0.95	0.95	0.90	0.90	0.85	0.85	0.85	0.75

地貌类型	河漫滩	低丘	高丘	低山	中山	海滩
分值	75	70	65	60	50	50
隶属度	0.75	0.70	0.65	0.60	0.50	0.50

灌排能力	四水区	三水区	二水区	一水区	不能灌溉
分值	100	85	70	50	30
隶属度	1.00	0.85	0.70	0.50	0.30

有机质（g/kg）	20	18	16	14	12	10	8	6
分值	100	98	95	90	84	78	65	50
隶属度	1.00	0.98	0.95	0.90	0.84	0.78	0.65	0.50

（续表）

有效磷 （mg/kg）	400	300	200	110	80	60	40	30	20	15	10	5
分值	70	80	90	100	98	96	92	90	85	80	60	40
隶属度	0.70	0.80	0.90	1.00	0.98	0.96	0.92	0.90	0.85	0.80	0.60	0.40
速效钾 （mg/kg）	400	320	240	160	120	100	80	60				
分值	100	98	93	85	82	78	70	50				
隶属度	1.00	0.98	0.93	0.85	0.82	0.78	0.70	0.50				
耕层质地	中壤	轻壤	砂壤	砂土	砂质壤							
分值	100	95	85	65	50							
隶属度	1.00	0.95	0.85	0.65	0.5							
障碍层	无	砂层	砂姜层	砾质层								
分值	100	80	60	40								
隶属度	1.00	0.80	0.60	0.40								
土层厚度 （cm）	>100	60~100	30~60	15~30								
分值	100	80	60	40								
隶属度	1.00	0.80	0.60	0.40								

通过模拟共得到直线型、戒上型、戒下型 3 种类型的隶属函数，其中有效磷属于以上两种或两种以上的复合型隶属函数，地貌类型、耕层质地等描述性的因素属于直线型隶属函数，然后根据隶属函数计算各参评因素的单因素评价评语。以有机质为例绘制的散点分布和模拟曲线如图 5-5 所示。

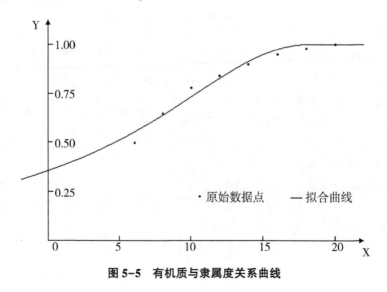

图 5-5 有机质与隶属度关系曲线

其隶属函数为戒上型，形式为：

$$Y = \begin{cases} 0 & x \leqslant xt \\ 1 / \left[1 + A \ (x-C)^2 \right] & xt < x < c \\ 1 & c \leqslant x \end{cases}$$

各参评因素类型及其隶属函数如表5-9所示。

表5-9　参评因素类型及其隶属函数

函数类型	参评因素	隶属函数	a	c	Ut
戒上型	有机质（g/kg）	$Y = 1 / \left[1 + A \ (x-C)^2 \right]$	0.005 43	18.22	3.5
戒上型	速效钾（mg/kg）	$Y = 1 / \left[1 + A \ (x-C)^2 \right]$	0.000 007 60	327.836	15
戒上型　<110 戒下型　>110	有效磷（mg/kg）	$Y = 1 / \left[1 + A \ (x-C)^2 \right]$	0.000 099 2 0.000 007 42	80.159 111.967	3 450
正直线型	地貌类型（分值）	$Y = ax$	0.01	100	0
正直线型	障碍层（分值）	$Y = ax$	0.01	100	0
正直线型	耕层质地（分值）	$Y = ax$	0.01	100	0
正直线型	灌排能力（分值）	$Y = ax$	0.01	100	0
正直线型	土层厚度（分值）	$Y = ax$	0.01	100	0

二、耕地地力等级的确定

（一）计算耕地地力综合指数

用指数和法来确定耕地的综合指数，公式为：

$$\text{IFI} = \sum F_i \times C_i$$

式中：IFI（Integrated Fertility Index）代表耕地地力综合指数；F_i = 第 i 个评价因素；C_i = 第 i 个因素的组合权重。

具体操作过程：在市域耕地资源管理信息系统中，在"专题评价"模块中编辑立地条件、物理性状和化学性状的层次分析模型以及各评价因子的隶属函数模型，然后选择"耕地生产潜力评价"功能进行耕地地力综合指数的计算。

（二）确定最佳的耕地地力等级数目

计算耕地地力综合指数之后，在耕地资源管理系统中我们选择累积曲线分级法进行评价，根据曲线斜率的突变点（拐点）来确定等级的数目和划分综合指数的临界点，将青岛市耕地地力共划分为6级，各等级耕地地力综合指数，见表5-10，综合指数分布，见图5-6。

表5-10　青岛市耕地地力等级综合指数

IFI	>0.93	0.90~0.93	0.83~0.90	0.76~0.83	0.70~0.76	<0.70
耕地地力等级	一等	二等	三等	四等	五等	六等

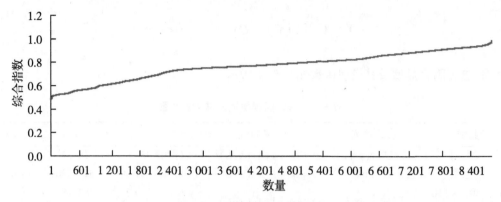

图 5-6 青岛市综合指数分布

第六节 成果图编制及面积量算

一、图件的编制

为了提高制图的效率和准确性，在地理信息系统软件 MAPGIS 的支持下，进行青岛市耕地地力评价图及相关图件的自动编绘处理，其步骤大致分以下几步：扫描矢量化各基础图件→编辑点、线→点、线校正处理→统一坐标系→区编辑并对其赋属性→根据属性赋颜色→根据属性加注记→图幅整饰输出。另外，还充分发挥 MAPGIS 强大的空间分析功能，用评价图与其他图件进行叠加，从而生成其他专题图件，如评价图与行政区划图叠加，进而计算各行政区划单位内的耕地地力等级面积等。

（一）专题图地理要素底图的编制

专题地图的地理要素内容是专题图的重要组成部分，用于反映专题内容的地理分布，并作为图幅叠加处理等的分析依据。地理要素的选择应与专题内容相协调，考虑图面的负载量和清晰度，应选择基本的、主要的地理要素。

以青岛市最新的土地利用现状图为基础，对此图进行了制图综合处理，选取主要的居民点、交通道路、水系、境界线等及其相应的注记，进而编辑生成各专题图地理要素底图。

（二）耕地地力评价图的编制

以耕地地力评价单元为基础，根据各单元的耕地地力评价等级结果，对相同等级的相邻评价单元进行归并处理，得到各耕地地力等级图斑。在此基础上，分 2 个层次进行图面耕地地力等级的表示：一是颜色表示，即赋予不同耕地地力等级以相应的颜色。其次是代号，用罗马数字 Ⅰ、Ⅱ、Ⅲ、Ⅳ、Ⅴ、Ⅵ表示不同的耕地地力等级，并在评价图相应的耕地地力图斑上注明。将评价专题图与以上的地理要素图复合，整饰得青岛市耕地地力评价图，见彩图 2。

（三）其他专题图的编制

对于有机质、速效钾、有效磷、有效锌等其他专题要素地图，则按照各要素的分级分别赋予相应的颜色，标注相应的代号，生成专题图层。之后与地理要素图复合，编辑处理生成专题图件，并进行图幅的整饰处理。最终专题图见彩图 6 至彩图 21。

二、面积量算

面积的量算通过与专题图相对应的属性库的操作直接完成。对耕地地力等级面积的量算，在相关数据库管理软件的支持下，对图件属性库进行操作，检索相同等级的面积，然后汇总得各类耕地地力等级的面积，根据青岛市图幅理论面积进行平差，得到准确的面积数值。对于不同行政区划单位内部、不同的耕地利用类型等的耕地地力等级面积的统计，则通过耕地地力评价图与相应的专题图进行叠加分析，由其相应属性库统计获得。

第六章 耕地地力等级分析

本次耕地地力分析，按照农业部耕地质量调查和评价的规程及相关标准，结合当地实际情况，选取了对耕地地力影响较大，区域内变异明显，在时间序列上具有相对稳定性，与农业生产有密切关系的 8 个因素，建立评价指标体系。以土壤图、土地利用现状图、行政区划图叠加形成评价单元，应用模糊综合评判方法，通过综合分析，将全区耕地共划分为 6 个等级，根据评价结果进行耕地地力的系统分析。

第一节 耕地地力等级及空间分布

一、耕地地力等级面积

利用 MAPGIS 软件，对评价图属性库进行操作，检索统计耕地各等级的面积和图幅总面积。以 2013 年青岛市耕地总面积 527 000hm² 为基准，按面积比例平差，计算出各耕地地力等级面积。

青岛市耕地总面积为 527 000hm²，其中一级地和二级地占总耕地面积的 40.96%；三级地和四级地占耕地总面积的 42.44%；五级地和六级地占耕地总面积的 16.60%。以三级地分布面积最大，占总耕地面积的 27.76%。六级地分布面积最小，占总耕地面积的 6.77%，见表 6-1。

表 6-1 青岛市耕地地力评价结果面积统计

等 级	一级地	二级地	三级地	四级地	五级地	六级地	总计
面积（hm²）	96 106.2	119 751.5	146 272.2	77 383.39	51 823.43	35 663.31	527 000
百分比（%）	18.24	22.72	27.76	14.68	9.83	6.77	100

二、耕地地力空间分布分析

（一）耕地地力等级分布

一级地和二级地在青岛市各个区、市都有分布，微地貌类型以平地、洪积扇、微倾斜平地为主。这一区域耕地地力情况较好，农业基础设施均配套成型，测土配方施肥工程也首先在这一区域展开。三级地、四级地分布比较分散地分布于青岛市东部以及北部，属于只要加大资金投入，完善基础设施，改善生产条件，产量就能大幅提高的中产田类型，有一定的开发潜力。五级地和六级地主要分布在南部地区，这部分耕地有效耕层薄，肥力低，灌溉条件较差，还有部分未利用土地，属于低产田类型。

（二）耕地地力等级的行政区域划分

从耕地地力等级行政区域分布数据库中，按权属字段检索出各等级的记录，统计出1~6级地在各乡镇的分布状况，见表6-2。

表6-2　青岛市耕地地力等级行政区域分布

区、市	项目	一级地	二级地	三级地	四级地	五级地	六级地	合计
李沧区	面积（hm²）	0.00	0.00	0.00	116.74	109.46	0.00	226.20
	百分比（%）	0.00	0.00	0.00	51.61	48.39	0.00	100.00
崂山区	面积（hm²）	233.70	1 965.91	4 753.52	503.20	853.99	774.09	9 084.41
	百分比（%）	2.57	21.64	52.33	5.54	9.40	8.52	100.00
城阳区	面积（hm²）	2 345.20	2 185.27	11 861.34	4 908.25	1 640.62	1 930.17	24 870.85
	百分比（%）	9.43	8.79	47.69	19.73	6.60	7.76	100.00
青西新区	面积（hm²）	1 367.42	3 468.36	7 121.74	15 490.24	5 171.29	5 926.44	38 545.49
	百分比（%）	3.55	9.00	18.48	40.17	13.42	15.38	100.00
即墨区	面积（hm²）	47.29	1 207.00	4 100.96	11 499.40	5 981.78	1 736.90	24 573.33
	百分比（%）	0.19	4.91	16.69	46.80	24.34	7.07	100.00
胶州市	面积（hm²）	3 144.66	16 535.35	19 598.08	10 208.51	6 746.71	4 447.14	60 680.45
	百分比（%）	5.18	27.25	32.30	16.82	11.12	7.33	100.00
平度市	面积（hm²）	68 378.22	60 905.74	55 735.74	20 210.85	22 127.93	12 986.77	240 345.27
	百分比（%）	28.45	25.34	23.19	8.41	9.21	5.40	100.00
莱西市	面积（hm²）	20 589.71	33 483.88	43 100.77	14 446.20	9 191.65	7 861.79	128 674.00
	百分比（%）	16.00	26.02	33.50	11.23	7.14	6.11	100.00

从表6-2中可以看出，一级、二级高等地力耕地所占比例较高的为莱西市、平度市、胶州市，三级、四级中等地力耕地所占比例较高的乡镇主要为青西新区、即墨区、城阳区，五级、六级低等地力土地所占比例较大的乡镇有平度市、青西新区、胶州市。

第二节　耕地地力等级分述

一、一级地

（一）面积与分布

一级地，综合评价指数＞0.93，耕地面积96 106.2hm²，占全市总耕地面积的

18.24%。其中水浇地 61 962.57hm²，占一级地面积 64.47%；旱地 34 143.64hm²，占一级地面积的 35.53%，见表 6-3。

表 6-3　青岛市一级地各利用类型面积

利用类型	评价单元（个）	面积（hm²）	占耕地总面积（%）	占一级地面积（%）
水浇地	312	61 962.57	11.76	64.47
旱地	210	34 143.64	6.48	35.53
总计	522	96 106.20	18.24	100.00

（二）主要属性分析

一级地土壤类型以棕壤、砂姜黑土、棕壤性土为主。土壤表层质地为轻壤和中壤，障碍层类型主要为砂姜层。微地貌类型以微倾斜平地、平地、洪积扇为主，土层深厚，土壤理化性状良好，可耕性强。农田水利设施较为完善，灌排条件较好，灌溉保证率达到 85%以上。土壤养分含量较高，见表 6-4。

表 6-4　青岛市一级地主要养分含量

项目	有机质（g/kg）	有效磷（mg/kg）	速效钾（mg/kg）
平均值	13.09	34.82	134.51
范围值	8.00~20.80	3.80~123.10	43.00~555.00
含量水平	中偏上	中偏上	中偏上

（三）存在问题

一级地存在问题：一是该地区属全市经济较发达地区，人们历来较注重第二、第三产业，农业投入比例明显低于第二、第三产业投入；二是土壤肥力虽然较高，但是与高产高效农业的需求还有一定差距；三是施肥、用药种类与比例不合理，缺乏针对性，盲目性较大；四是由于经济发达，工矿企业较多，点源污染程度有所加重。

（四）合理利用

一级地是全市综合性能最好的耕地，各项评价指标均属良好型。土层厚，排灌性好，易于耕作，养分含量高，保肥、保水，适于各种作物生长，是青岛市的丰产耕地，称为青岛市的"菜篮子"。利用方向是发展高产、优质、高效农业，如无公害蔬菜基地、日光温室、反季节瓜果栽培等。为此，应搞好以下工作。

（1）农业部门应结合科技入户、配方施肥等工程，加大宣传力度，转变观念，提高认识，加大农业投入，提升农业综合生产能力。

（2）增施有机肥，增加土壤有机质含量；实施平衡施肥，防止土壤污染，适量补施微肥，提高耕地质量。

（3）加大检测力度，确保农业灌溉、施肥、用药安全，搞好无公害生产。

（4）利用方向，应科学规划，严格控制建设用地，加强保护，做到用地养地，可持续利用。

二、二级地

（一）面积与分布

二级地，综合评价指数为 0.90～0.93，耕地面积为 119 751.5hm²，占全市耕地总面积 22.72%。其中，水浇地 68 587.23hm²，占二级地面积 57.27%，旱地 51 164.29hm²，占二级地面积 42.73%，见表 6-5。

表 6-5　青岛市二级地各利用类型面积

利用类型	评价单元（个）	面积（hm²）	占总耕地面积（%）	占二级地面积（%）
水浇地	328	68 587.23	13.01	57.27
旱地	393	51 164.29	9.71	42.73
合计	721	119 751.50	22.72	100.00

（二）主要属性分析

二级地土壤类型以棕壤性土、砂姜黑土、棕壤、盐化潮土为主，土壤表层质地主要是轻壤和中壤，兼有零星砂壤，该部分地区耕地主要有砂浆层这个障碍层次。微地貌类型以洪积扇、微倾斜平地、平地、平台为主。土层较深厚，土壤理化性状良好，可耕性较强。农田水利设施较为完善，灌排条件良好，灌溉保证率在 70% 以上。土壤养分含量均属于全市中等偏上水平，见表 6-6。

表 6-6　青岛市二级地主要养分含量

项目	有机质（g/kg）	有效磷（mg/kg）	速效钾（mg/kg）
平均值	12.43	29.26	108.37
范围值	4.40～22.70	8.00～152.90	41.00～630.00
含量水平	中偏上	中偏上	中偏上

（三）存在问题

二级地存在的问题主要是少部分地区耕层中存在砂姜层这一障碍性层次，耕地环境质量欠佳；灌溉水平较好；耕地养分含量处于中等偏上水平，但是与高产高效农业的需求还有一定差距。

（四）合理利用

合理利用的措施：增施有机肥料，实行秸秆直接还田或过腹还田，不断培肥地力；

采取深耕等措施，破除犁地层，改良土壤质地和构型，有利于作物根系伸展。同时与农田基础建设相结合，兴修水利，大力推广节水灌溉技术，扩大灌溉面积；平整土地，改良作物种植条件；在坚持因地制宜的基础上，着重补施微肥。

三、三级地

（一）面积与分布

三级地，综合评价指数为 0.83～0.90，耕地面积 146 272.2hm²，占全市耕地总面积的 27.76%，为青岛市耕地面积最大的一个等级。其中水浇地 63 508.08hm²，占三级地面积的 43.42%，旱地 82 764.07hm²，占三级地面积的 56.58%，见表 6-7。

表 6-7　青岛市三级地各利用类型面积

利用类型	评价单元（个）	面积（hm²）	占总耕地面积（%）	占三级地面积（%）
水浇地	532	63 508.08	12.05	43.42
旱地	841	82 764.07	15.70	56.58
合计	1 373	146 272.20	27.75	100.00

（二）主要属性分析

三级地土壤类型以棕壤性土、砂姜黑土、褐土为主。土壤表层质地主要是轻壤和中壤，部分耕地有砂姜层和砂层两个明显的障碍层次。微地貌类型主要是高丘、洪积扇、低丘、河漫滩。灌溉保证率达到或接近 70%。土壤养分有效磷和速效钾含量偏低，有机质与全市平均水平持平，见表 6-8。

表 6-8　青岛市三级地主要养分含量

项目	有机质（g/kg）	有效磷（mg/kg）	速效钾（mg/kg）
平均值	11.9	29.42	104.27
范围值	3.30～23.20	7.10～163.70	24.00～556.00
含量水平	中等	中偏上	中等

（三）存在问题

部分耕地灌溉条件受一定限制，灌溉水平参差不齐，少量耕地靠天吃饭；耕地大平小不平，地块微有倾斜；耕地养分存在不平衡现象，有效钾较为缺乏。

（四）合理利用

合理利用措施为：一是大力搞好农田基本建设，维护和建设水利设施，大力推广节水灌溉，提高灌溉保证率；二是平田整地，深翻改土，加深耕层厚度，改善土壤物理性状；三是少量增施磷肥、微肥。

四、四级地

（一）面积与分布

四级地，综合评价指数为 0.76～0.83，耕地面积 77 383.39hm²，占全市耕地总面积的 14.68%。其中，旱地 49 100.32hm²，占四级地面积的 63.45%，水浇地 28 283.07hm²，占四级地面积的 36.55%，见表6-9。

表6-9　青岛市四级地各利用类型面积

利用类型	评价单元（个）	面积（hm²）	占总耕地面积（%）	占四级地面积（%）
水浇地	1 114	28 283.07	5.37	36.55
旱地	1 527	49 100.32	9.32	63.45
合计	2 641	77 383.39	14.69	100.00

（二）主要属性分析

四级地土壤类型以棕壤性土、潮棕壤、砂姜黑土为主。土壤表层质地主要是轻壤、中壤和砂壤，兼有少量重壤。耕层中砾质层障碍性层次比较明显，含有少量砂姜层和砂层。微地貌类型以高丘、平台、平地、微倾斜平地为主。灌溉保证率基本能达到50%。土壤养分含量居中，见表6-10。

表6-10　青岛市四级地主要养分含量

项目	有机质（g/kg）	有效磷（mg/kg）	速效钾（mg/kg）
平均值	12.02	29.07	110.99
范围值	4.00～26.90	6.00～214.80	27.00～916.00
含量水平	中偏上	中等	中偏上

（三）存在问题

该级地耕层中存在明显的障碍性层次，砾石较多，阻碍作物的正常发育；农田水利设施不完善，灌溉条件较差。耕地养分含量处于中等水平，但是与高产高效农业的需求还有一定差距。

（四）改良利用

改良利用措施：修筑梯田，平整土地，改善土壤环境；调整种植业结构，大力发展旱作农业，利用山区环境好、无污染的特点，引导鼓励农民发展果品生产；进一步兴修农田水利，提高雨水利用率。利用方向：向生产专用优质商品粮油方向发展，生产绿色无公害农产品。

五、五级地

(一) 面积与分布

五级地,综合评价指数为 0.7~0.76,耕地面积为 51 823.43hm²,占全市耕地总面积 9.83%。其中,旱地 40 399.85hm²,占五级地面积的 77.96%,水浇地 51 823.43hm²,占五级地面积的 22.04%,见表 6-11。

表 6-11 青岛市五级地各利用类型面积

利用类型	评价单元 (个)	面积 (hm²)	占总耕地面积 (%)	占五级地面积 (%)
水浇地	439	11 423.57	2.17	22.04
旱地	885	40 399.85	7.67	77.96
合计	1 324	51 823.43	9.84	100.00

(二) 主要属性分析

五级地土壤类型以潮棕壤、棕壤为主。土壤表层质地以中壤为主,少量轻壤。耕层中含有砾质层、砂层等明显障碍性层次。微地貌类型以高丘、平台、低山、河漫滩为主。部分地区灌溉保证率能达到 50%。土壤养分含量偏低,见表 6-12。

表 6-12 青岛市五级地主要养分含量

项目	有机质 (g/kg)	有效磷 (mg/kg)	速效钾 (mg/kg)
平均值	10.63	29.76	99.86
范围值	2.70~23.20	4.50~153.10	22.00~546.00
含量水平	中偏下	中等	中偏下

(三) 改良利用

这部分耕地,近年来一直是青岛市中低产田改造的重点。大量该级地耕层中存在障碍性层次,不宜大面积开发整理成耕地,应根据实际情况发展林果业。同时加大荒山治理力度,综合整治山水林田路。

利用方向是整修梯田,营造水土保持林,提高综合控制水土的能力;因土制宜调整农业种植结构,发展耐旱耐土壤贫瘠作物;发展经济林,实行多种经营,增加收入。

六、六级地

(一) 面积与分布

六级地,综合评价指数 <0.7,耕地面积 35 663.31hm²,占全市耕地总面积的 6.77%,为青岛市耕地面积最小的一个等级。其中旱地 30 334.4hm²,占六级地面积的

85.06%，水浇地 5 328.91hm²，占六级地面积的 14.94%，见表 6-13。

表 6-13　青岛市六级地各利用类型面积

利用类型	评价单元（个）	面积（hm²）	占总耕地面积（%）	占六级地面积（%）
水浇地	335	5 328.91	1.01	14.94
旱地	1 884	30 334.40	5.76	85.06
合计	2 219	35 663.31	6.77	100.00

（二）主要属性分析

六级地土壤类型以棕壤性土（粗骨土）为主，兼有少量棕壤。土壤表层质地以砂壤、砂土、中壤为主。耕层中含有砾质层这一明显障碍性层次。微地貌类型以高丘、低山、平台、低丘为主。仅有少部分地区灌溉保证率能达到 50%。土壤养分含量均较低，见表 6-14。

表 6-14　青岛市六级地主要养分含量

项目	有机质（g/kg）	有效磷（mg/kg）	速效钾（mg/kg）
平均值	10.48	25.13	99.29
范围值	1.60~24.90	6.70~181.80	20.00~555.00
含量水平	中偏下	中偏下	中偏下

（三）改良利用

六级地土壤物理条件较差，大部分存在砾质层这一障碍性层次，灌溉水平较低，大部分只能靠天吃饭，不宜种植大田作物。改良利用上应重点因地制宜地充分利用坡地自然条件，修筑塘坝，大力开辟水源，克服干旱威胁。

利用方向是调整种植业结构，适当发展经济林、用材林，实行多种经营。同时起到改善土壤环境条件，以防止水土流失，保护自然植被的作用。

第七章 耕地土壤理化性状

耕地土壤的地形、地貌条件、成土母质特征、农田基础设施及培肥水平、土壤理化性状等综合构成耕地的基础生产能力，即耕地地力。其中，土壤理化性状是指土壤的物理和化学性状，物理性状主要包括有机质含量、保水保肥力、通透性等，化学性状主要包括无机大中微量元素、土壤 pH 值等。耕地的生产能力在很大程度上取决于土壤对作物生长供应营养元素的能力，通过对耕地土壤 pH 值、有机质及各养分含量的分析，可以摸清耕地土壤肥力状况及存在的问题，为提升耕地质量、指导农民合理施肥、提高农作物产量、增加农业效益提供科学依据。

这次耕地地力评价工作中，山东省土壤肥料总站参照全国第二次土壤普查时期的土壤 pH 值、有机质以及各养分的分级标准，制定了山东省 pH 值、有机质、全氮、有效磷、速效钾、缓效钾、交换性钙镁、有效硫分级标准，有效锌、有效硼、有效铜、有效铁、有效钼和有效锰分级仍沿用全国第二次土壤普查时期制定的分级标准（表7-1）。青岛市级耕地地力评价汇总中，大部分养分分级指标参考山东省标准执行。

表 7-1　山东省 pH 值、有机质及主要养分分级标准

指标	分级标准								
	一级	二级	三级	四级	五级	六级	七级	八级	九级
pH 值	>8.5	7.5~8.5	6.5~7.5	5.5~6.5	5.0~5.5	4.5~5.0	<4.5		
有机质（g/kg）	>20	15~20	12~15	10~12	8~10	6~8	<6		
全氮（g/kg）	>1.5	1.2~1.5	1.0~1.2	0.75~1.0	0.5~0.75	0.3~0.5	<0.3		
有效磷（mg/kg）	>120	80~120	50~80	30~50	20~30	15~20	10~15	5~10	<5
速效钾（mg/kg）	>300	200~300	150~200	120~150	100~120	75~100	50~75	<50	
缓效钾（mg/kg）	>1 200	900~1 200	75~900	500~750	300~500	<300			
交换性钙（mg/kg）	>6 000	4 000~6 000	3 000~4 000	2 500~3 000	2 000~2 500	1 500~2 000	1 000~1 500	500~1 000	<500
交换性镁（mg/kg）	>600	400~600	300~400	250~300	200~250	150~200	<150		
有效硫（mg/kg）	>100	75~100	60~75	45~60	30~45	15~30	<15		
有效锌（mg/kg）	>3	1.0~3.0	0.5~1.0	0.3~0.5	<0.3				
有效铜（mg/kg）	>1.8	1.0~1.8	0.2~1.0	0.1~0.2	<0.1				
有效铁（mg/kg）	>20	10~20	4.5~10	2.5~4.5	<2.5				
有效锰（mg/kg）	>30	15~30	5~15	1~5	<1				
有效硼（mg/kg）	>2.0	1.0~2.0	0.5~1.0	0.2~0.5	<0.2				
有效钼（mg/kg）	>0.3	0.2~0.3	0.15~0.2	0.1~0.15	<0.1				

第一节 土壤 pH 值与有机质

一、土壤 pH 值

土壤 pH 值，又称土壤酸碱度，主要取决于土壤溶液中氢离子的浓度。氢离子浓度越高，pH 值越小；氢离子浓度越低，pH 值越大。土壤 pH 值是土壤盐基状况的综合反映，对土壤的理化性质、土壤中养分存在的形态和有效性、微生物活动以及植物生长发育都有很大影响，是决定农田土壤肥力的重要特征参数之一。土壤中有机质的合成与分解、氮磷等营养元素的转化和释放、微量元素的有效性、土壤保持养分的能力等都与土壤 pH 值有关，土壤 pH 值过高过低都不利于作物的生长和发育。

（一）等级与面积

对参与本次耕地地力评价的 2 547 个土样的 pH 值进行统计，青岛市土壤表层 pH 值平均值为 6.31。根据山东省土壤 pH 值分级标准，结合青岛市实际，本次评价中采用等距方法将青岛耕地土壤的 pH 值分为 6 级，即将省标准的五级、六级归并为市级五级，省标准七级定位市级六级。以 2013 年参与评价各区、市耕地总面积 526 917hm² （790.38 万亩）为基数，各等级的面积和比重分别是：pH 值>8.5 的耕地面积为 25 631.45hm² （38.45 万亩），占耕地总面积的 4.86%；pH 值在 7.5~8.5 的耕地面积为 48 733.93hm² （73.10 万亩），占全市耕地总面积的 9.25%；pH 值在 6.5~7.5 的耕地面积为 123 096.79hm² （184.65 万亩），占总耕地面积的 23.36%；pH 值在 5.5~6.5 的耕地面积为 215 261.93hm² （322.89 万亩），占耕地总面积的 40.85%；pH 值在 4.5~5.5 的耕地面积为 108 838.20hm² （163.26 万亩），占全市耕地面积的 20.66%；pH 值<4.5 的耕地面积为 5 354.71hm² （8.03 万亩），占全市耕地面积的 1.02%，见表 7-2。

表 7-2 青岛市土壤 pH 值各等级面积及比重

等级	pH 值分级标准	面积（hm²）	占耕地总面积比重（%）
一	>8.5	25 631.45	4.86
二	7.5~8.5	48 733.93	9.25
三	6.5~7.5	123 096.79	23.36
四	5.5~6.5	215 261.93	40.85
五	4.5~5.5	108 838.20	20.66
六	<4.5	5 354.71	1.02

（二）分布特点及变化情况

1. 区域分布情况

从各区、市 pH 值平均值上看，平度市最大，崂山区最小。全市 pH 值平均值从高到低依次顺序为平度市>胶州市>青西新区>城阳区>莱西市>即墨区>崂山区，见表 7-3。

从区域整体上看，东部的 pH 值平均值低于西部。从地形上看，处于胶北大洼的胶州市、平度市的平均值高于处于姜山大洼的即墨区和莱西市，胶南台地 pH 值平均值高于胶北台地。

从等级面积上看，pH 值 > 8.5 的一等级耕地只分布于平度市，面积为 25 631.45hm²（38.45 万亩），占全市耕地总面积的 4.86%；pH 值在 7.5~8.5 的二等级耕地主要分布于平度市，面积为 35 528.74hm²（53.29 万亩），占全市耕地总面积的 6.74%，占二等级耕地面积的 72.90%，其余分布于城阳、即墨、胶州、莱西；pH 值在 6.5~7.5 的三等级耕地在青西新区、即墨区、胶州市、平度市、莱西市 5 个主要农业区、市均有分布，面积为 121 827.69hm²（182.74 万亩），占全市耕地面积的 23.12%，少量分布于城阳区；pH 值在 5.5~6.5 的四等级耕地在全市均有分布，平度市分布面积最大，为 59 637.53hm²（89.46 万亩），其次为即墨区，面积为 50 328.25hm²（75.49 万亩）；pH 值在 4.5~5.5 的五等级耕地全市均有分布，平度、莱西、即墨的面积较大，面积分别为 28 676.77hm²、28 083.77hm²、26 422.33hm²；pH 值<4.5 的六等级除青西新区外，其他区、市均有分布，即墨、胶州、莱西分布面积较大，三区、市面积合计 4 045.65hm²（6.07 万亩），占全市耕地总面积的 7.68‰ 左右，占六等级耕地的 75.55%。详见表 7-4。

表 7-3　青岛市各区、市耕地土壤 pH 值

区、市	点位数（个）	最小值	最大值	平均值	标准差	变异系数
崂山区	25	3.6	6.4	4.87	0.66	0.14
城阳区	40	3.0	8.0	6.02	1.23	0.20
青西新区	474	5.2	6.9	6.16	0.50	0.08
即墨区	485	4.1	8.2	6.02	0.79	0.13
胶州市	384	4.2	8.5	6.17	0.72	0.12
平度市	730	4.4	9.1	6.88	1.23	0.18
莱西市	409	4.1	8.1	6.03	0.88	0.15
合计	2 547	3.0	9.1	6.31	0.99	0.16

表 7-4　青岛市各区、市土壤 pH 等级面积及比重

区、市	一级 pH 值>8.5			二级 pH 值 7.5~8.5			三级 pH 值 6.5~7.5		
	面积（hm²）	占全市耕地比重（%）	占本区市耕地比重（%）	面积（hm²）	占全市耕地比重（%）	占本区市耕地比重（%）	面积（hm²）	占全市耕地比重（%）	占本区市耕地比重（%）
崂山区									
城阳区				1 269.10	0.24	17.50	1 269.10	0.24	17.50
青西新区							22 977.45	4.36	30.17
即墨区				5 661.93	1.07	5.57	18 034.29	3.42	17.73
胶州市				1 188.12	0.23	1.82	21 216.47	4.03	32.55
平度市	25 631.45	4.86	13.84	35 528.74	6.74	19.18	35 274.96	6.69	19.04
莱西市				5 086.04	0.97	5.62	24 324.52	4.62	26.89

区、市	四级 pH 值 5.5~6.5			五级 pH 值 4.5~5.5			六级 pH 值<4.5		
	面积（hm²）	占全市耕地比重（%）	占本区市耕地比重（%）	面积（hm²）	占全市耕地比重（%）	占本区市耕地比重（%）	面积（hm²）	占全市耕地比重（%）	占本区市耕地比重（%）
崂山区	110.4	0.02	12.00	552.00	0.10	60.00	257.60	0.05	28.00
城阳区	1 813.00	0.34	25.00	2 356.90	0.45	32.50	543.90	0.10	7.50
青西新区	44 187.39	8.39	58.02	8 998.16	1.71	11.81			
即墨区	50 328.25	9.55	49.48	26 422.33	5.01	25.98	1 258.21	0.24	1.24
胶州市	28 005.74	5.32	42.97	13 748.27	2.61	21.09	1 018.39	0.19	1.56
平度市	59 637.53	11.32	32.19	28 676.77	5.44	15.48	507.55	0.10	0.27
莱西市	31 179.62	5.92	34.47	28 083.77	5.33	31.05	1 769.06	0.34	1.96

2. 不同土壤类型分布情况

不同土壤类型的 pH 值也有很大差异，从表 7-5 中可以看出，pH 值从高到低依次为盐土>褐土>砂姜黑土>潮土>棕壤。

表 7-5　青岛市不同土壤类型 pH 值

土壤类型	点位数（个）	最小值	最大值	平均值	标准差	变异系数
棕壤	1 502	3.60	9.00	5.98	0.76	0.13
褐土	32	5.70	8.90	7.48	0.93	0.12

（续表）

土壤类型	点位数（个）	最小值	最大值	平均值	标准差	变异系数
潮土	445	4.24	9.10	6.41	0.95	0.15
砂姜黑土	566	3.00	9.10	7.02	1.13	0.16
盐土	2	8.70	8.90	8.80	0.14	0.02

3. 不同农田类型分布情况

不同的耕作制度对土壤 pH 也有很大的影响，从表 7-6 中可以看出，pH 值从高到低依次为设施大棚>大田粮油>果园>大田蔬菜>茶园。

表 7-6　青岛市不同农田 pH 值情况

作物类型	点位数（个）	最小值	最大值	平均值	标准差	变异系数
大田粮油	2 457	4.05	9.10	6.32	0.99	0.16
大田蔬菜	13	5.00	7.10	5.98	0.72	0.12
果园	23	3.00	7.70	6.13	1.06	0.17
茶园	50	3.60	6.90	5.49	0.86	0.16
设施大棚	4	6.10	7.20	6.38	0.55	0.09

4. 变化趋势

与第二次土壤普查时期数据比较，全市土壤 pH 值总体明显下降，说明土壤酸化程度加剧，但也有一些地块 pH 值升高，说明存在盐渍化现象。第二次土壤普查时全市一般耕层土壤 pH 值为 5.5~8.0，本次评价为 3~9.1。不同土壤类型第二次土壤普查以来，pH 值变化见表 7-7。

表 7-7　青岛市不同时期、不同土壤类型 pH 值

土壤类型	第二次土壤普查 pH 值	本次耕地地力评价 pH 值
棕壤	5.5~6.7	3.6~9.0
褐土	6.8~7.2	5.7~8.9
潮土	6.6~7.7	4.2~9.1
砂姜黑土	7.0~7.5	3.0~9.1
盐土	7.3~8.0	8.7~8.9

二、有机质

土壤有机质是土壤固相部分的重要组成成分，是植物营养的主要来源之一。土壤有机质中含有作物生长所需的各种养分，可直接或间接地为作物生长提供氮、磷、钾、钙、镁、硫和各种微量元素；有机质具有改善土壤理化性状，影响和制约土壤结构形成及通气性、渗透性、缓冲性、交换性能和保水保肥性能，是评价耕地地力的重要指标。对耕作土壤来说，培肥的中心环节就是增施各种有机肥，实行秸秆还田，提高土壤有机质含量。通常在其他条件相同或相近的情况下，在一定含量范围内，有机质的含量与土壤肥力水平呈正相关。

（一）等级与面积

对参与本次耕地地力评价的 2 553 个土样的有机质含量进行统计，青岛市土壤表层有机质含量平均值为 11.94g/kg。本次青岛市级耕地评价汇总中，有机质分级采用山东省统一标准的七级制，各等级的面积和比重分别是：有机质含量>20g/kg 的一等级耕地面积 19 852.91hm²（29.78 万亩），占耕地总面积的 3.76%；有机质含量 15~20g/kg 的二等级耕地面积 93 006.43hm²（139.51 万亩），占耕地总面积的 17.66%；有机质含量 12~15g/kg 的三等级耕地面积 130 917.04hm²（196.38 万亩），占耕地总面积的 24.84%；有机质含量 10~12g/kg 的四等级耕地面积 117 746.98hm²（176.62 万亩），占耕地总面积的 22.34%；有机质含量 8~10g/kg 的五等级耕地面积 106 454.4hm²（176.62 万亩），占耕地总面积的 20.20%；有机质含量 6~8g/kg 的六等级耕地面积 46 081.24hm²（69.12 万亩），占耕地总面积的 8.75%；有机质含量 6~8g/kg 的七等级耕地面积 12 858.01hm²（19.29 万亩），占耕地总面积的 2.45%。详见表 7-8。其中，三等级、四等级、五等级有机质含量耕地面积都超过 20%，合计为 67.40%，面积为 355 118.40hm²（532.689 万亩）。

表 7-8　青岛市土壤有机质含量各等级面积及比重

等级	有机质含量分级标准（g/kg）	面积（hm²）	占耕地总面积比重（%）
一	>20	19 852.91	3.76
二	15~20	93 006.43	17.66
三	12~15	130 917.04	24.84
四	10~12	117 746.98	22.34
五	8~10	106 454.40	20.20
六	6~8	46 081.24	8.75
七	<6	12 858.01	2.45

（二）分布特点及变化情况

1. 区域分布情况

从青岛市各区、市有机质含量平均值上看，城阳区最高，崂山最低最小。全市耕地有机质含量平均值从高到低依次顺序为城阳区>平度市>即墨区>胶州市>莱西市>青西新区>崂山区，见表7-9。

表7-9 青岛市各区、市耕地土壤有机质含量

区、市	点位数 （个）	最小值 （g/kg）	最大值 （g/kg）	平均值 （g/kg）	标准差	变异系数
崂山区	25	1.3	43.5	9.58	8.90	0.93
城阳区	40	2.6	31.0	14.38	7.65	0.53
青西新区	474	3.7	16.5	9.72	1.66	0.17
即墨区	486	4.0	33.0	12.52	4.21	0.34
胶州市	384	5.2	25.5	11.91	3.19	0.27
平度市	735	1.4	32.1	13.68	4.07	0.30
莱西市	409	4.9	20.0	10.65	2.45	0.23
合计	2 553	1.3	43.5	11.94	3.88	0.32

从区域整体上看，东南部的有机质含量平均值低于西北部，青西、崂山两区有机质含量平均值处于五等级。

从等级面积上看，有机质平均含量>20g/kg的一等级耕地除青西新区和莱西市，其他5个农业区市都有分布，其中平度市分布面积最大，为11 846.37hm²（17.77万亩），占全市耕地总面积的2.25%；有机质平均含量在15~20g/kg的二等级耕地个区市均有分布，但主要分布于平度市，面积为56 207.23hm²（84.31万亩），占全市耕地总面积的10.67%，占二等级耕地面积的60.43%；有机质平均含量在12~15g/kg的三等级耕地全市均有分布，青西新区、即墨区、胶州市、平度市、莱西市5个主要农业区市分布面积合计为130 118.24hm²（195.18万亩），占全市耕地面积的24.69%；有机质平均含量在10~12g/kg的四等级耕地在全市均有分布，青西、即墨、胶州、平度、莱西5个主要农业区市分布面积合计为117 092.67hm²（175.64万亩），占全市耕地总面积的22.22%；有机质平均含量在8~10g/kg的五等级耕地全市均有分布，青西、即墨、胶州、平度、莱西5个主要农业区市分布面积合计为106 236.30hm²（159.35万亩），占全市耕地总面积的20.16%；有机质平均含量在6~8g/kg的六等级和<6g/kg的七等级耕地全市均有分布，全市面积合计为58 939.26hm²（88.40万亩），占全市耕地的11.19%。详见表7-10。

表 7-10 青岛市各区、市土壤平均有机质含量、等级面积及比重

等级	有机质含量分级标准（g/kg）	项目	崂山区	城阳区	青西新区	即墨区	胶州市	平度市	莱西市
一	>20	面积（hm²）	73.60	1 813.00		5 441.01	678.93	11 846.37	
		占全市耕地比重（%）	0.01	0.34		1.03	0.13	2.25	
		占本区市耕地比重（%）	8.00	25.00		5.35	1.04	6.39	
二	15~20	面积（hm²）	36.80	1 994.30	482.04	21 973.30	8 995.78	56 207.23	3 316.98
		占全市耕地比重（%）	0.01	0.38	0.09	4.17	1.71	10.67	0.63
		占本区市耕地比重（%）	4.00	27.50	0.63	21.60	13.80	30.34	3.67
三	12~15	面积（hm²）	73.60	725.20	7 552.03	22 391.84	23 932.18	53 686.72	22 555.47
		占全市耕地比重（%）	0.01	0.14	1.43	4.25	4.54	10.19	4.28
		占本区市耕地比重（%）	8.00	10.00	9.92	22.02	36.72	28.98	24.94
四	10~12	面积（hm²）	110.40	543.90	22 977.45	20 299.15	12 390.42	30 246.04	31 179.62
		占全市耕地比重（%）	0.02	0.10	4.36	3.85	2.35	5.74	5.92
		占本区市耕地比重（%）	12.00	7.50	30.17	19.96	19.01	16.33	34.47
五	8~10	面积（hm²）	36.80	181.30	34 546.51	18 415.72	13 239.08	19 911.98	20 123.01
		占全市耕地比重（%）	0.01	0.03	6.56	3.49	2.51	3.78	3.82
		占本区市耕地比重（%）	4.00	2.50	45.36	18.11	20.31	10.75	22.25
六	6~8	面积（hm²）	294.40	362.60	10 283.61	10 463.48	4 073.56	9 325.86	11 277.73
		占全市耕地比重（%）	0.06	0.07	1.95	1.99	0.77	1.77	2.14
		占本区市耕地比重（%）	32.00	5.00	13.50	10.29	6.25	5.03	12.47
七	<6	面积（hm²）	294.40	1 631.70	321.36	2 720.50	1 867.05	4 032.81	1 990.19
		占全市耕地比重（%）	0.06	0.31	0.06	0.52	0.35	0.77	0.38
		占本区市耕地比重（%）	32.00	22.50	0.42	2.67	2.86	2.18	2.20

2. 不同土壤类型分布情况

青岛市不同土壤类型有机质平均含量差异见表 7-11，从高到低依次是褐土>盐土>砂姜黑土>潮土>棕壤。

表 7-11　青岛市不同土壤类型有机质含量

土壤类型	点位数 （个）	最小值 （g/kg）	最大值 （g/kg）	平均值 （g/kg）	标准差	变异系数
棕壤	1 504	1.3	43.5	11.14	3.46	0.31
褐土	32	7.6	23.0	14.89	4.32	0.29
潮土	446	3.5	24.6	11.88	3.81	0.32
砂姜黑土	569	1.4	33.0	13.93	4.15	0.30
盐土	2	12.0	17.7	14.85	4.03	0.27

3. 不同农田类型分布情况

青岛市不同农作物种植结构的耕地土壤有机质含量见表 7-12，有机质含量从高到低依次为设施大棚>果园>大田粮油>茶园>大田蔬菜。

表 7-12　青岛市不同农田有机质含量情况

作物类型	点位数 （个）	最小值 （g/kg）	最大值 （g/kg）	平均值 （g/kg）	标准差	变异系数
大田粮油	2 461	1.4	33.0	11.97	3.74	0.31
大田蔬菜	13	4.4	15.6	10.13	3.14	0.31
果园	25	4.5	31.0	12.44	5.81	0.47
茶园	50	1.3	43.5	10.36	6.95	0.67
设施大棚	4	12.7	29.7	20.00	7.97	0.40

4. 变化趋势

第二次土壤普查以来，全市耕地土壤有机质含量发生了很大变化，其中城阳区、青西新区、即墨区、胶州市、平度市变化最大，平均含量增幅都超过 40%，见表 7-13。原胶南市区域平均有机质含量为 9.81g/kg，增幅超过 55.71%。

表 7-13　青岛市各区、市不同时期土壤有机质变化

二次土壤普查		本次耕地地力评价		
区、市	有机质含量（g/kg）	区、市	有机质含量（g/kg）	增幅（%）
崂山区	9.8	崂山区	9.58	-2.24
		城阳区	14.38	46.73
黄岛区	7.4	青西新区	9.72	41.90
胶南市	6.3			
即墨市	8.5	即墨区	12.52	47.29
胶州市	8.1	胶州市	11.91	47.04
平度市	9.4	平度市	13.68	45.53
莱西市	9	莱西市	10.65	18.33
平均	9.4	平均	11.94	27.02

第二节 土壤大量元素

一、土壤全氮

土壤全氮是指土壤中各种形态氮素含量之和，随土壤深度的增加而急剧降低。土壤全氮含量处于动态变化之中，它的消长取决于氮的积累和消耗的相对多寡，特别是取决于土壤有机质的生物积累和水解作用。对于自然土壤来说，达到稳定水平时，其全氮含量的平衡值是气候、地形或地貌、植被和生物、母质及成土年龄或时间的函数。对于耕种土壤来说，除前述因素外，还取决于利用方式、轮作制度、施肥制度、耕作和灌溉制度等。

（一）等级与面积

根据山东省土壤全氮含量分级标准，将青岛市耕地土壤全氮含量划分为 7 个等级。根据对全市 2 527 个土样全氮含量的统计，全市耕地土壤表层全氮平均含量为 0.76g/kg。土壤全氮含量>1.5g/kg 的一等级耕地和<0.3g/kg 的七等级耕地面积都很少，分别为 1 491.48hm² （2.24 万亩）和 8 003.56hm²（12.01 万亩），占耕地总面积的 0.28% 和 1.52%；土壤全氮含量 1.2~1.5g/kg 的二等级耕地占比也不大，面积为 20 379.53hm²（30.57 万亩），占全市耕地面积的 3.87%；土壤全氮含量 1.0~1.2g/kg 的三等级耕地和 0.3~0.5g/kg 的六等级耕地，均超过全市耕地总面积的 1/10，面积分别为 68 032.84hm²（102.05 万亩）和 57 401.27hm²（86.10 万亩），分别占全市耕地面积的 12.91%、10.89%；土壤全氮含量 0.75~1.0g/kg 的四等级耕地和 0.5~0.75g/kg 的五等级耕地占比最大，面积分别为 180 259.51hm²（270.39 万亩）和 191 348.81hm²（287.02 万亩），占全市耕地总面积的 34.21% 和 36.31%。详见表 7-14。

表 7-14 青岛市土壤全氮含量各等级面积及比重

等级	全氮含量分级标准（g/kg）	面积（hm²）	占耕地总面积比重（%）
一	>1.50	1 491.48	0.28
二	1.20~1.50	20 379.53	3.87
三	1.00~1.20	68 032.84	12.91
四	0.75~1.00	180 259.51	34.21
五	0.50~0.75	191 348.81	36.31
六	0.30~0.50	57 401.27	10.89
七	<0.30	8 003.56	1.52

（二）分布特点及变化情况

1. 区域分布情况

青岛市各区、市耕地土壤全氮平均含量见表 7-15。全氮含量从高到低依次为城阳区>崂山区>莱西市>胶州市>平度市>即墨区>青西新区。

从各区、市不同等级全氮平均含量耕地面积及比重上看，青西新区耕地土壤全氮含量明显不高，耕地土壤全氮水平主要集中在五级、六级，占其耕地总面积的 94.94%；即墨区以四级、五级、六级为主，占其耕地总面积的 84.09%；胶州市以三级、四级、五级为主，占其耕地总面积的 90.10%；平度市以三级、四级、五级为主，占其耕地总面积的 85.75%；莱西市以三级、四级、五级为主，占其耕地总面积的 91.69%。详见表 7-16。

表 7-15　青岛市各区、市土壤全氮含量

区、市	点位数（个）	最小值（g/kg）	最大值（g/kg）	平均值（g/kg）	标准差	变异系数
崂山区	25	0.42	1.64	0.93	0.36	0.39
城阳区	21	0.31	1.38	0.97	0.23	0.24
青西新区	474	0.27	1.17	0.55	0.11	0.20
即墨区	484	0.10	2.22	0.70	0.24	0.34
胶州市	384	0.32	1.48	0.82	0.22	0.27
平度市	730	0.19	2.07	0.79	0.23	0.29
莱西市	409	0.08	1.92	0.91	0.21	0.24
合计	2 527	0.01	2.07	0.76	0.24	0.32

表 7-16　青岛市各区、市土壤全氮平均含量各等级面积及比重

等级	全氮含量分级标准（g/kg）	项目	崂山区	城阳区	青西新区	即墨区	胶州市	平度市	莱西市
一	>1.5	面积（hm²）	110.40			210.13		507.55	663.40
		占全市耕地比重（%）	0.02			0.04		0.10	0.13
		占本区市耕地比重（%）	12.00			0.21		0.27	0.73
二	1.2~1.5	面积（hm²）	73.60	1 036.00		1 681.07	3 055.17	8 120.85	6 412.83
		占全市耕地比重（%）	0.01	0.20		0.32	0.58	1.54	1.22
		占本区市耕地比重（%）	8.00	14.29		1.65	4.69	4.38	7.09
三	1.0~1.2	面积（hm²）	147.20	2 762.67	160.68	8 825.64	11 372.03	23 093.68	21 670.94
		占全市耕地比重（%）	0.03	0.52	0.03	1.67	2.16	4.38	4.11
		占本区市耕地比重（%）	16.00	38.10	0.21	8.68	17.45	12.47	23.96

（续表）

等级	全氮含量分级标准（g/kg）	项目	崂山区	城阳区	青西新区	即墨区	胶州市	平度市	莱西市
四	0.75~1.0	面积（hm²）	220.80	3 108.00	3 374.31	31 520.14	24 101.91	77 909.45	40 024.90
		占全市耕地比重（%）	0.04	0.59	0.64	5.98	4.57	14.79	7.60
		占本区市耕地比重（%）	24.00	42.86	4.43	30.99	36.98	42.05	44.25
五	0.5~0.75	面积（hm²）	220.80		49 489.88	39 295.11	23 253.25	57 861.09	21 228.67
		占全市耕地比重（%）	0.04		9.39	7.46	4.41	10.98	4.03
		占本区市耕地比重（%）	24.00		64.98	38.64	35.68	31.23	23.47
六	0.3~0.5	面积（hm²）	147.20	345.33	22 816.76	14 709.40	3 394.64	15 987.93	
		占全市耕地比重（%）	0.03	0.07	4.33	2.79	0.64	3.03	
		占本区市耕地比重（%）	16.00	4.76	29.96	14.46	5.21	8.63	
七	<0.3	面积（hm²）			321.36	5 463.49		1 776.44	442.26
		占全市耕地比重（%）			0.06	1.04		0.34	0.08
		占本区市耕地比重（%）			0.42	5.37		0.96	0.49

2. 不同土壤类型分布情况

青岛市不同土壤类型有全氮平均含量差异见表7-17，从高到低依次是砂姜黑土>褐土>潮土>棕壤>盐土。

表7-17　青岛市不同土壤类型全氮平均含量

土壤类型	点位数（个）	最小值（g/kg）	最大值（g/kg）	平均值（g/kg）	标准差	变异系数
棕壤	1 494	0.08	1.64	0.72	0.24	0.33
褐土	32	0.37	1.39	0.80	0.22	0.27
潮土	445	0.19	1.47	0.76	0.22	0.29
砂姜黑土	554	0.20	2.22	0.85	0.25	0.29
盐土	2	0.55	0.71	0.63	0.11	0.18

3. 不同农田类型分布情况

青岛市不同农作物种植结构的耕地土壤全氮含量见表7-18，平均含量从高到低依次为设施大棚>茶园>大田粮油>果园>大田蔬菜。

表7-18 青岛市不同农田全氮平均含量情况

作物类型	点位数（个）	最小值（g/kg）	最大值（g/kg）	平均值（g/kg）	标准差	变异系数
大田粮油	2 444	0.08	2.22	0.76	0.24	0.32
大田蔬菜	10	0.40	0.86	0.56	0.14	0.25
果园	22	0.40	1.38	0.67	0.25	0.37
茶园	49	0.42	1.64	0.82	0.30	0.36
设施大棚	2	0.82	1.26	1.04	0.31	0.30

4. 变化趋势

自第二次土壤普查以来，青岛市耕地土壤全氮含量变化见表7-19，全市土壤全氮平均含量由20世纪80年代初期的0.56g/kg提升到0.76g/kg，增幅35.71%。其中，原崂山县辖区的变化最大，现崂山区和城阳区平均含量为0.95g/kg，比第二次土壤普查时期增加了69.64%；其次为胶州市，增幅为46.43%；再次为莱西市和平度市，增幅均超过30%；即墨区和青西新区增幅虽然也都在10%以上，分别为16.67%和13.40%，但与其他区市相比，两个区的平均值均低于全市平均值。详见表7-19。仅就原胶南市辖区看，现全氮平均值为0.55g/kg，与第二次土壤普查时期比较提升了17.02%；原黄岛区辖区现全氮平均值为0.63g/kg，增幅25.36%。

表7-19 青岛市各区、市不同时期耕层土壤全氮平均含量变化

二次土壤普查		本次耕地地力评价		
区、市	全氮平均含量（g/kg）	区、市	全氮平均含量（g/kg）	增幅（%）
崂山区	0.56	崂山区	0.93	66.07
		城阳区	0.97	73.21
黄岛区	0.50	青西新区	0.55	13.40
胶南市	0.47			
即墨市	0.60	即墨区	0.70	16.67
胶州市	0.56	胶州区	0.82	46.43
平度市	0.60	平度市	0.79	31.67
莱西市	0.57	莱西市	0.91	37.36
平均	0.56	平均	0.76	35.71

二、碱解氮

土壤中的氮素主要以有机态存在，约占土壤全氮量的90%，而这些含量的土壤氮素主要以大分子化合物的形式存在于土壤有机质中，作物很难吸收利用，属迟效性氮。其

余部分则以小分子有机态或铵态、硝态和亚硝态等形式的无机态存在，一般占土壤全氮含量的10%以下，可以被植物直接吸收利用。土壤中铵态氮和硝态氮是被作物直接吸收的无机态氮，也称速效氮，通常用碱解法测定其含量，故又称碱解氮。它的含量水平常作为衡量土壤供氮水平的指标。耕地土壤碱解氮含量与全氮量有很大的相关性，但受人为施肥的影响较大。

（一）分级标准

本次青岛市级耕地地力评价汇总工作中把耕地表层土壤碱解氮含量分为5级，见表7-20。

表7-20 青岛市耕地土壤碱解氮分级标准

分级标准	一等级	二等级	三等级	四等级	五等级
碱解氮含量（mg/kg）	>150	120~150	90~120	60~90	<60

（二）等级与面积

根据对青岛市2 547个土样碱解氮含量的统计，全市耕地土壤表层全氮平均含量为77.26mg/kg。土壤碱解氮含量>150mg/kg的一等级耕地面积很少，为4 344.7hm²（6.52万亩），占耕地总面积的0.82%；土壤碱解氮含量120~150mg/kg的二等级耕地面积也不大，为33 734.66hm²（50.6万亩），占全市耕地面积的6.40%；土壤碱解氮含量在90~120mg/kg的三等级耕地面积为117 668.86hm²（176.5万亩），占全市耕地面积的22.33%；土壤碱解氮含量在60~90mg/kg的四等级耕地面积为230 449.31hm²（345.67万亩），占全市耕地面积的43.74%；土壤碱解氮含量<60mg/kg的五等级耕地面积别为140 719.47hm²（211.08万亩），占全市耕地面积的26.71%。详见表7-21。

表7-21 青岛市土壤碱解氮含量各等级面积及比重

等级	分级标准（mg/kg）	面积（hm²）	占耕地总面积比重（%）
一	>150	4 344.70	0.82
二	120~150	33 734.66	6.40
三	90~120	117 668.86	22.33
四	60~90	230 449.31	43.74
五	<60	140 719.47	26.71

（三）分布特点及变化情况

1. 区域分布情况

青岛市各区、市耕地土壤碱解氮平均含量见表7-22。碱解氮含量从高到低依次为莱西市>胶州市>即墨区>平度市>城阳区>青西新区>崂山区。

表 7-22　青岛市各区、市耕地土壤碱解氮平均含量

区、市	点位数 （个）	最小值 （mg/kg）	最大值 （mg/kg）	平均值 （mg/kg）	标准差	变异系数
崂山区	25	10.1	176.5	47.17	37.31	0.77
城阳区	40	27.6	162.4	68.89	26.67	0.39
青西新区	474	28.0	178.7	59.87	16.79	0.28
即墨区	486	17.9	175.0	77.79	21.71	0.28
胶州市	383	31.5	210.0	86.15	27.38	0.32
平度市	730	13.0	180.0	76.50	26.66	0.35
莱西市	409	48.0	154.2	92.43	23.11	0.25
合计	2 547	10.1	180.0	77.26	26.13	0.34

从青岛市各区、市不同等级碱解氮平均含量耕地面积及比重上看，崂山区和青西新区耕地土壤碱解氮含量总体水平明显不高，耕地土壤碱解氮含量主要集中在五级，各占其耕地总面积的72%和69.41%。各区、市碱解氮含量三等级、四等级、五等级耕地面积占到全市耕地的92.77%，四等级、五等级耕地面积占到全市耕地的70.44%，可见全市耕地碱解氮整体水平不高。详见表7-23。

表 7-23　青岛市各区、市土壤碱解氮含量各等级面积及比重

等级	碱解氮含量 分级标准 （g/kg）	项目	崂山区	城阳区	青西新区	即墨区	胶州市	平度市	莱西市
一	>150	面积（hm²）	36.80	181.30	321.36	627.81	1 531.57	761.33	884.53
		占全市耕地 比重（%）	0.01	0.03	0.06	0.12	0.29	0.14	0.17
		占本区市耕地 比重（%）	4.00	2.50	0.42	0.62	2.35	0.41	0.98
二	120~150	面积（hm²）		362.60	482.04	2 301.97	7 317.52	12 435.06	10 835.47
		占全市耕地 比重（%）		0.07	0.09	0.44	1.39	2.36	2.06
		占本区市耕地 比重（%）		5.00	0.63	2.26	11.23	6.71	11.98
三	90~120	面积（hm²）	36.80	543.90	4 017.04	22 182.57	14 805.22	41 365.60	34 717.73
		占全市耕地 比重（%）	0.01	0.10	0.76	4.21	2.81	7.85	6.59
		占本区市耕地 比重（%）	4.00	7.50	5.27	21.81	22.72	22.33	38.39
四	60~90	面积（hm²）	184.00	3 626.00	18 478.36	57 130.59	31 312.19	81 462.32	38 255.84
		占全市耕地 比重（%）	0.03	0.69	3.51	10.84	5.94	15.46	7.26
		占本区市耕地 比重（%）	20.00	50.00	24.26	56.17	48.04	43.97	42.30

（续表）

等级	碱解氮含量分级标准（g/kg）	项目	崂山区	城阳区	青西新区	即墨区	胶州市	平度市	莱西市
五	<60	面积（hm²）	662.40	2 538.20	52 864.19	19 462.07	10 210.50	4 9232.68	5 749.43
		占全市耕地比重（%）	0.13	0.48	10.03	3.69	1.94	9.34	1.09
		占本区市耕地比重（%）	72.00	35.00	69.41	19.14	15.67	26.58	6.36

2. 不同土壤类型分布情况

青岛市不同土壤类型碱解氮含量差异见表7-24，从高到低依次是盐土>砂姜黑土>潮土>棕壤>褐土。

表7-24　青岛市不同土壤类型碱解氮含量

土壤类型	点位数（个）	最小值（mg/kg）	最大值（mg/kg）	平均值（mg/kg）	标准差	变异系数
棕壤	1 504	10	180	75.48	26.42	0.35
褐土	31	39	134	70.32	20.76	0.30
潮土	446	22	210	77.49	26.26	0.34
砂姜黑土	564	26	173	82.18	24.84	0.30
盐土	2	64	116	90.00	36.77	0.41

3. 不同农田类型分布情况

青岛市不同农作物种植结构的耕地土壤碱解氮含量见表7-25，平均含量从高到低依次为大田粮油>果园>茶园>大田蔬菜>设施大棚。

表7-25　青岛市不同农田碱解氮平均含量情况

作物类型	点位数（个）	最小值（mg/kg）	最大值（mg/kg）	平均值（mg/kg）	标准差	变异系数
大田粮油	2 455	13.0	210.0	77.72	25.85	0.33
大田蔬菜	13	43.1	129.6	62.61	21.43	0.34
果园	25	35.7	129.4	67.00	24.34	0.35
茶园	50	10.1	176.5	63.97	34.95	0.55
设施大棚	4	27.6	102.4	61.55	32.47	0.53

4. 变化趋势

第二次土壤普查以来，青岛市耕地土壤碱解氮平均水平提升明显。除崂山区、城阳区外，其他5个主要农业区、市土壤碱解氮含量都有较大的增加。其中，即墨区、胶州市、莱西市均超过全市平均水平（表7-26）。

表7-26 青岛市各区、市不同时期耕层土壤碱解氮平均含量变化

二次土壤普查		本次耕地地力评价		
区、市	碱解氮平均含量（mg/kg）	区、市	碱解氮平均含量（mg/kg）	增幅（%）
崂山区	70	崂山区	47.17	-32.61
		城阳区	68.89	-1.59
黄岛区	52	青西新区	59.87	26.04
胶南市	43			
即墨市	53	即墨区	77.79	46.77
胶州市	53	胶州市	86.15	62.55
平度市	65	平度市	76.50	17.69
莱西市	59	莱西市	92.43	56.66
平均	56	平均	77.26	37.96

三、土壤有效磷

土壤有效磷，是指土壤中可被植物吸收利用的磷的总称。它包括全部水溶性磷、部分吸附态磷、一部分微溶性的无机磷和易矿化的有机磷等，后二者需要经过一定的转化过程后方能被植物直接吸收。土壤有效磷是土壤磷素养分供应水平高低的指标，土壤磷素含量高低在一定程度反映了土壤中磷素的贮量和供应能力。

（一）分级标准

本次青岛市级耕地地力评价汇总工作中把耕地表层土壤有效磷含量分为8级。见表7-27。

表7-27 青岛市耕地土壤有效磷含量分级标准

分级标准	一等级	二等级	三等级	四等级	五等级	六等级	七等级	八等级
有效磷含量（mg/kg）	>120	80~120	50~80	30~50	20~30	15~20	10~15	<10

（二）等级与面积

根据对青岛市2 552个土样有效磷含量的统计，全市耕地土壤表层有效磷平均含量为29.64mg/kg。土壤有效磷含量>120mg/kg的一等级耕地面积很少，为6 858.76hm²（10.29万亩），占耕地总面积的1.30%；含量在80~120mg/kg的二等级耕地面积也不大，为10 816.57hm²（16.22万亩），占全市耕地面积的2.05%；含量在50~80mg/kg的三等级耕地面积为63 198.4hm²（94.8万亩），占全市耕地面积的11.99%；含量在30~50mg/kg的四等级耕地面积为127 983.95hm²（191.96万亩），占全市耕地面积的24.29%；含量在20~30mg/kg的五等级耕地面积别为101 370.71hm²（152.01万亩），占全市耕地面积的 19.24%；含量在 15~20mg/kg 的六等级耕地面积为 61 806.22hm²（92.71 万亩），占全市耕地总面积的 11.73%；含量在 10~15mg/kg 的七等级耕地面积为 89 268.69hm²（133.91 万亩），占全市耕地总面积的 16.94%；含量<10mg/kg 的八等级耕地面积为 65 613.71hm²（98.42 万亩），占全市耕地总面积的 12.45%。详见表 7-28。

表 7-28　青岛市土壤有效磷含量各等级面积及比重

等级	分级标准（mg/kg）	面积（hm²）	占耕地总面积比重（%）
一	>120	6 858.76	1.30
二	80~120	10 816.57	2.05
三	50~80	63 198.40	11.99
四	30~50	127 983.95	24.29
五	20~30	101 370.71	19.24
六	15~20	61 806.22	11.73
七	10~15	89 268.69	16.94
八	<10	65 613.71	12.45

（三）分布特点及变化情况

1. 区域分布情况

青岛市各区、市耕地土壤有效磷平均含量见表 7-29。有效磷含量从高到低依次为崂山区>莱西市>城阳区>平度市>胶州市>即墨区>青西新区。其中，青西新区耕地土壤有效磷含量最小，不足全市平均值的一半。全市耕地土壤有效磷整体水平不高，按照养分分级标准，正处于五级向四级的过渡期。

表 7-29　青岛市各区、市耕地土壤有效磷平均含量

区、市	点位数（个）	最小值（mg/kg）	最大值（mg/kg）	平均值（mg/kg）	标准差	变异系数
崂山区	25	1.4	183.7	82.22	42.09	0.51
城阳区	40	3.0	172.7	37.63	47.52	1.26
青西新区	474	4.5	80.8	12.55	5.29	0.42
即墨区	486	4.11	99.7	26.73	18.02	0.67
胶州市	384	5.5	94.1	26.79	14.73	0.55
平度市	734	1.5	221.6	36.65	32.01	0.87
莱西市	409	12.4	98.7	39.00	14.45	0.37
合计	2 552	1.4	221.6	29.64	24.35	0.82

从各区、市不同等级有效磷平均含量耕地面积及比重上看，莱西市耕地土壤有效磷整体分布较为均衡，主要集中在三等级、四等级、五等级，占其耕地总面积的 93.15%；其次为胶州市，四等级、五等级、六等级占其耕地总面积的 78.91%。详见表 7-30。

表 7-30　青岛市各区、市土壤有效磷含量各等级面积及比重

等级	有效磷含量分级标准（g/kg）	项目	崂山区	城阳区	青西新区	即墨区	胶州市	平度市	莱西市
一	>120	面积（hm²）	147.20	906.50				5 805.06	
		占全市耕地比重（%）	0.03	0.17				1.10	
		占本区市耕地比重（%）	16.00	12.50				3.13	
二	80~120	面积（hm²）	257.60	362.60	160.68	1 255.62	1 018.39	7 319.42	442.26
		占全市耕地比重（%）	0.05	0.07	0.03	0.24	0.19	1.39	0.08
		占本区市耕地比重（%）	28.00	5.00	0.21	1.23	1.56	3.95	0.49
三	50~80	面积（hm²）	331.20			10 672.75	3 394.64	29 782.46	19 017.35
		占全市耕地比重（%）	0.06			2.03	0.64	5.65	3.61
		占本区市耕地比重（%）	36.00			10.49	5.21	16.08	21.03
四	30~50	面积（hm²）	110.40	1 087.80	964.09	21 764.03	14 936.40	44 673.69	44 447.54
		占全市耕地比重（%）	0.02	0.21	0.18	4.13	2.83	8.48	8.44
		占本区市耕地比重（%）	12.00	15.00	1.27	21.40	22.92	24.11	49.14
五	20~30	面积（hm²）		1 087.80	1 767.50	22 182.57	21 725.67	33 820.76	20 786.41
		占全市耕地比重（%）		0.21	0.34	4.21	4.12	6.42	3.94
		占本区市耕地比重（%）		15.00	2.32	21.81	33.33	18.26	22.98
六	15~20	面积（hm²）	36.80	725.20	8 837.48	13 393.25	14 766.66	19 181.92	4 864.90
		占全市耕地比重（%）	0.01	0.14	1.68	2.54	2.80	3.64	0.92
		占本区市耕地比重（%）	4.00	10.00	11.60	13.17	22.66	10.35	5.38
七	10~15	面积（hm²）		725.20	44 669.44	18 206.45	5 601.15	19 181.92	884.53
		占全市耕地比重（%）		0.14	8.48	3.46	1.06	3.64	0.17
		占本区市耕地比重（%）		10.00	58.65	17.90	8.59	10.35	0.98
八	<10	面积（hm²）	36.80	2 356.90	19 763.82	14 230.33	3 734.10	25 491.77	
		占全市耕地比重（%）	0.01	0.45	3.75	2.70	0.71	4.84	
		占本区市耕地比重（%）	4.00	32.50	25.95	13.99	5.73	13.76	

2. 不同土壤类型分布情况

青岛市不同土壤类型有效磷含量差异见表7-31，从高到低依次是潮土>砂姜黑土>棕壤>褐土>盐土。

表7-31　青岛市不同土壤类型有效磷含量

土壤类型	点位数（个）	最小值（mg/kg）	最大值（mg/kg）	平均值（mg/kg）	标准差	变异系数
棕壤	1 503	1.4	221.6	27.94	23.84	0.85
褐土	32	4.8	71.4	24.20	16.99	0.70
潮土	446	3.1	178.2	34.53	26.19	0.76
砂姜黑土	569	1.5	193.8	30.64	24.02	0.78
盐土	2	12.6	31.3	21.95	13.22	0.60

3. 不同农田类型分布情况

青岛市不同农作物种植结构的耕地土壤有效磷含量见表7-32，平均含量从高到低依次为设施大棚>茶园>大田粮油>果园>大田蔬菜。

表7-32　青岛市不同农田有效磷平均含量情况

作物类型	点位数（个）	最小值（mg/kg）	最大值（mg/kg）	平均值（mg/kg）	标准差	变异系数
大田粮油	2 460	1.5	221.6	29.29	23.30	0.80
大田蔬菜	13	3.0	45.7	15.15	11.83	0.78
果园	25	3.7	155.3	25.94	39.64	1.53
茶园	50	1.4	183.7	50.18	44.90	0.89
设施大棚	4	27.4	151.6	61.43	60.29	0.98

4. 变化趋势

青岛市第二次土壤普查以来，全市耕地土壤有效磷含量平均水平大幅度提升，幅度最大的是胶州市、即墨区和崂山区（表7-33）。

表7-33　青岛市各区、市不同时期耕层土壤有效磷平均含量变化

二次土壤普查		本次耕地地力评价		
区、市	有效磷平均含量（mg/kg）	区、市	有效磷平均含量（mg/kg）	增幅（%）
崂山区	10	崂山区	82.22	722
		城阳区	37.63	276
黄岛区	6	青西新区	12.55	151
胶南市	4			
即墨市	3	即墨区	26.73	791
胶州市	3	胶州市	26.79	793
平度市	6	平度市	36.65	511
莱西市	6	莱西市	39.00	550
平均	5	平均	29.64	493

四、土壤速效钾

速效钾，是指土壤中易被作物吸收利用的钾素，包括土壤溶液钾及土壤交换性钾。根据钾在土壤中存在的形态和作物吸收利用的情况，可分为水溶性钾、交换性钾和黏土矿物中固定的钾3类，前两类可被当季作物吸收利用，统称为速效性钾，后一类是土壤钾的主要贮藏形态，不能被作物直接吸收利用。速效钾含量是表征土壤钾素供应状况和土壤肥力的重要指标之一。

（一）等级与面积

本次青岛市级耕地地力评价汇总，土壤速效钾含量采用山东省土壤养分分级标准，分为8级。根据对全市2 553个土样速效钾含量的统计，全市耕地土壤表层速效钾平均含量为106.07mg/kg。土壤速效钾含量>300mg/kg 的一等级耕地面积为 11 214.18hm²（16.82万亩），占耕地总面积的 2.13%；含量在 200～300mg/kg 的二等级耕地面积为23 314.58hm²（34.97万亩），占全市耕地面积的 4.42%；含量在 150～200mg/kg 的三等级耕地面积为 45 028.57hm²（67.54万亩），占全市耕地面积的 8.55%；含量在 120～150mg/kg 的四等级耕地面积为 71 641.26hm²（107.46万亩），占全市耕地面积的13.60%；含量在 100～120mg/kg 的五等级耕地面积别为60 854.02hm²（91.28万亩），占全市耕地面积的 11.55&；含量在 75～100mg/kg 的六等级耕地面积为 157 177.47hm²（235.77万亩），占全市耕地总面积的 29.83%；含量在 50～75mg/kg 的七等级耕地面积为 109 281.16hm²（163.92万亩），占全市耕地总面积的 20.74%；含量 <50mg/kg 的八等级耕地面积为 48 405.11hm²（72.61万亩），占全市耕地总面积的 9.19%。详见表7-34。

表 7-34　青岛市土壤速效钾含量各等级面积及比重

等级	速效钾含量分级标准 （mg/kg）	面积 （hm²）	占耕地总面积比重 （%）
一	>300	11 214.81	2.13
二	200～300	23 314.58	4.42
三	150～200	45 028.57	8.55
四	120～150	71 641.26	13.60
五	100～120	60 854.02	11.55
六	75～100	157 177.47	29.83
七	50～75	109 281.16	20.74
八	<50	48 405.11	9.19

（二）分布特点

1. 区域分布情况

青岛市各区、市耕地土壤速效钾平均含量见表7-35。速效钾含量从高到低依次为崂山区>城阳区>平度市>莱西市>胶州市>即墨区>青西新区。全市耕地土壤速效钾平均水平不高，按照养分分级标准，刚刚达到五级。

表7-35 青岛市各区、市耕地土壤速效钾平均含量

区、市	点位数（个）	最小值（mg/kg）	最大值（mg/kg）	平均值（mg/kg）	标准差	变异系数
崂山区	25	79.00	846.00	317.48	188.21	0.59
城阳区	40	102.00	726.00	231.02	129.46	0.56
青西新区	474	20.00	198.00	76.51	18.80	0.25
即墨区	486	10.10	349.91	78.50	45.76	0.58
胶州市	384	25.00	295.00	94.84	34.96	0.37
平度市	735	23.00	927.00	136.68	94.45	0.69
莱西市	409	33.17	405.00	103.46	40.48	0.39
合计	2 553	10.10	927.00	106.07	73.10	0.69

从青岛市各区、市不同等级速效钾平均含量耕地面积及比重上看，即墨区、平度市、莱西市的耕地土壤速效钾8个等级均有分布，其中莱西市以第四、第五、第六、第七等级为主，平度市以第三、第四、第五、第六、第七等级为主，即墨区以第六、第七、第八等级为主；崂山区、城阳区整体处于中高水平，崂山区第一、第二、第三等级占其耕地面积的80%，城阳区为72.5%；青西新区第七级耕地占其耕地总面积的40%；胶州市则是第六等级耕地占其耕地总面积的43%。详见表7-36。

表7-36 青岛市各区、市土壤速效钾含量各等级面积及比重

等级	速效钾含量分级标准（g/kg）	项目	崂山区	城阳区	青西新区	即墨区	胶州市	平度市	莱西市
一	>300	面积（hm²）	515.20	1 269.10		418.54		8 569.71	442.26
		占全市耕地比重（%）	0.10	0.24		0.08		1.63	0.08
		占本区市耕地比重（%）	56.00	17.50		0.41		4.63	0.49
二	200~300	面积（hm²）	73.60	2 538.20		1 464.89	678.93	17 895.57	663.40
		占全市耕地比重（%）	0.01	0.48		0.28	0.13	3.40	0.13
		占本区市耕地比重（%）	8.00	35.00		1.44	1.04	9.66	0.73
三	150~200	面积（hm²）	147.20	14 50.40	482.04	7 324.43	3 564.37	25 205.03	6 855.09
		占全市耕地比重（%）	0.03	0.28	0.09	1.39	0.68	4.78	1.30
		占本区市耕地比重（%）	16.00	20.00	0.63	7.20	5.47	13.61	7.58

（续表）

等级	速效钾含量分级标准（g/kg）	项目	崂山区	城阳区	青西新区	即墨区	胶州市	平度市	莱西市
四	120~150	面积（hm²）	36.80	1 450.40	1 124.77	6 068.82	9 504.98	33 774.75	19 680.75
		占全市耕地比重（%）	0.01	0.28	0.21	1.15	1.80	6.41	3.74
		占本区市耕地比重（%）	4.00	20.00	1.48	5.97	14.58	18.23	21.76
五	100~120	面积（hm²）	73.60	543.90	3 856.35	8 998.59	7 807.66	26 969.39	12 604.53
		占全市耕地比重（%）	0.01	0.10	0.73	1.71	1.48	5.12	2.39
		占本区市耕地比重（%）	8.00	7.50	5.06	8.85	11.98	14.56	13.94
六	75~100	面积（hm²）	73.60		36 635.37	22 601.11	28 345.21	38 563.70	30 958.48
		占全市耕地比重（%）	0.01		6.95	4.29	5.38	7.32	5.88
		占本区市耕地比重（%）	8.00		48.10	22.22	43.49	20.82	34.23
七	50~75	面积（hm²）			30 529.47	25 949.42	10 353.64	26 969.39	15 479.24
		占全市耕地比重（%）			5.79	4.92	1.96	5.12	2.94
		占本区市耕地比重（%）			40.08	25.51	15.89	14.56	17.11
八	<50	面积（hm²）			3 534.99	28 879.20	4 922.22	7 309.46	3 759.24
		占全市耕地比重（%）			0.67	5.48	0.93	1.39	0.71
		占本区市耕地比重（%）			4.64	28.40	7.55	3.95	4.16

2. 不同土壤类型分布情况

青岛市不同土壤类型速效钾含量差异见表7-37，从高到低依次是盐土>砂姜黑土>褐土>潮土>棕壤。

表7-37 青岛市不同土壤类型速效钾含量

土壤类型	点位数（个）	最小值（mg/kg）	最大值（mg/kg）	平均值（mg/kg）	标准差	变异系数
棕壤	1 504	10.1	846	93.68	64.39	0.69
褐土	32	56	401	117.22	64.82	0.55
潮土	446	23	591	108.62	58.38	0.54
砂姜黑土	569	21.3	927	135.99	93.83	0.69
盐土	2	122	203	162.5	57.28	0.35

3. 不同农田类型分布情况

青岛市不同农作物种植结构的耕地土壤速效钾含量见表7-38，平均含量从高到低依次为茶园>设施大棚>大田蔬菜>果园>大田粮油。

表7-38 青岛市不同农田速效钾平均含量情况

作物类型	点位数（个）	最小值（mg/kg）	最大值（mg/kg）	平均值（mg/kg）	标准差	变异系数
大田粮油	2 461	10	927	103.6	67.76	0.65
大田蔬菜	13	63	345	130.2	81.64	0.63
果园	25	94	433	127.7	85.05	0.67
茶园	50	61	846	208.0	175.84	0.85
设施大棚	4	70	214	152.5	60.03	0.39

4. 变化趋势

自第二次土壤普查以来，青岛市耕地土壤速效钾含量平均水平有所提升，幅度最大的是崂山区和城阳区，变化最小的是胶州市。青西新区、即墨区虽然有所提升，但也仅仅比二次土壤普查时的全市平均水平稍高一点点。详见7-39。

表7-39 青岛市各区、市不同时期耕层土壤速效钾平均含量变化

二次土壤普查		本次耕地地力评价		
区、市	速效钾平均含量（mg/kg）	区、市	速效钾平均含量（mg/kg）	增幅（%）
崂山区	100	崂山区	317.48	217.48
		城阳区	231.02	131.02
黄岛区	62	青西新区	76.51	22.42
胶南市	63			
即墨市	60	即墨区	78.50	30.83
胶州市	85	胶州市	94.84	11.58
平度市	89	平度市	136.68	53.57
莱西市	72	莱西市	103.46	43.69
平均	76	平均	106.07	39.57

五、土壤缓效钾

缓效钾是指土壤中存在于层状硅酸盐矿物层间和颗粒边缘，不能被中性盐在短时间内浸提出的钾，因此，也叫非交换性钾，占土壤全钾的1%～10%，是反映土壤供钾潜力的主要指标。在一定的条件下，缓效钾与速效钾存在互相转化的关系。

（一）等级与面积

本次青岛市级耕地地力评价汇总，土壤缓效钾含量按山东省土壤养分分级标准分为

6 级。根据对全市 2 476 个土壤缓效钾含量的统计，全市耕地土壤表层缓效钾平均含量为 502.22mg/kg。土壤缓效钾含量 >1 200mg/kg 的一等级耕地面积为 4 448.7hm² （6.67 万亩），占耕地总面积的 0.84%；含量在 900~1 200mg/kg 的二等级耕地面积为 17 732.73hm² （26.60 万亩），占全市耕地面积的 3.37%；含量在 750~900mg/kg 的三等级耕地面积为 28 041.56hm² （42.06 万亩），占全市耕地面积的 5.32%；含量在 500~750mg/kg 的四等级耕地面积为 173 167.5hm² （259.75 万亩），占全市耕地面积的 32.86%；含量在 300~500mg/kg 的五等级耕地面积别为 265 172.5hm² （397.76 万亩），占全市耕地面积的 50.33%；含量在 <300mg/kg 的六等级耕地面积为 38 354.04hm² （57.53 万亩），占全市耕地总面积的 7.28%。详见表 7-40。

表 7-40　青岛市土壤缓效钾含量各等级面积及比重

等级	缓效钾含量分级标准（mg/kg）	面积（hm²）	占耕地总面积比重（%）
一	>1 200	4 448.7	0.84
二	900~1 200	17 732.7	3.37
三	750~900	28 041.6	5.32
四	500~750	173 167.5	32.86
五	300~500	265 172.5	50.33
六	<300	38 354.0	7.28

（二）分布特点

1. 区域分布情况

青岛市各区、市耕地土壤缓效钾平均含量见表 7-41。缓效钾含量从高到低依次为即墨区>胶州市>平度市>莱西市>城阳区>青西新区>崂山区。全市耕地土壤缓效钾平均水平不高，按照养分分级标准，刚刚达到四级。

表 7-41　青岛市各区、市耕地土壤缓效钾平均含量

区、市	点位数（个）	最小值（mg/kg）	最大值（mg/kg）	平均值（mg/kg）	标准差	变异系数
崂山区	25	90.00	970.00	333.28	204.16	0.61
城阳区	20	306.00	614.00	457.60	106.10	0.23
青西新区	473	137.00	1 122.00	369.18	115.17	0.31
即墨区	484	160.49	2 180.46	643.39	277.01	0.43
胶州市	384	300.50	1 126.50	506.20	155.37	0.31
平度市	682	191.00	1 689.00	504.20	162.64	0.32
莱西市	408	236.58	999.37	494.43	134.16	0.27
合计	2 476	90.00	2 180.46	502.22	198.91	0.40

　　从各区、市耕地土壤缓效钾不同等级耕地分布上看，第一等级耕地仅分布于即墨区和平度市，各占其耕地总面积的 3.31% 和 0.59%。崂山区以第五、第六级耕地为主，占其耕地总面积的 80%；城阳区耕地几乎平均分布于第四、第五等级；青西新区以第五、第六级为主，占其耕地总面积的 93.02%；即墨区第一、第二、第三等级耕地占 28.93%，第四、第五等级占 66.11%；胶州市第四、第五等级为主，占 93.23%；平度市以第四、第五等级为主，占 89.15%；莱西市也以第四、第五等级为主，占 95.84%。详见表 7-42。

表 7-42　青岛市各区、市土壤缓效钾含量各等级面积及比重

等级	缓效钾含量分级标准（g/kg）	项目	崂山区	城阳区	青西新区	即墨区	胶州市	平度市	莱西市
一	>1 200	面积（hm²）				3 362.15		1 086.55	
		占全市耕地比重（%）				0.64		0.21	
		占本区市耕地比重（%）				3.31		0.59	
二	90~1 200	面积（hm²）	36.80		161.02	12 608.06	1 867.05	2 173.10	886.70
		占全市耕地比重（%）	0.01		0.03	2.39	0.35	0.41	0.17
		占本区市耕地比重（%）	4.00		0.21	12.40	2.86	1.17	0.98
三	750~900	面积（hm²）			966.13	13 448.60	2 545.98	8 420.77	2 660.09
		占全市耕地比重（%）			0.18	2.55	0.48	1.60	0.50
		占本区市耕地比重（%）			1.27	13.22	3.91	4.55	2.94
四	500~750	面积（hm²）	147.20	3 263.40	4 186.55	37 614.04	24 950.57	67 094.54	35 911.19
		占全市耕地比重（%）	0.03	0.62	0.79	7.14	4.74	12.73	6.82
		占本区市耕地比重（%）	16.00	45.00	5.50	36.98	38.28	36.22	39.71
五	300~500	面积（hm²）	220.80	3 988.60	46 696.13	29 628.94	35 813.40	98 061.26	50 763.35
		占全市耕地比重（%）	0.04	0.76	8.86	5.62	6.80	18.61	9.63
		占本区市耕地比重（%）	24.00	55.00	61.31	29.13	54.95	52.93	56.13
六	<300	面积（hm²）	515.20		24 153.17	5 043.22		8 420.77	221.67
		占全市耕地比重（%）	0.10		4.58	0.96		1.60	0.04
		占本区市耕地比重（%）	56.00		31.71	4.96		4.55	0.25

2. 不同土壤类型分布情况

青岛市不同土壤类型缓效钾含量差异见表 7-43，从高到低依次是盐土>砂姜黑土>潮土>棕壤>褐土。

表 7-43 青岛市不同土壤类型缓效钾含量

土壤类型	点位数（个）	最小值（mg/kg）	最大值（mg/kg）	平均值（mg/kg）	标准差	变异系数
棕壤	1 481	90	2 180	482.6	190.13	0.39
褐土	30	191	718	453.0	129.01	0.28
潮土	429	159	1 170	491.6	159.84	0.33
砂姜黑土	534	243	2 064	566.6	236.46	0.42
盐土	2	857	913	885.0	39.6	0.04

3. 不同农田类型分布情况

青岛市不同农作物种植结构的耕地土壤缓效钾含量见表 7-44，平均含量从高到低依次为大田粮油>设施大棚>果园>大田蔬菜>茶园。

表 7-44 青岛市不同农田缓效钾平均含量情况

作物类型	点位数（个）	最小值（mg/kg）	最大值（mg/kg）	平均值（mg/kg）	标准差	变异系数
大田粮油	2 394	137	2 180	506.2	199.27	0.39
大田蔬菜	10	249	564	383.3	92.38	0.24
果园	21	207	603	410.7	114.44	0.28
茶园	49	90	970	370.7	166.66	0.45
设施大棚	2	352	614	483.0	185.26	0.38

第三节　土壤中量元素

一、土壤交换性钙和交换性镁

交换性钙，是指吸附于土壤胶体表面的钙离子，是土壤中主要的代换性盐基之一，是植物可利用的钙。土壤中交换性钙含量很高，变幅也很大，其占土壤全钙量的 5%～60%，一般为 20%～30%，占土壤交换性盐基的 40%～90%。土壤中的交换性钙和溶液中的钙保持着动态平衡。水溶性钙因被植物吸收或淋失而浓度降低时，交换性钙即释放到溶液中。交换性镁，是指被土壤胶体所吸附，并能被一般交换剂所交换出来的镁，能被植物利用。土壤交换性钙和交换性镁的含量是表征土壤供钙和供镁状况的主要指标。

在本次青岛市级耕地地力评价汇总过程中，缺少即墨区和原胶南市的交换性钙和交换性镁数据，以下论述中不涉及这两个区域。

（一）交换性钙的等级面积与分布

根据对崂山区、城阳区、胶州市、平度市、莱西市和青西新区采集化验的1 626个点位的土壤交换性钙的数值统计，上述区域耕地土壤表层交换性钙平均含量为1 593.57mg/kg。评价区域耕地面积（351 412hm²，折合527.12万亩）占全市耕地总面积的66.69%，以第五、第六、第七、第八等级耕地为主，这4个等级的耕地占全市耕地总面积的61.11%，评价区域内未出现第一等级耕地。详见表7-45。

表7-45　土壤交换性钙各等级面积及比重

等级	土壤交换性钙含量分级标准（mg/kg）	面积（hm²）	占耕地总面积比重（%）
一	>6 000		
二	4 000~6 000	3 838.30	0.73
三	3 000~4 000	10 839.61	2.06
四	2 500~3 000	12 883.08	2.44
五	2 000~2 500	67 114.04	12.74
六	1 500~2 000	87 701.05	16.64
七	1 000~1 500	70 273.50	13.34
八	500~1 000	96 925.39	18.39
九	<500	1 837.03	0.35

从评价区域各区、市土壤交换性钙含量上看，崂山区>莱西市>平度市>胶州市>青西新区>城阳区，见表7-46。

表7-46　青岛市各区、市耕地土壤交换性钙平均含量

区、市	点位数（个）	最小值（mg/kg）	最大值（mg/kg）	平均值（mg/kg）	标准差	变异系数
崂山区	25	540.10	5 789.30	2 767.55	1 343.19	0.49
城阳区	40	534.00	2 000.00	822.55	313.80	0.38
青西新区	39	436.80	3 973.00	1 401.12	625.47	0.45
胶州区	383	609.80	5 944.90	1 506.34	978.58	0.65
平度市	730	120.24	5 851.68	1 562.54	607.64	0.39
莱西市	409	621.07	3 457.70	1 752.62	815.42	0.47
合计	1 626	120.24	5 944.90	1 593.57	800.74	0.50

从评价区域各区、市土壤交换性钙含量等级分布上看，崂山区第二、第三、第五级耕地面积均超过本区耕地面积的20%；城阳区以第八等级耕地为主，占到该区耕地面积的85%；青西新区第七等级耕地为主，占该区域耕地面积的58.97%；胶州市第七、第八

等级耕地比重较大，分别占该市耕地面积的 30.81%、35.77%；平度市第五、第六等级和第七、第八等级耕地组成两个较为突出的集群，分别占该市耕地总面积的 55.21% 和 42.88%；莱西市第一、第二、第九等级耕地未出现，第六、第八两等级比重较大，分别占该市耕地面积的 24.45% 和 29.58%。详见表 7-47。

表 7-47　青岛市各区、市土壤交换性钙含量各等级面积及比重

等级	交换性钙含量分级标准（mg/kg）	项目	崂山区	城阳区	青西新区	胶州市	平度市	莱西市
一	>6 000	面积（hm²）						
		占全市耕地比重（%）						
		占本区市耕地比重（%）						
二	4 000~6 000	面积（hm²）	184.00			2 892.97	761.33	
		占全市耕地比重（%）	0.03			0.55	0.14	
		占本区市耕地比重（%）	20.00			4.44	0.41	
三	3 000~4 000	面积（hm²）	184.00		60.59	1 021.05	507.55	9 066.41
		占全市耕地比重（%）	0.03		0.01	0.19	0.10	1.72
		占本区市耕地比重（%）	20.00		2.56	1.57	0.27	10.02
四	2 500~3 000	面积（hm²）	110.40			1 871.92	507.55	10 393.21
		占全市耕地比重（%）	0.02			0.36	0.10	1.97
		占本区市耕地比重（%）	12.00			2.87	0.27	11.49
五	2 000~2 500	面积（hm²）	184.00	362.60	242.36	3 063.15	49 994.01	13 267.92
		占全市耕地比重（%）	0.03	0.07	0.05	0.58	9.49	2.52
		占本区市耕地比重（%）	20.00	5.00	10.26	4.70	26.99	14.67
六	1 500~2 000	面积（hm²）	73.60		302.95	12 933.30	52 278.00	22 113.20
		占全市耕地比重（%）	0.01		0.06	2.45	9.92	4.20
		占本区市耕地比重（%）	8.00		12.82	19.84	28.22	24.45
七	1 000~1 500	面积（hm²）	147.20	725.20	1 393.56	20 080.64	39 081.61	8 845.28
		占全市耕地比重（%）	0.03	0.14	0.26	3.81	7.42	1.68
		占本区市耕地比重（%）	16.00	10.00	58.97	30.81	21.10	9.78

（续表）

等级	交换性钙含量分级标准（mg/kg）	项目	崂山区	城阳区	青西新区	胶州市	平度市	莱西市
八	500~1 000	面积（hm²）	36.80	6 164.20	302.95	23 313.97	40 350.50	26 756.98
		占全市耕地比重（%）	0.01	1.17	0.06	4.42	7.66	5.08
		占本区市耕地比重（%）	4.00	85.00	12.82	35.77	21.78	29.58
九	<500	面积（hm²）			60.59		1 776.44	
		占全市耕地比重（%）			0.01		0.34	
		占本区市耕地比重（%）			2.56		0.96	

从评价区域崂山区、城阳区、即墨区、胶州市、平度市、莱西市和青西新区的不同土壤类型的交换性钙平均含量上看，棕壤>潮土>褐土>砂姜黑土>盐土。详见表7-48。

表7-48 青岛市不同土壤类型交换性钙含量

土壤类型	点位数（个）	最小值（mg/kg）	最大值（mg/kg）	平均值（mg/kg）	标准差	变异系数
棕壤	826	120.2	5 944.9	1 634.61	868.70	0.53
褐土	28	553.1	2 412.8	1 595.61	480.01	0.30
潮土	349	280.5	5 316.7	1 608.96	647.97	0.40
砂姜黑土	421	160.3	5 851.7	1 501.60	788.82	0.53
盐土	2	825.7	1 751.5	1 288.57	654.67	0.51

从评价区域的耕地种植结构上看，土壤交换性钙从高到低依次为茶园>大田粮油>设施大棚>果园>大田蔬菜。详见表7-49。

表7-49 青岛市不同农田交换性钙平均含量情况

作物类型	点位数（个）	最小值（mg/kg）	最大值（mg/kg）	平均值（mg/kg）	标准差	变异系数
大田粮油	1 577	120	5 945	1 587.6	774.7	0.49
大田蔬菜	5	558	1 138	753.8	225.4	0.30
果园	11	534	1 320	761.7	262.9	0.35
茶园	29	437	5 789	2 486.1	1 438.3	0.58
设施大棚	4	611	1 379	803.0	384.0	0.48

（二）交换性镁的等级面积与分布

根据对崂山区、城阳区、胶州市、平度市、莱西市和青西新区采集化验的土壤交换性镁数值的统计，发现平度市交换性镁数值出现异常，因此只对崂山区、城阳区、胶州市、莱西市和青西新区的耕地土壤表层交换性镁进行评价。评价区域交换性镁采集化验点位 896 个，平均含量为 354.21mg/kg。评价区域耕地面积 166 155hm²（249.23 万亩），占全市耕地总面积的 31.53%。详见表 7-50。

表 7-50　青岛市土壤交换性镁各等级面积及比重

等级	交换性镁含量分级标准 （mg/kg）	面积 （hm²）	占耕地总面积比重 （%）
一	>600	11 281.44	2.14
二	400~600	28 809.11	5.47
三	300~400	60 152.18	11.42
四	250~300	37 491.64	7.12
五	200~250	11 068.54	2.10
六	150~200	17 217.91	3.27
七	<150	134.19	0.03

从表 7-51 可以看出，评价区域内各区、市耕层土壤交换性镁的平均含量从高到低依次为城阳区>青西新区>胶州市>莱西市>崂山区。

表 7-51　青岛市各区、市耕地土壤交换性镁平均含量

区、市	点位数 （个）	最小值 （mg/kg）	最大值 （mg/kg）	平均值 （mg/kg）	标准差	变异系数
崂山区	25	107.3	619.9	324.05	138.69	0.43
城阳区	40	196.0	791.0	464.65	180.55	0.39
青西新区	39	112.5	840.0	448.81	167.03	0.37
胶州市	383	152.6	596.7	356.04	98.39	0.28
莱西市	409	151.2	710.7	334.53	139.55	0.42
合计	896	107.3	840.0	354.21	131.41	0.37

从表 7-52 可以看出，评价区域内的崂山区，耕层土壤交换性镁以第二、第三、第五等级为主，占该区耕地总面积的 62%；城阳区第一、第二等级占主导地位，占该区耕地面积的 60%；青西新区第一、第二、第三等级为主，占 79.49%；胶州市主要是第二、第三、第四等级，占该市耕地面积的 92.43%；莱西市第三、第四等级突出，分别占该市耕

地面积的 30.81%、23.96%。

表 7-52 青岛市各区、市土壤交换性镁含量各等级面积及比重

等级	交换性镁含量分级标准（mg/kg）	项目	崂山区	城阳区	青西新区	胶州市	莱西市
一	>600	面积（hm²）	36.80	2 356.90	484.72		8 403.02
		占全市耕地比重（%）	0.01	0.45	0.09		1.59
		占本区市耕地比重（%）	4.00	32.50	20.51		9.29
二	400~600	面积（hm²）	257.60	1 994.30	848.26	15 315.74	10 393.21
		占全市耕地比重（%）	0.05	0.38	0.16	2.91	1.97
		占本区市耕地比重（%）	28.00	27.50	35.90	23.50	11.49
三	300~400	面积（hm²）	184.00	1 269.10	545.31	30 291.14	27 862.64
		占全市耕地比重（%）	0.03	0.24	0.10	5.75	5.29
		占本区市耕地比重（%）	20.00	17.50	23.08	46.48	30.81
四	250~300	面积（hm²）	36.80	906.50	242.36	14 635.04	21 670.94
		占全市耕地比重（%）	0.01	0.17	0.05	2.78	4.11
		占本区市耕地比重（%）	4.00	12.50	10.26	22.45	23.96
五	200~250	面积（hm²）	220.80	543.90	181.77	2 382.45	7 739.62
		占全市耕地比重（%）	0.04	0.10	0.03	0.45	1.47
		占本区市耕地比重（%）	24.00	7.50	7.69	3.66	8.56
六	150~200	面积（hm²）	110.40	181.30		2 552.62	14 373.58
		占全市耕地比重（%）	0.02	0.03		0.48	2.73
		占本区市耕地比重（%）	12.00	2.50		3.92	15.89
七	<150	面积（hm²）	73.60		60.59		
		占全市耕地比重（%）	0.01		0.01		
		占本区市耕地比重（%）	8.00		2.56		

二、土壤有效硫

硫是植物体内含硫氨基酸、蛋白质的重要构成元素，同时还参与叶绿素的形成，对植物体内某些酶的形成和活化也起着重要作用，是植物生长发育所必需的中量营养元素。植物对硫的需求量仅次于对氮、磷、钾的需求，但因为土壤对硫的固定能力远不如对磷的固定，所以土壤缺硫现象不像缺磷那么常见。有效硫，是指土壤中能被植物直接吸收利用的硫，通常包括易溶性硫、吸附性硫和部分有机硫。土壤中硫元素是否能满足供应，决定着作物的产量和品质。

（一）等级与面积

根据山东省土壤养分分级标准，将青岛市耕层土壤有效硫划分为7个等级。根据对全市2 292个土壤有效硫检测数据的统计，耕层土壤有效硫含量平均为35.56mg/kg。土壤有效硫含量>100mg/kg的第一等级耕地面积6 207.01hm²（9.31万亩），占全市耕地总面积的1.18%；含量75~100mg/kg的第二等级耕地面积40 035.56hm²（60.05万亩），占全市耕地总面积的7.60%；含量60~75mg/kg的第三等级耕地面积34 943.75hm²（52.42万亩），占全市耕地总面积的6.63%；含量45~60mg/kg的第四等级耕地面积74 569.84hm²（111.85万亩），占全市耕地总面积的14.15%；含量30~45mg/kg的第五等级耕地面积89 502.55hm²（134.25万亩），占全市耕地总面积的16.99%；含量15~30mg/kg的第六等级耕地面积107 490.67hm²（161.24万亩），占全市耕地总面积的20.40%；含量<15mg/kg的第七等级耕地面积174 167.61hm²（261.25万亩），占全市耕地总面积的33.05%。其中，第六、第七等级耕地面积占到耕地面积总和的53.45%，第四、第五等级耕地面积占总耕地面积的31.14%。详见表7-53。

表7-53　青岛市土壤有效硫含量各等级面积及比重

等级	有效硫含量分级标准（mg/kg）	面积（hm²）	占耕地总面积比重（%）
一	>100	6 207.01	1.18
二	75~100	40 035.56	7.60
三	60~75	34 943.75	6.63
四	45~60	74 569.84	14.15
五	30~45	89 502.55	16.99
六	15~30	107 490.67	20.40
七	<15	174 167.61	33.05

（二）分布特点

1. 区域分布情况

青岛市各区、市耕地土壤有效硫平均含量见表7-54。有效硫含量从高到低依次为城阳区>即墨区>莱西市>胶州市>青西新区>崂山区>平度市。

表7-54 青岛市各区、市耕地土壤有效硫平均含量

区、市	点位数（个）	最小值（mg/kg）	最大值（mg/kg）	平均值（mg/kg）	标准差	变异系数
崂山区	25	5.0	26.0	10.60	5.20	0.49
城阳区	20	16.8	100.0	51.01	27.29	0.54
青西新区	347	8.7	136.8	42.68	16.47	0.39
即墨区	486	7.3	161.3	50.40	26.34	0.52
胶州市	384	7.6	103.9	42.74	19.45	0.46
平度市	621	1.1	40.4	8.98	5.31	0.59
莱西市	409	2.6	120.0	46.27	24.25	0.52
合计	2 292	1.1	161.3	35.56	25.57	0.72

从表7-55中可以看出，崂山区、平度市耕层土壤有效硫普遍缺乏，两个区、市的耕地有效硫含量集中分布于第七等级，各占其耕地面积的88%和87.92%；城阳区第六等级有效硫耕地也较为突出，占其耕地面积的40%；青西新区、即墨区、胶州市、莱西市，耕地在各个有效硫等级均有分布，均以第四、第五、第六等级为主，3个等级耕地面积占其各自耕地总面积的85.3%、65.64%、81.77%和66.01%。

表7-55 青岛市各区、市土壤有效硫含量各等级面积及比重

等级	有效硫含量分级标准（mg/kg）	项目	崂山区	城阳区	青西新区	即墨区	胶州市	平度市	莱西市
一	>100	面积（hm²）		362.60	438.98	3 348.31	509.20		1 547.92
		占全市耕地比重（%）		0.07	0.08	0.64	0.10		0.29
		占本区市耕地比重（%）		5.00	0.58	3.29	0.78		1.71
二	75~100	面积（hm²）		1 087.80	438.98	18 415.72	5 940.61		14 152.45
		占全市耕地比重（%）		0.21	0.08	3.49	1.13		2.69
		占本区市耕地比重（%）		15.00	0.58	18.11	9.11		15.65
三	60~75	面积（hm²）		1 450.40	8 121.13	9 835.67	4 922.22		10 614.34
		占全市耕地比重（%）		0.28	1.54	1.87	0.93		2.01
		占本区市耕地比重（%）		20.00	10.66	9.67	7.55		11.74

（续表）

等级	有效硫含量分级标准（mg/kg）	项目	崂山区	城阳区	青西新区	即墨区	胶州市	平度市	莱西市
四	45~60	面积（hm²）		1 087.80	29 411.65	18 206.45	11 711.49		14 152.45
		占全市耕地比重（%）		0.21	5.58	3.46	2.22		2.69
		占本区市耕地比重（%）		15.00	38.62	17.90	17.97		15.65
五	30~45	面积（hm²）		362.60	15 144.80	25 321.62	24 780.84	894.96	22 997.73
		占全市耕地比重（%）		0.07	2.87	4.81	4.70	0.17	4.36
		占本区市耕地比重（%）		5.00	19.88	24.90	38.02	0.48	25.43
六	15~30	面积（hm²）	110.40	2 900.80	20 412.56	23 228.92	16 803.45	21 479.07	22 555.47
		占全市耕地比重（%）	0.02	0.55	3.87	4.41	3.19	4.08	4.28
		占本区市耕地比重（%）	12.00	40.00	26.80	22.84	25.78	11.59	24.94
七	<15	面积（hm²）	809.60		2 194.90	3 348.31	509.20	162 882.97	4 422.64
		占全市耕地比重（%）	0.15		0.42	0.64	0.10	30.91	0.84
		占本区市耕地比重（%）	88.00		2.88	3.29	0.78	87.92	4.89

2. 不同土壤类型分布情况

青岛市不同土壤类型有效硫含量差异见表7-56，从高到低依次是棕壤>砂姜黑土>潮土>盐土>褐土。

表7-56 青岛市不同土壤类型有效硫含量情况

土壤类型	点位数（个）	最小值（mg/kg）	最大值（mg/kg）	平均值（mg/kg）	标准差	变异系数
棕壤	1 349	1.13	161.29	38.15	24.05	0.63
褐土	24	1.56	54.32	9.11	10.53	1.16
潮土	397	1.28	109.37	30.01	25.54	0.85
砂姜黑土	520	1.21	141.72	34.39	28.36	0.82
盐土	2	8.45	12.30	10.38	2.72	0.26

3. 不同农田类型分布情况

青岛市不同农作物种植结构的耕地土壤有效硫含量见表7-57，平均含量从高到低依次为设施大棚>大田蔬菜>果园>大田粮油>茶园。

表 7-57　青岛市不同农田有效硫平均含量情况

作物类型	点位数（个）	最小值（mg/kg）	最大值（mg/kg）	平均值（mg/kg）	标准差	变异系数
大田粮油	2 221	1.1	161.3	35.56	25.58	0.72
大田蔬菜	7	29.0	66.9	47.08	13.95	0.30
果园	17	13.2	69.0	45.66	18.40	0.40
茶园	45	5.0	136.8	28.85	26.55	0.92
设施大棚	2	30.6	86.4	58.50	39.46	0.67

第四节　土壤微量元素

植物需要的微量营养元素包括锌、硼、铜、铁、锰、钼等。虽然植物对微量元素的需要量很少，但它们对植物的生长发育的作用与大量元素是同等重要的，当某种微量元素缺乏时，作物生长发育受到明显的影响，产量降低，品质下降。另外，微量元素过多会使作物中毒，轻则影响产量和品质，严重时甚至危及人畜健康。

一、土壤有效锌

土壤中的锌可分为水溶态锌、交换态锌、难溶态锌和有机态锌，植物可利用水溶态、交换态和有机态的称为有效锌。锌在作物体内间接影响着生长素的合成，当作物缺锌时茎和芽中的生长素含量减少，生长处于停滞状态，植株矮小；锌也是许多酶的活化剂，通过对植物碳、氮代谢产生广泛的影响，有助于光合作用；同时，锌还可增强植物的抗逆性，提高籽粒重量，改变籽实与茎秆的比率。

（一）等级与面积

根据山东省土壤养分分级标准，将青岛市耕层土壤有效锌划分为 5 个等级。根据对全市 2 528 个土壤有效锌的检测结果，耕层土壤有效锌含量平均为 1.66mg/kg。土壤有效锌含量>3.0mg/kg 的第一等级耕地面积 42 259.45hm²（63.39 万亩），占全市耕地总面积的 8.02%；含量 1.0~3.0mg/kg 的第二等级耕地面积 356 517.23hm²（534.78万亩），占全市耕地总面积的 67.66%；含量 0.5~1.0mg/kg 的第三等级耕地面积104 448.34hm²（156.67 万亩），占全市耕地总面积的 19.82%；含量 0.3~0.5mg/kg的第四等级耕地面积 19 969.18hm²（29.95 万亩），占全市耕地总面积的 3.79%；含量<0.3mg/kg 的第五等级耕地面积 3 722.80hm²（5.58 万亩），占全市耕地总面积的0.71%。详见表 7-58。

表 7-58　青岛市土壤有效锌含量各等级面积及比重

等级	有效锌含量分级标准 （mg/kg）	面积 （hm²）	占耕地总面积比重 （%）
一	>3.0	42 259.45	8.02
二	1.0~3.0	356 517.23	67.66
三	0.5~1.0	104 448.34	19.82
四	0.3~0.5	19 969.18	3.79
五	<0.3	3 722.80	0.71

（二）分布特点

1. 区域分布情况

青岛市各区、市耕地土壤有效锌平均含量详见表 7-59。有效锌含量从高到低依次为崂山区>即墨区>平度市>城阳区>莱西市>青西新区>胶州市。

表 7-59　青岛市各区、市耕地土壤有效锌平均含量

区、市	点位数 （个）	最小值 （mg/kg）	最大值 （mg/kg）	平均值 （mg/kg）	标准差	变异系数
崂山区	25	0.42	8.43	2.43	1.78	0.73
城阳区	20	0.79	3.00	1.86	0.78	0.42
青西新区	474	0.35	5.22	1.36	0.45	0.33
即墨区	486	0.20	14.50	2.20	2.21	1.00
胶州市	384	0.23	4.55	1.08	0.72	0.67
平度市	730	0.46	14.19	1.90	1.37	0.72
莱西市	409	0.29	7.90	1.46	0.75	0.51
合计	2 528	0.20	14.50	1.66	1.37	0.82

从表 7-60 中可以看出，青岛市各区、市耕层土壤有效锌含量普遍分布于第二、第三等级，除胶州市外，其他 6 个区、市都以第二等级为主。

表 7-60　青岛市各区、市土壤有效锌含量各等级面积及比重

等级	有效锌含量 分级标准 （mg/kg）	项目	崂山区	城阳区	青西新区	即墨区	胶州市	平度市	莱西市
一	>3.0	面积（hm²）	220.80		642.73	20 717.69	169.73	16 749.26	3 759.24
		占全市耕地比重（%）	0.04		0.12	3.93	0.03	3.18	0.71
		占本区市耕地比重（%）	24.00		0.84	20.37	0.26	9.04	4.16

（续表）

等级	有效锌含量分级标准（mg/kg）	项目	崂山区	城阳区	青西新区	即墨区	胶州市	平度市	莱西市
二	1.0~3.0	面积（hm²）	515.20	6 526.80	63 308.49	45 202.22	24 780.84	147 190.49	68 993.19
		占全市耕地比重（%）	0.10	1.24	12.01	8.58	4.70	27.93	13.09
		占本区市耕地比重（%）	56.00	90.00	83.12	44.44	38.02	79.45	76.28
三	0.5~1.0	面积（hm²）	147.20	725.20	10 926.34	26 367.96	28 854.40	21 063.47	16 363.77
		占全市耕地比重（%）	0.03	0.14	2.07	5.00	5.48	4.00	3.11
		占本区市耕地比重（%）	16.00	10.00	14.35	25.93	44.27	11.37	18.09
四	0.3~0.5	面积（hm²）	36.80		1 285.45	7 952.24	9 335.25	253.78	1 105.66
		占全市耕地比重（%）	0.01		0.24	1.51	1.77	0.05	0.21
		占本区市耕地比重（%）	4.00		1.69	7.82	14.32	0.14	1.22
五	<0.3	面积（hm²）				1 464.89	2 036.78		221.13
		占全市耕地比重（%）				0.28	0.39		0.04
		占本区市耕地比重（%）				1.44	3.13		0.24

2. 不同土壤类型分布情况

青岛市不同土壤类型有效锌含量差异见表7-61，从高到低依次是砂姜黑土>潮土>盐土>棕壤>褐土。

表7-61　青岛市不同土壤类型有效锌含量情况

土壤类型	点位数（个）	最小值（mg/kg）	最大值（mg/kg）	平均值（mg/kg）	标准差	变异系数
棕壤	1 495	0.23	14.19	1.53	1.22	0.80
褐土	32	0.64	3.74	1.47	0.62	0.42
潮土	445	0.20	8.22	1.74	1.05	0.60
砂姜黑土	554	0.22	14.50	1.96	1.86	0.95
盐土	2	0.87	2.48	1.68	1.14	0.68

3. 不同农田类型分布情况

不同农作物种植结构的耕地土壤有效锌含量见表7-62，平均含量从高到低依次为茶园>大田粮油>果园>设施大棚>大田蔬菜。

表7-62　青岛市不同农田有效锌平均含量情况

作物类型	点位数（个）	最小值（mg/kg）	最大值（mg/kg）	平均值（mg/kg）	标准差	变异系数
大田粮油	2 446	0.20	14.50	1.66	1.37	0.83
大田蔬菜	10	0.81	1.76	1.19	0.32	0.27
果园	21	0.39	3.00	1.43	0.62	0.44
茶园	49	0.42	8.43	2.04	1.46	0.72
设施大棚	2	0.98	1.59	1.29	0.43	0.34

二、土壤有效硼

硼是高等植物特有的必需元素，对促进细胞壁的形成、核酸和蛋白质的合成、糖类运输、维持细胞膜功能、参与植物体内酶和生长调节剂反应、授粉和结实过程等具有特殊生理和生化功能。硼对植物的生殖过程有重要的影响，与花粉形成、花粉管萌发和受精有密切关系。硼能与游离状态的糖结合，使糖容易跨越质膜，促进糖的运输。缺硼时，植物花药和花丝萎缩，花粉发育不良。油菜和小麦出现的"花而不实"现象与硼缺乏有关。缺硼时植物根尖、茎尖的生长点停止生长，侧根、侧芽大量发生，其后侧根、侧芽的生长点又死亡，从而形成簇生状。甜菜的褐腐病、马铃薯的卷叶病和苹果的缩果病等都是缺硼所致。土壤中的硼大部分存在于含硼的母岩里，少部分存在于有机质中。土壤中的硼分为酸不溶态、酸溶态和水溶态3种形式。有效硼是可被植物吸收利用的土壤溶液中的硼和可溶性硼酸盐中的硼。

（一）等级与面积

根据山东省土壤养分分级标准，将青岛市耕层土壤有效硼划分为5个等级。根据对全市2 528个土壤有效硼的检测结果，耕层土壤有效硼含量平均为0.47mg/kg。土壤有效硼含量>2.0mg/kg的第一等级耕地面积1 077.52hm²（1.62万亩），占全市耕地总面积的0.20%；含量1.0~2.0mg/kg的第二等级耕地面积21 460.25hm²（32.19万亩），占全市耕地总面积的4.07%；含量0.5~1.0mg/kg的第三等级耕地面积173 578.07hm²（260.37万亩），占全市耕地总面积的32.94%；含量0.2~0.5mg/kg的第四等级耕地面积258 151.88hm²（387.23万亩），占全市耕地总面积的48.99%；含量<0.2mg/kg的第五等级耕地面积72 649.28hm²（108.97万亩），占全市耕地总面积的13.79%。详见表7-63。

表7-63　青岛市土壤有效硼含量各等级面积及比重

等级	有效硼含量分级标准（mg/kg）	面积（hm²）	占耕地总面积比重（%）
一	>2.0	1 077.52	0.20
二	1.0~2.0	21 460.25	4.07

（续表）

等级	有效硼含量分级标准 （mg/kg）	面积 （hm²）	占耕地总面积比重 （%）
三	0.5~1.0	173 578.07	32.94
四	0.2~0.5	258 151.88	48.99
五	<0.2	72 649.28	13.79

（二）分布特点

1. 区域分布情况

青岛市各区、市耕地土壤有效硼平均含量见表7-64。有效硼含量从高到低依次为崂山区>青西新区>城阳区>平度市>莱西市>即墨区>胶州市。

表7-64　青岛市各区、市耕地土壤有效硼平均含量

区、市	点位数 （个）	最小值 （mg/kg）	最大值 （mg/kg）	平均值 （mg/kg）	标准差	变异系数
崂山区	25	0.70	3.37	1.61	0.72	0.45
城阳区	20	0.20	0.83	0.52	0.21	0.40
青西新区	474	0.23	2.03	0.56	0.17	0.31
即墨区	486	0.01	1.56	0.39	0.27	0.69
胶州市	384	0.10	1.68	0.37	0.24	0.65
平度市	730	0.07	2.35	0.49	0.29	0.58
莱西市	409	0.07	3.90	0.44	0.35	0.80
合计	2 528	0.01	3.90	0.47	0.31	0.65

从表7-65中可以看出，除崂山区外，其他6个区、市耕地土壤有效硼含量水平大部分处于第三、第四等级，即墨区、胶州市第五等级也占较大比重。

表7-65　青岛市各区、市土壤有效硼含量各等级面积及比重

等级	有效硼含量 分级标准 （mg/kg）	项目	崂山区	城阳区	青西新区	即墨区	胶州市	平度市	莱西市
一	>2.0	面积（hm²）	220.80		160.68			253.78	442.26
		占全市耕地 比重（%）	0.04		0.03			0.05	0.08
		占本区市耕地 比重（%）	24.00		0.21			0.14	0.49
二	1.0~2.0	面积（hm²）	552.00		1 124.77	2 511.23	1 527.59	10 658.62	5 086.04
		占全市耕地 比重（%）	0.10		0.21	0.48	0.29	2.02	0.97
		占本区市耕地 比重（%）	60.00		1.48	2.47	2.34	5.75	5.62

（续表）

等级	有效硼含量 分级标准 （mg/kg）	项目	崂山区	城阳区	青西新区	即墨区	胶州市	平度市	莱西市
三	0.5~1.0	面积（hm²）	147.20	3 988.60	46 597.62	25 530.88	11 372.03	64 713.06	21 228.67
		占全市耕地 比重（%）	0.03	0.76	8.84	4.85	2.16	12.28	4.03
		占本区市耕地 比重（%）	16.00	55.00	61.18	25.10	17.45	34.93	23.47
四	0.2~0.5	面积（hm²）		3 263.40	28 279.93	45 830.03	39 377.77	91 867.17	49 533.57
		占全市耕地 比重（%）		0.62	5.37	8.70	7.47	17.43	9.40
		占本区市耕地 比重（%）		45.00	37.13	45.06	60.42	49.59	54.77
五	<0.2	面积（hm²）				27 832.85	12 899.61	17 764.37	14 152.45
		占全市耕地 比重（%）				5.28	2.45	3.37	2.69
		占本区市耕地 比重（%）				27.37	19.79	9.59	15.65

2. 不同土壤类型分布情况

从表7-66青岛市不同土壤类型有效硼含量差异上看，潮土有效硼平均含量最高，棕壤、砂姜黑土和盐土基本相同，褐土的有效硼平均含量最低。

表7-66 青岛市不同土壤类型有效硼含量情况

土壤类型	点位数 （个）	最小值 （mg/kg）	最大值 （mg/kg）	平均值 （mg/kg）	标准差	变异系数
棕壤	1 495	0.01	3.90	0.46	0.33	0.71
褐土	32	0.13	0.96	0.41	0.21	0.52
潮土	445	0.07	2.03	0.50	0.29	0.58
砂姜黑土	554	0.01	1.65	0.46	0.27	0.58
盐土	2	0.43	0.49	0.46	0.04	0.09

3. 不同农田类型分布情况

青岛市不同农作物种植结构的耕地土壤有效硼含量见表7-67，平均含量从高到低依次为茶园>设施大棚>果园>大田蔬菜>大田粮油。

表7-67 青岛市不同农田有效硼平均含量情况

作物类型	点位数 （个）	最小值 （mg/kg）	最大值 （mg/kg）	平均值 （mg/kg）	标准差	变异系数
大田粮油	2 446	0.01	3.90	0.45	0.28	0.61

（续表）

作物类型	点位数（个）	最小值（mg/kg）	最大值（mg/kg）	平均值（mg/kg）	标准差	变异系数
大田蔬菜	10	0.42	0.67	0.54	0.10	0.18
果园	21	0.23	1.64	0.58	0.29	0.51
茶园	49	0.29	3.37	1.14	0.72	0.63
设施大棚	2	0.48	0.71	0.60	0.16	0.27

三、土壤有效铜

土壤中的铜来自含铜矿物，如原生矿物黄铜矿等，次生矿物中也含有一定数量的铜。土壤矿物风化后释放出铜离子的大部分被有机物所吸附。在渍水条件下则形成硫化物 CuS，当土壤变干时又被氧化成硫酸铜。此外，土壤中还可能存在着碳酸铜、硝酸铜和磷酸铜。土壤中的铜分为水溶态铜、交换态铜、非交换态铜或专性吸附态铜、有机结合态铜和矿物态铜。其中水溶态铜、交换态铜和络合态铜对植物都是有效的铜。土壤中有效态铜的主要形态随着土壤性质不同而有所不同。植物需铜量不多，它多集中在幼嫩叶片、种子胚等生长活跃的组织中。铜元素的营养功能主要是构成铜蛋白并参与光合作用，所以约有70%的铜结合在叶绿体中。铜还是植物体内许多氧化酶的成分，或是某些酶的活化剂。这些含铜氧化酶参与植物体内氧分子的还原，对植物的呼吸作用有明显影响。铜还是过氧化物歧化酶（SOD）的重要组成成分，此酶具有催化自由基歧化的作用，以保护叶绿体免遭超氧自由基的伤害。此外，铜还参与氮代谢，影响固氮作用。铜的另一重要营养功能就是促进花器官的发育。

（一）土壤有效铜分级标准

山东省土壤养分分级标准中，将耕层土壤有效铜分为5级，在此次青岛市级耕地地力评价汇总中，2 524个土样有效铜化验数值未出现省标准的第五等级（即<0.1mg/kg）点位，因此青岛市级耕地地力评价将青岛耕地土壤有效铜分级标准划分为4个等级，即将省级标准的第四、第五等级合并为市级第四级，见表7-68。

表7-68　青岛市耕层土壤有效铜分级标准

分级标准	一等级	二等级	三等级	四等级
有效铜含量（mg/kg）	>1.8	1.0~1.8	0.2~1.0	<0.2

（二）等级与面积

根据对土壤样品化验结果的统计，青岛市耕层有效铜含量平均为1.96mg/kg。有效铜含量>1.8mg/kg的第一等级耕地面积191 134.61hm²（286.70万亩），占全市耕地总面积的 36.27%；含量在 1.0~1.8mg/kg 的第二等级耕地面积 214 295.32hm²（321.44 万亩），占 40.67%；含量在 0.2~1.0mg/kg 的第三等级耕地面积 121 145.82hm²（321.44 万亩），占 22.99%；含量<0.2mg/kg 的第四等级耕地面积仅为 341.24hm²（0.51 万亩），占 0.06%。详见表 7-69。

表 7-69　青岛市土壤有效铜含量各等级面积及比重

等级	有效铜含量分级标准（mg/kg）	面积（hm²）	占耕地总面积比重（%）
一	>1.8	191 134.61	36.27
二	1.0~1.8	214 295.32	40.67
三	0.2~1.0	121 145.82	22.99
四	<0.2	341.24	0.06

（三）分布特点

1. 区域分布情况

青岛市各区、市耕地土壤有效铜平均含量见表 7-70。有效铜含量从高到低依次为青西新区>即墨区>平度市>崂山区>胶州市>城阳区>莱西市。

表 7-70　青岛市各区、市耕地土壤有效铜平均含量

区、市	点位数（个）	最小值（mg/kg）	最大值（mg/kg）	平均值（mg/kg）	标准差	变异系数
崂山区	25	0.55	6.62	1.59	1.22	0.77
城阳区	20	0.53	1.80	1.00	0.37	0.37
青西新区	473	0.84	6.57	2.96	0.66	0.22
即墨区	485	0.37	13.55	2.37	1.48	0.62
胶州市	382	0.16	1.88	1.12	0.38	0.33
平度市	730	0.55	19.83	2.08	2.19	1.05
莱西市	409	0.38	3.18	0.96	0.36	0.37
合计	2 524	0.16	19.83	1.96	1.56	0.80

从表 7-71 中可以看出，耕层土壤有效铜含量除胶州市外，其他 6 个区、市均未出现第四等级。青西新区主要集中在第一等级，占到其耕地总面积的 94.08%；即墨区第一、第二等级耕地面积，占其耕地总面积的 87.01%；胶州市和莱西市以第二、第三等级为主，各占其耕地面积的 97.64% 和 96.8%；平度以第一、第二等级为主，占耕地面积的 85.34%。

表7-71 青岛市各区、市土壤有效铜含量各等级面积及比重

等级	有效铜含量分级标准（mg/kg）	项目	崂山区	城阳区	青西新区	即墨区	胶州市	平度市	莱西市
一	>1.8	面积（hm²）	257.60		71 654.41	57 038.68	1 194.34	58 114.87	2 874.72
		占全市耕地比重（%）	0.05		13.60	10.82	0.23	11.03	0.55
		占本区市耕地比重（%）	28.00		94.08	56.08	1.83	31.37	3.18
二	1.0~1.8	面积（hm²）	368.00	3 626.00	4 025.53	31 455.15	40 778.28	99 988.02	34 054.33
		占全市耕地比重（%）	0.07	0.69	0.76	5.97	7.74	18.98	6.46
		占本区市耕地比重（%）	40.00	50.00	5.29	30.93	62.57	53.97	37.65
三	0.2~1.0	面积（hm²）	294.40	3 626.00	483.06	13 211.16	22 863.14	27 154.11	53 513.95
		占全市耕地比重（%）	0.06	0.69	0.09	2.51	4.34	5.15	10.16
		占本区市耕地比重（%）	32.00	50.00	0.63	12.99	35.08	14.66	59.17
四	<0.2	面积（hm²）					341.24		
		占全市耕地比重（%）					0.06		
		占本区市耕地比重（%）					0.52		

2. 不同土壤类型分布情况

从表7-72青岛市不同土壤类型有效铜含量差异上看，棕壤>潮土>砂姜黑土>褐土>盐土。

表7-72 青岛市不同土壤类型有效铜含量情况

土壤类型	点位数（个）	最小值（mg/kg）	最大值（mg/kg）	平均值（mg/kg）	标准差	变异系数
棕壤	1 492	0.16	19.83	2.09	1.67	0.80
褐土	32	0.58	4.30	1.65	1.00	0.60
潮土	445	0.17	14.91	1.91	1.34	0.70
砂姜黑土	553	0.44	13.55	1.66	1.40	0.84
盐土	2	0.96	1.31	1.14	0.25	0.22

3. 不同农田类型分布情况

青岛市不同农作物种植结构的耕地土壤有效铜含量见表7-73，平均含量从高到低依次为大田蔬菜>果园>茶园>大田粮油>设施大棚。

表7-73 青岛市不同农田有效铜平均含量情况

作物类型	点位数（个）	最小值（mg/kg）	最大值（mg/kg）	平均值（mg/kg）	标准差	变异系数
大田粮油	2 442	0.16	19.83	1.94	1.57	0.81
大田蔬菜	10	0.70	3.85	2.81	1.01	0.36
果园	21	0.67	3.56	2.36	1.01	0.43
茶园	49	0.55	6.62	2.35	1.36	0.58
设施大棚	2	0.85	1.66	1.26	0.57	0.46

四、土壤有效铁

铁在地壳中含量丰富，占地壳质量的 4.75%，仅次于氧、硅、铝，位居第四。铁是植物光合作用、生物固氮和呼吸作用中的细胞色素和非血红素铁蛋白的组成。铁在这些代谢方面的氧化还原过程中都起着电子传递作用。由于叶绿体的某些叶绿素—蛋白复合体合成需要铁，所以缺铁时会出现叶片叶脉间缺绿。缺铁发生于嫩叶，因铁不易从老叶转移出来，缺铁过甚或过久时，叶脉也缺绿，全叶白化，华北果树的黄叶病就是植株缺铁所致。土壤中铁的形态很复杂，在无机铁中有各种结晶状的氧化铁矿物，还有胶体状态的氢氧化铁。除固体状态的铁化合物外，无机形态中主要是交换态铁和溶液中的铁，这些形态的铁对植物是有效的。

（一）等级与面积

根据山东省土壤养分分级标准，将青岛市耕层土壤有效铁划分为 5 个等级。根据对全市 2 526 个土壤样品有效铁的检测结果，耕层土壤有效铁含量平均为 33.89mg/kg。土壤有效铁含量>20mg/kg 的第一等级耕地面积 282 338.78hm² （423.51 万亩），占全市耕地总面积的 53.58%；含量 10~20mg/kg 的第二等级耕地面积 141 221.30hm² （211.83 万亩），占全市耕地总面积的 26.80%；含量 4.5~10mg/kg 的第三等级耕地面积 93 386.34hm² （140.08 万亩），占全市耕地总面积的 17.72%；含量 2.5~4.5mg/kg 的第四等级耕地面积 9 346.51hm² （14.02 万亩），占全市耕地总面积的 1.77%；含量<2.5mg/kg 的第五等级耕地面积 624.07hm² （0.94 万亩），占全市耕地总面积的 0.12%。详见表 7-74。

表7-74 青岛市土壤有效铁含量各等级面积及比重

等级	有效铁含量分级标准（mg/kg）	面积（hm²）	占耕地总面积比重（%）
一	>20	282 338.78	53.58
二	10~20	141 221.30	26.80
三	4.5~10	93 386.34	17.72
四	2.5~4.5	9 346.51	1.77
五	<2.5	624.07	0.12

（二）分布特点

1. 区域分布情况

青岛市各区、市耕地土壤有效铁平均含量见表7-75。土壤有效铁平均含量最高的是即墨区，其次为平度市和莱西市，城阳区、青西新区、崂山区再次之，胶州市土壤有效铁平均含量最低。

表7-75　青岛市各区、市耕地土壤有效铁平均含量

区、市	点位数（个）	最小值（mg/kg）	最大值（mg/kg）	平均值（mg/kg）	标准差	变异系数
崂山区	25	5.70	26.90	15.96	6.33	0.40
城阳区	20	4.40	20.00	17.63	4.56	0.26
青西新区	473	1.80	274.00	17.75	21.52	1.21
即墨区	486	2.40	234.90	67.57	33.62	0.50
胶州市	383	2.50	19.90	9.75	3.97	0.41
平度市	730	2.29	172.44	35.09	31.76	0.91
莱西市	409	10.36	90.10	35.09	12.69	0.36
合计	2 526	1.80	274.00	33.92	31.39	0.93

从表7-76中可以看出，青岛市各区、市耕层土壤有效铁平均含量除胶州、平度、崂山在第三等级有较大面积分布外，其余4个区、市基本集中在第一、第二等级。

表7-76　青岛市各区、市土壤有效铁含量各等级面积及比重

等级	有效铁含量分级标准（mg/kg）	项目	崂山区	城阳区	青西新区	即墨区	胶州市	平度市	莱西市
一	>20	面积（hm²）	294.40		6 279.82	95 636.18		98 972.92	81 155.45
		占全市耕地比重（%）	0.06		1.19	18.15		18.78	15.40
		占本区市耕地比重（%）	32.00		8.25	94.03		53.42	89.73
二	10~20	面积（hm²）	368.00	6 889.40	69 400.11	3 348.31	27 057.81	24 870.12	9 287.55
		占全市耕地比重（%）	0.07	1.31	13.17	0.64	5.14	4.72	1.76
		占本区市耕地比重（%）	40.00	95.00	91.12	3.29	41.51	13.42	10.27
三	4.5~10	面积（hm²）	257.60		161.02	2 092.70	33 013.94	57 861.09	
		占全市耕地比重（%）	0.05		0.03	0.40	6.27	10.98	
		占本区市耕地比重（%）	28.00		0.21	2.06	50.65	31.23	

（续表）

等级	有效铁含量分级标准（mg/kg）	项目	崂山区	城阳区	青西新区	即墨区	胶州市	平度市	莱西市
四	2.4~4.5	面积（hm²）	362.60	161.02	418.54	5 105.25	3 299.10		
		占全市耕地比重（%）	0.07	0.03	0.08	0.97	0.63		
		占本区市耕地比重（%）	5.00	0.21	0.41	7.83	1.78		
五	<2.5	面积（hm²）		161.02	209.27			253.78	
		占全市耕地比重（%）		0.03	0.04			0.05	
		占本区市耕地比重（%）		0.21	0.21			0.14	

2. 不同土壤类型分布情况

从表 7-77 青岛市不同土壤类型有效铁含量差异上看，棕壤>潮土>砂姜黑土>褐土>盐土。

表 7-77　青岛市不同土壤类型有效铁含量情况

土壤类型	点位数（个）	最小值（mg/kg）	最大值（mg/kg）	平均值（mg/kg）	标准差	变异系数
棕壤	1 493	1.80	274.00	34.82	30.53	0.88
褐土	32	4.64	70.71	16.09	16.66	1.04
潮土	445	2.40	172.44	34.39	31.98	0.93
砂姜黑土	554	2.50	234.90	32.26	33.48	1.04
盐土	2	6.13	13.15	9.64	4.96	0.51

3. 不同农田类型分布情况

青岛市不同农作物种植结构的耕地土壤有效铁含量见表 7-78，平均含量从高到低依次为大田粮油>设施大棚>大田蔬菜>茶园>果园。

表 7-78　青岛市不同农田有效铁平均含量情况

作物类型	点位数（个）	最小值（mg/kg）	最大值（mg/kg）	平均值（mg/kg）	标准差	变异系数
大田粮油	2 444	1.80	274.00	34.35	31.62	0.92
大田蔬菜	10	11.50	110.60	23.19	30.81	1.33
果园	21	4.40	61.40	16.59	11.80	0.71
茶园	49	5.70	75.60	22.46	19.88	0.89
设施大棚	2	20.00	42.10	31.05	15.63	0.50

五、土壤有效锰

锰广泛存在自然界中，土壤中含锰 0.25%。植物主要吸收锰离子，有效锰包括代换态锰、有效态锰和活性锰。锰是植物细胞中许多酶（如脱氢酶、脱羧酶、激酶、氧化酶和过氧化物酶）的活化剂，尤其是影响糖酵解和三羧酸循环。锰使光合中水裂解为氧。缺锰时，叶脉间缺绿。缺绿会在嫩叶中或老叶中出现，伴随小坏死点的产生。茶叶、小麦及硬壳果实含锰较多。

（一）等级与面积

根据山东省土壤养分分级标准，将青岛市耕层土壤有效锰划分为 5 个等级。根据对全市 2 527 个土壤样品有效锰的检测结果，耕层土壤有效锰含量平均为 41.19mg/kg。土壤有效锰含量>30mg/kg 的第一等级耕地面积 263 263.42hm² （394.90 万亩），占全市耕地总面积的 49.96%；含量 15~30mg/kg 的第二等级耕地面积 168 529.84hm² （252.79 万亩），占全市耕地总面积的 31.98%；含量 5~15mg/kg 的第三等级耕地面积 73 093.00hm² （109.64 万亩），占全市耕地总面积的 4.17%；含量 1~5mg/kg 的第四等级耕地面积 21 993.94hm² （32.99 万亩），占全市耕地总面积的 4.17%；含量<1mg/kg 的第五等级耕地面积 36.80hm² （0.94 万亩），占全市耕地总面积的 0.007%。详见表 7-79。

表 7-79　青岛市土壤有效锰含量各等级面积及比重

等级	有效锰含量分级标准（mg/kg）	面积（hm²）	占耕地总面积比重（%）
一	>30	263 263.42	49.96
二	15~30	168 529.84	31.98
三	5~15	73 093.00	13.87
四	1~5	21 993.94	4.17
五	<1	36.80	0.01

（二）分布特点

1. 区域分布情况

青岛市各区、市耕地土壤有效锰平均含量见表 7-80。城阳区参与评价的 19 个土壤有效锰化验值都是 30mg/kg，可能存在异常，城阳区耕地面积占全市耕地总面积的 1.38%，比例较小，这 19 个数据按第二等级计入评价点位。青岛市各区、市耕层土壤有效锰平均含量从高到低依次为莱西市>即墨区>城阳区>平度市>胶州市>青西新区>崂山区。

表 7-80　青岛市各区、市耕地土壤有效锰平均含量

区、市	点位数（个）	最小值（mg/kg）	最大值（mg/kg）	平均值（mg/kg）	标准差	变异系数
崂山区	25	0.80	34.60	14.80	9.38	0.63
城阳区	20	30.00	30.00	30.00	—	—
青西新区	473	9.00	95.40	19.05	11.29	0.59
即墨区	486	10.04	229.24	64.16	28.33	0.44

（续表）

区、市	点位数（个）	最小值（mg/kg）	最大值（mg/kg）	平均值（mg/kg）	标准差	变异系数
胶州市	384	1.20	30.00	20.73	7.22	0.35
平度市	730	1.32	141.39	28.17	24.19	0.86
莱西市	409	22.40	180.63	84.12	25.21	0.30
合计	2 527	0.80	229.24	41.19	32.72	0.79

从表7-81中可以看出，第五等级耕地只有崂山区有少量分布；第四等级耕地在崂山区、胶州市和平度少量分布；崂山区、平度市的第三等级耕地，占各自辖区耕地比重较大；第二等级耕地中，青西新区、胶州市的面积占各自辖区耕地比重很大，各自占到84.78%和81.51%；第一等级耕地，主要分布于即墨区、平度市和莱西市。

表7-81 青岛市各区、市土壤有效锰含量各等级面积及比重

等级	有效锰含量分级标准（mg/kg）	项目	崂山区	城阳区	青西新区	即墨区	胶州市	平度市	莱西市
一	>30	面积（hm²）	110.40		5 796.76	95 217.64		72 580.14	89 558.47
		占全市耕地比重（%）	0.02		1.10	18.07		13.77	17.00
		占本区市耕地比重（%）	12.00		7.61	93.62		39.18	99.02
二	15~30	面积（hm²）	294.40	7 252.00	64 569.48	5 859.55	53 126.04	36 543.85	884.53
		占全市耕地比重（%）	0.06	1.38	12.25	1.11	10.08	6.94	0.17
		占本区市耕地比重（%）	32.00	100.00	84.78	5.76	81.51	19.73	0.98
三	5~15	面积（hm²）	404.80		5 796.76	627.81	8 656.32	57 607.31	
		占全市耕地比重（%）	0.08		1.10	0.12	1.64	10.93	
		占本区市耕地比重（%）	44.00		7.61	0.62	13.28	31.10	
四	1~5	面积（hm²）	73.60				3 394.64	18 525.70	
		占全市耕地比重（%）	0.01				0.64	3.52	
		占本区市耕地比重（%）	8.00				5.21	10.00	
五	<1	面积（hm²）	36.80						
		占全市耕地比重（%）	0.01						
		占本区市耕地比重（%）	4.00						

2. 不同土壤类型分布情况

从表7-82青岛市不同土壤类型有效锰含量差异上看，棕壤>砂姜黑土>潮土>褐土>盐土。

表7-82 青岛市不同土壤类型有效锰含量情况

土壤类型	点位数（个）	最小值（mg/kg）	最大值（mg/kg）	平均值（mg/kg）	标准差	变异系数
棕壤	1 494	0.80	180.63	42.73	31.40	0.73
褐土	32	3.70	141.39	24.71	37.70	1.53
潮土	445	1.20	159.65	36.93	30.24	0.82
砂姜黑土	554	1.30	229.24	41.52	37.07	0.89
盐土	2	7.69	10.65	9.17	2.09	0.23

3. 不同农田类型分布情况

青岛市不同种植结构耕地的土壤有效锰平均含量见表7-83。平均含量从高到低依次为大田粮油>大田蔬菜>茶园>果园>设施大棚。

表7-83 青岛市不同农田有效锰平均含量情况

作物类型	点位数（个）	最小值（mg/kg）	最大值（mg/kg）	平均值（mg/kg）	标准差	变异系数
大田粮油	2 445	1.2	229.2	41.87	32.95	0.79
大田蔬菜	10	14.8	95.4	25.13	25.11	1.00
果园	21	14.1	18.9	15.78	1.06	0.07
茶园	49	0.8	63.2	20.49	14.29	0.70
设施大棚	2	9.0	30.0	19.50	14.85	0.76

六、土壤有效钼

钼是植物体内必需的7种"微量元素"之一，占植物干物量的0.5mg/kg左右，是不可缺少和不可替代的。钼是植物体内固氮菌中钼黄素蛋白酶的主要成分之一；也是植物硝酸还原酶的主要成分之一；还能激发磷酸酶活性，促进作物内糖和淀粉的合成与输送；有利于作物早熟。有效钼是指能被植物吸收利用的钼，包括交换性钼及水溶性钼，可作为评价土壤中钼供应水平的指标。中国土壤中有效钼含量一般为痕量到0.3mg/kg，缺钼的临界值为0.15mg/kg。酸性土壤易缺钼。钼对植物的营养作用被发现，出于偶然。20世纪50年代末，在新西兰的一个牧场中发生了一件奇怪的事。当时年景不好，牧草枯黄低矮，有的快要死亡。但是，在横穿该牧场的一条地带上，却奇迹般地长出了一条非常茂盛的绿色牧草带。细心的牧民对这种现象进行了细致的观察，终于发现了秘密。原来在这个牧场附近有一个钼矿，矿里的工人为了走近路，经常横穿这个牧场，靴子上粘着许多钼矿粉，散落在草地上，于是长出了这条绿色的牧草带。这件事引起了专家的注意。

经研究发现，钼是农作物生长不可缺少的微量元素。近年来国内外广泛地采用钼酸铵作为微量元素肥料，能显著地提高豆类植物、牧草及其他作物的质量和产量。这主要是钼能促进根瘤菌和其他固氮生物对空气中氮的固定，并将氮元素进一步转化成植物所需的蛋白质。钼也能促进植物对磷的吸收和在植物体内发挥其作用。钼还能加快植物体内碳水化合物的形成与转化，提高植物叶绿素的含量与稳定性，提高维生素 C 的含量。不仅如此，钼还能提高植物的抗旱抗寒能力以及抗病性。

（一）等级与面积

根据山东省土壤养分分级标准，将青岛市耕层土壤有效钼划分为 5 个等级。根据对全市 2 312 个土壤样品有效钼的检测结果，耕层土壤有效钼含量平均为 0.42mg/kg。土壤有效钼含量>0.3mg/kg 的第一等级耕地面积 316 691.65hm²（475.04 万亩），占全市耕地总面积的 60.10%；含量 0.2~0.3mg/kg 的第二等级耕地面积 93 196.42hm²（139.79 万亩），占全市耕地总面积的 17.69%；含量 0.15~0.2mg/kg 的第三等级耕地面积 59 957.97hm²（89.94 万亩），占全市耕地总面积的 11.38%；含量 0.1~0.15mg/kg 的第四等级耕地面积 38 215.25hm²（57.32 万亩），占全市耕地总面积的 7.25%；含量<0.11mg/kg 的第五等级耕地面积 18 855.71hm²（28.28 万亩），占全市耕地总面积的 3.58%。详见表 7-84。

表 7-84　青岛市土壤有效钼含量各等级面积及比重

等级	有效钼含量分级标准 （mg/kg）	面积 （hm²）	占耕地总面积比重 （%）
一	>0.3	316 691.65	60.10
二	0.2~0.3	93 196.42	17.69
三	0.15~0.2	59 957.97	11.38
四	0.1~0.15	38 215.25	7.25
五	<0.1	18 855.71	3.58

（二）分布特点

1. 区域分布情况

从表 7-85 可以看出，青岛市各区、市耕层土壤有效钼平均含量从高到低依次为崂山区>城阳区>平度市>青西新区>莱西市>即墨区>胶州市。

表 7-85　青岛市各区、市耕地土壤有效钼平均含量

区、市	点位数 （个）	最小值 （mg/kg）	最大值 （mg/kg）	平均值 （mg/kg）	标准差	变异系数
崂山区	23	0.25	2.60	1.29	0.56	0.43
城阳区	40	0.28	1.62	0.69	0.27	0.39
青西新区	348	0.01	2.36	0.57	0.34	0.59
即墨区	486	0.01	0.84	0.21	0.13	0.61

（续表）

区、市	点位数（个）	最小值（mg/kg）	最大值（mg/kg）	平均值（mg/kg）	标准差	变异系数
胶州市	384	0.10	0.34	0.19	0.06	0.30
平度市	622	0.20	1.97	0.66	0.23	0.36
莱西市	409	0.09	0.59	0.29	0.11	0.37
合计	2 312	0.01	2.60	0.42	0.30	0.72

从表 7-86 可以看出，除即墨区和胶州市外，其他 5 个区、市耕层土壤有效钼含量以第一、第二等级为主。即墨区第三等级及以下耕地面积占其耕地总面积的 52.67%，胶州市占 55.73%，莱西市第三等级及以下耕地面也有较大分布，占 22.98%。

表 7-86　青岛市各区、市土壤有效钼含量各等级面积及比重

等级	分级标准	项目	崂山区	城阳区	青西新区	即墨区	胶州市	平度市	莱西市
一	>0.3	面积（hm²）	880.00	7 070.70	65 438.90	19 880.61	1 867.05	181 087.23	40 467.16
		占全市耕地比重（%）	0.17	1.34	12.42	3.77	0.35	34.37	7.68
		占本区市耕地比重（%）	95.65	97.50	85.92	19.55	2.86	97.75	44.74
二	0.2~0.3	面积（hm²）	40.00	181.30	4 377.18	28 251.39	26 987.35	4 169.77	29 189.43
		占全市耕地比重（%）	0.01	0.03	0.83	5.36	5.12	0.79	5.54
		占本区市耕地比重（%）	4.35	2.50	5.75	27.78	41.41	2.25	32.27
三	0.15~0.2	面积（hm²）			4 814.90	16 950.83	21 386.20		16 806.03
		占全市耕地比重（%）			0.91	3.22	4.06		3.19
		占本区市耕地比重（%）			6.32	16.67	32.81		18.58
四	0.1~0.15	面积（hm²）			1 313.16	18 206.45	14 936.40		3 759.24
		占全市耕地比重（%）			0.25	3.46	2.83		0.71
		占本区市耕地比重（%）			1.72	17.90	22.92		4.16
五	<0.1	面积（hm²）			218.86	18 415.72			221.13
		占全市耕地比重（%）			0.04	3.49			0.04
		占本区市耕地比重（%）			0.29	18.11			0.24

2. 不同土壤类型分布情况

从表 7-87 青岛市不同土壤类型有效钼含量差异上看，盐土>褐土>潮土>砂姜黑土>

棕壤。

表 7-87　青岛市不同土壤类型有效钼含量情况

土壤类型	点位数（个）	最小值（mg/kg）	最大值（mg/kg）	平均值（mg/kg）	标准差	变异系数
棕壤	1 355	0.01	2.60	0.38	0.31	0.80
褐土	24	0.28	0.92	0.63	0.14	0.23
潮土	399	0.04	1.59	0.49	0.28	0.57
砂姜黑土	532	0.01	1.97	0.43	0.29	0.66
盐土	2	0.64	0.78	0.71	0.10	0.14

3. 不同农田类型分布情况

青岛市不同种植结构耕地的土壤有效钼平均含量见表 7-88。平均含量从高到低依次为茶园>果园>大田蔬菜>设施大棚>大田粮油。

表 7-88　青岛市不同农田有效钼平均含量情况

作物类型	点位数（个）	最小值（mg/kg）	最大值（mg/kg）	平均值（mg/kg）	标准差	变异系数
大田粮油	2 233	0.01	2.36	0.40	0.27	0.69
大田蔬菜	10	0.31	0.96	0.59	0.22	0.37
果园	21	0.13	2.36	0.75	0.46	0.61
茶园	44	0.10	2.60	1.00	0.64	0.64
设施大棚	4	0.24	1.02	0.56	0.37	0.67

第五节　其他检测项目

一、土壤有效硅

硅，旧称矽，也是极为常见的一种元素，它极少以单质的形式在自然界出现，而是以复杂的硅酸盐或二氧化硅的形式，广泛存在于岩石、砂砾、尘土之中。在地壳中，它是第二丰富的元素，构成地壳总质量的 26.4%，仅次于第一位的氧（49.4%）。如果说碳是组成一切有机生命的基础，那么硅对于地壳来说，占有同样的位置，因为地壳的主要部分都是由含硅的岩石层构成的。这些岩石几乎全部是由硅石和各种硅酸盐组成。长石、云母、黏土、橄榄石、角闪石等都是硅酸盐类；水晶、玛瑙、碧石、蛋白石、石英、沙子以及燧石等都是硅石。土壤有效硅是指作物能吸收利用的土壤中的硅，包括土壤溶液硅和吸附态硅。土壤溶液中溶解的硅，在 pH 值 2~9 以单硅酸 $[Si(OH)_4]$ 形态存在，并与无定形 SiO_2 保持平衡，其平衡浓度约 2mmol/L。土壤吸附单硅酸的能力在 pH 值 9.5 时最大，低于或高于此值时，其吸附量减少。因此，酸性土壤吸附性硅浓度高，施用石灰会减少作物对硅的吸收。尽管硅元素在植物生长发育中不是必需元素,但它也是植物抵御逆境、调节植物与其他生物之间相互关系所必需的化学元素。硅在提高植物对非生物和生物逆境抗性中的作用很大,如硅可以提高植物对干旱、盐胁迫、紫外辐射及病虫害等的抗性。硅可以提高植物茎秆的硬度,增加害虫取食和消化的难度;硅还可以提高水稻对稻纵卷叶螟的抗性,施用硅后水稻对害虫取食的防御反应迅速提高,硅对植物防御起到警备作用。

本次青岛市级耕地地力评价汇总中,崂山区、青西新区和胶州市3个区、市对耕层土壤有效硅进行了检测,其结果见表7-89。

表7-89　青岛市耕地土壤有效硅平均含量

区、市	点位数（个）	最小值（mg/kg）	最大值（mg/kg）	平均值（mg/kg）	标准差	变异系数
崂山区	25	17.81	165.83	83.39	36.51	0.44
青西新区	39	13.17	121.16	38.55	20.56	0.53
胶州市	383	24.92	375.77	84.06	52.51	0.62

评价中,将土壤有效硅含量分成6个等级,崂山区、青西新区和胶州市3个区、市耕层土壤有效硅各级别面积及比重见表7-90。

表7-90　青岛市有效硅分级标准和各等级面积及比重

级别	有效硅分级标准（mk/kg）	崂山区			青西新区			胶州市		
		面积（hm²）	占全市耕地比重（%）	占本区市耕地比重（%）	面积（hm²）	占全市耕地比重（%）	占本区市耕地比重（%）	面积（hm²）	占全市耕地比重（%）	占本区市耕地比重（%）
一	>300							170.17	0.03	0.26
二	200~300							2 722.80	0.52	4.18
三	150~200	73.60	0.01	8.00				6 296.47	1.19	9.66
四	100~150	184.00	0.03	20.00	60.59	0.01	2.56	8 849.10	1.68	13.58
五	50~100	515.20	0.10	56.00	302.95	0.06	12.82	28 929.74	5.49	44.39
六	<50	147.20	0.03	16.00	1 999.46	0.38	84.62	18 208.72	3.46	27.94

不同主要土壤类型,崂山区、青西新区和胶州市3个区、市的耕层土壤有效硅含量见表7-91。

表7-91　青岛市不同土壤类型土壤有效硅含量

土壤类型	区、市	点位数（个）	最小值（mg/kg）	最大值（mg/kg）	平均值（mg/kg）	标准差	变异系数
棕壤	崂山区	25	17.81	165.83	36.51	36.51	0.44
	青西新区	36	13.17	121.16	38.26	20.95	0.55
	胶州市	238	24.92	248.15	83.02	48.14	0.58

（续表）

土壤类型	区、市	点位数（个）	最小值（mg/kg）	最大值（mg/kg）	平均值（mg/kg）	标准差	变异系数
褐土	青西新区	3	39.58	61.25	42.02	18.13	0.43
潮土	胶州市	61	26.98	241.53	78.94	50.16	0.64
砂姜黑土	胶州市	84	27.39	375.77	93.19	64.42	0.69

二、土壤全磷

土壤全磷指的是土壤全磷量即磷的总储量，即土壤中各种形态磷含量之和，包括有机磷和无机磷两大类。土壤全磷含量受母质、成土作用以及耕作施肥等因素的影响。一般岩石含磷量变动在 1.0~1.2g/kg。玄武岩发育的土壤全磷含量通常较高，而花岗岩发育的土壤，全磷含量较低。同一母质的土壤，由于地形部位不同，以及由此而引起的耕作施肥上的差异，土壤的全磷含量显著不同。在土壤剖面中，全磷含量一般是表土较高，这主要是生物积累（非耕种土壤）和施肥（耕种土壤）的结果。土壤中的磷素大部分是以迟效性状态存在，因此土壤全磷含量并不能作为土壤磷素供应的指标，全磷含量高时并不意味着磷素供应充足，而全磷含量低于某一水平时，却可能意味着磷素供应不足。

本次青岛市级耕地地力评价汇总中，仅平度市对 48 个土壤样品进行了全磷检测，结果见表 7-92。

表 7-92　平度市主要土壤类型土壤全磷含量

土壤类型	点位数（个）	最小值（g/kg）	最大值（g/kg）	平均值（g/kg）	标准差	变异系数
棕壤	11	0.58	1.22	0.73	0.18	0.25
潮土	9	0.23	0.32	0.29	0.03	0.11
砂姜黑土	28	0.33	0.56	0.45	0.06	0.13
合计	48	0.23	1.22	0.49	0.18	0.36

第六节　土壤质地和容重

一、土壤质地

土壤质地是指土壤中不同大小直径的矿物颗粒的组合状况，是土壤的最基本物理性质之一。土壤质地主要决定于成土母质类型，有相对的稳定性，但耕作层的质地仍可通过耕作、施肥等活动进行调节。土壤质地与土壤的各种性状，如土壤的通透性、保蓄性、耕性以及养分含量等都有密切联系，对土壤通气、保肥、保水状况及耕作的难易有很大的影响，是评价土壤肥力和作物适宜性的重要依据，也是拟定土壤利用、管理和改良措施的重要依据。肥沃的土壤不仅要求耕层的质地良好，还要求有良好的质地剖面。

（一）土壤质地分类标准

土壤矿物质是由风化与成土过程中形成的不同大小的矿物颗粒组成，土粒大小不同，其化学组成和理化性质有很大差异。一般按照土粒粒径的大小及其性质分成若干粒级，世界各国土壤学界有不同的土壤粒级的划分标准。常见的土壤质地分类标准有卡钦斯基制土粒分级、美国土壤质地分类制和国际制。中国土壤质地分类制尚不十分完善，是根据砂粒、粉粒、黏粒含量进行土壤质地划分，凡是黏粒含量大于30%的土壤均划分为黏质土类，而砂粒含量大于60%的土壤均划分为砂质土类。

有关研究资料表明，全国第一次土壤普查所应用的土壤分类是农民群众对土壤认识的概括，不是真正学术意义上的土壤分类。第二次土壤普查中，山东省各县级普查和地市级汇总根据《全国第二次土壤普查暂行技术规程》之规定，土壤质地依照土壤颗粒组成中粒级分类的苏联卡庆斯基制（这个分类体系主要是在中华人民共和国成立后全面接受了苏联土壤发生分类学的理论）拟定的土壤发生分类，大部分土壤名称是由俄文直接翻译过来的，如棕色针叶林土、棕色森林土、黑钙土、栗钙土、盐土、碱土、泛滥地土壤等，只有黑土和白浆土是采用了农民群众的名称。

第二次土壤普查山东省级汇总时，基于与国际接轨的大势，采用了国际制土壤质地和卡钦斯基制土壤质地两种分类，并对两者之间的转换关系进行了探索，见表7-93至表7-95。

表7-93　卡钦斯基土壤质地分类

质地类别	质地名称	物理性黏粒（<0.01mm）含量（%）			物理性砂粒（>0.01mm）含量（%）		
		灰化土壤	草原土及红黄壤土	柱状碱土及强碱化土类	灰化土壤	草原土及红黄壤土	柱状碱土及强碱化土类
砂土类	松砂土	0~5	0~5	0~5	100~95	100~95	100~95
	紧砂土	5~10	5~10	5~10	95~90	95~90	95~90
壤土类	砂壤土	10~20	10~20	10~15	90~80	90~80	90~85
	轻壤土	20~30	20~30	15~20	80~70	80~70	85~80
	中壤土	30~40	30~45	20~30	70~60	70~55	80~70
	重壤土	40~50	45~60	30~40	60~50	55~40	70~60
黏土类	轻黏土	50~65	60~75	40~50	50~35	40~25	60~50
	中黏土	65~80	75~85	50~65	35~20	25~15	50~35
	重黏土	>80	>85	>65	<20	<15	<35

注：山东省按照草原土及红黄壤类划分质地。

表 7-94　国际制土壤质地分类标准

质地类别	质地名称	粒级含量（重量,%）		
		黏粒 （粒径<0.002mm）	粉砂粒 （粒径 0.02~0.002mm）	砂粒 （粒径 2~0.02mm）
砂土类	砂土及壤质砂土	0~15	0~15	85~100
壤土类	砂质壤土	0~15	0~45	55~85
	壤土	0~15	30~45	40~55
	粉砂质壤土	0~15	45~100	0~55
黏壤土类	砂质黏壤土	15~25	0~30	55~85
	黏壤土	15~25	20~45	30~55
	粉砂质黏壤土	15~25	45~85	0~40
黏土类	砂质黏土	25~45	0~20	55~75
	壤质黏土	25~45	0~45	10~55
	粉砂质黏土	25~45	45~75	0~30
	黏土	45~65	0~35	0~55
	重黏土	65~100	0~35	0~35

表 7-95　山东省土壤质地分类卡钦斯基制与国际制转换关系

卡钦斯基制	国际制	
	山地丘陵区	黄泛平原区
松砂土、紧砂土	砂土、壤质砂土	砂土、壤质砂土
砂壤土	砂质壤土	砂质壤土
轻壤土	砂质黏壤土	壤土
中壤土	黏壤土	黏壤土
重壤土、黏土	黏土类	黏土类

注：青岛市采用山地丘陵区类标准。

（二）各种质地类型面积

自第二次土壤普查以来，青岛市未对土壤质地进行大规模面积调查。第二次土壤普查时，青岛市土壤质地类别按卡钦斯基制分为两类，即砂土类和壤土类，县级土壤质地分为6级，即松砂土、紧砂土、砂壤土、轻壤土、中壤土、重壤土，市级汇总时归并为4级，即砂土、砂壤土、轻壤土和中壤土。这次市级耕地质量等级调查评价汇总中，根据第二次土壤普查资料和各区、市县域耕地地力评价成果，对全市耕地各类土壤质地面积进行了统计，并结合农业生产习惯按照卡钦斯基制地分类将青岛市土壤质地分为5级，即砂土、砂壤土、轻壤土、中壤土和重壤土，见表7-96。

表 7-96　青岛市不同土壤质地面积及比例

质地分类	砂土	砂壤土	轻壤土	中壤土	重壤土
面积（hm²）	19 574.44	92 565.88	246 692.66	117 151.77	50 932.24
占比（%）	3.71	17.57	46.82	22.23	9.67

二、土壤容重和孔隙度

土壤容重应称为土壤干容重，又称土壤假比重，是一定容积的土壤（包括土粒及粒间的孔隙）烘干后质量与烘干前体积的比值。土壤是多孔体，土粒、土壤团聚体之间以及团聚体内部均有孔隙存在，单位体积内土壤孔隙所占的百分比，称为土壤孔隙度。

本次耕地地力评价市级汇总中，根据青岛市各区、市的测定，全市耕层土壤容重平均为 $1.41g/cm^3$，总孔隙度平均为 45.69%。主要土壤类型的容重和孔隙度见表 7-97。与第二次土壤普查时相比，耕层土壤容重上升，总孔隙度下降，见表 7-98。

表 7-97 青岛市主要土壤类型耕层土壤容重与总孔隙度状况

土类	容重（g/cm^2）	总孔隙度（%）
棕壤	1.41	45.17
褐土	1.37	48.60
潮土	1.48	44.65
砂姜黑土	1.37	43.99
盐土	1.44	46.05
平均	1.41	45.69

表 7-98 青岛市第二次土壤普查主要土壤类型耕层土壤容重与总孔隙度

土类	容重（g/cm^2）	总孔隙度（%）
棕壤	1.39	46.63
褐土	1.39	45.33
潮土	1.36	48.20
砂姜黑土	1.37	48.60
盐土	1.45	46.10
平均	1.39	46.97

第八章 耕地资源管理信息系统

第一节 系统概述

人多地少，耕地后备资源不足是我国基本国情之一，同时耕地存在质量退化以及农田环境污染问题。合理利用现有的耕地资源，保护耕地的生产能力、治理退化或被污染的土壤是中国农业可持续发展乃至整个国民经济发展的基础和保障。自2001年加入世界贸易组织（WTO）以后，中国农业面临更大的挑战。如何调整农业结构，以满足国内市场对农产品多样化的需求，应对国际市场的竞争？如何保证农产品的产地环境要求，生产优质、安全的产品？如何合理施肥，在提高产量的同时减少对环境的负面影响？这些问题的解答都依赖于对耕地资源的充分了解。科学地管理耕地资源，为农业决策者、农民提供决策支持，已成为农业生产的重大研究课题，也是当前农业科研的热点问题。

耕地是土地的精华，是农业生产最重要的资源，耕地地力的好坏直接影响到农业的可持续发展和粮食安全。随着工业化的进程加快，我国耕地的危机不仅表现在总量和人均占有量的不断减少方面，同时更反映在耕地质量的退化导致土地生产力下降，耕地保护面临严峻挑战。目前有关耕地土壤的数据大都是第二次土壤普查的数据，资料陈旧，说服力不强，迫切需要对耕地地力进行新的全面调查和评价。因此，开发耕地资源管理信息系统，利用层次分析、模糊数学等现代数学统计分析技术，对耕地地力进行了评价，是当前耕地资源科学管理的客观需求。

基于扬州市土壤肥料站以组件式GIS技术为基础开发的"县域耕地资源管理信息系统"软件，将当地的有关空间数据、属性数据、多媒体数据输入计算机，修改模型的相关参数，我们集成建设了青岛市耕地资源管理信息系统。该系统以青岛市的耕地资源为管理对象，应用地理信息系统（GIS）技术对耕地、土壤、农田水利、农业经济等方面的空间数据与属性数据进行统一管理，并在此基础上集成了模糊分析、层次分析等数理统计程序。应用该系统可进行耕地地力评价、作物适宜性评价、土壤环境质量评价、土壤养分丰缺评价和测土配方施肥方案咨询，为耕地资源的持续利用与管理及农业生产提供决策支持。

第二节　系统总体设计

一、系统目标

引进现代地理信息系统技术、数据库技术和基于 Internet 的信息发布技术，改变长期以来土肥资料储存、管理和分析传统手段的落后面貌，采用现代技术手段提高数据管理、分析的效率和可视化程度，为农业科技人员数据管理和决策提供有力工具；通过施肥辅助决策系统，以及面向公众的土壤信息和施肥方案发布系统，真正打破专家与生产者——农户之间信息交流的鸿沟，使专家决策直接服务农民。系统可以实现以下目标：①建立耕地资源基础数据库，实现耕地资源动态管理；②进行耕地资源评价，为农业决策提供支持；③实施对地块管理，为农民施肥提供服务；④数据管理与专家系统结合，提供科研成果推广应用平台；⑤分布式网络管理，实现数据共享；⑥多种形式信息发布模式，转变农业技术服务形式。

二、系统设计原则

根据系统工程的设计思想，县域耕地资源管理信息系统设计满足以下原则。

规范化原则：系统的标准化对于数据共享、系统移植改造和系统开发小组分工合作具有重要意义。

科学性原则：系统模型的构建和参数的确定建立在高密度采样调查和长期定位实验基础上，确保了相关模型决策结果的科学性。

实用性原则：系统用户是基层土壤科技工作者和普通农民，因此必须确保系统结构、功能、可视化界面和操作习惯满足用户的要求。

扩展性原则：系统在数据库标准、模型结构和模型参数的设计上为系统数据库和功能保留扩展空间。

可靠性原则：系统设计要健壮，错误输入及各种异常突发事件都要做处理，对于数据库要添加规则，使数据库中的所有数据准确可靠。

三、系统逻辑结构

根据系统的构建目标以及系统设计原则，耕地资源管理系统总体结构主要由数据库、专题评价、配方施肥、耕地生产潜力评价、配方推荐等构成。其逻辑结构如图 8-1 所示。

四、系统功能

该系统不仅是一个简单的数据管理系统，而且是在数据管理基础上能够开展地力评价与施肥决策等专业业务功能的辅助决策型系统。它既包含一般的空间数据、属性数据，

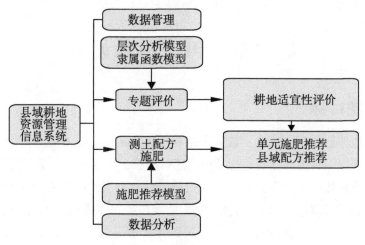

图 8-1 系统结构分析

也包含大量的专业知识数据，如由测土配方田间试验得出的区域土壤供肥、作物需肥规律，以及施肥专家经验和各类模型分析方法等（图 8-2）。

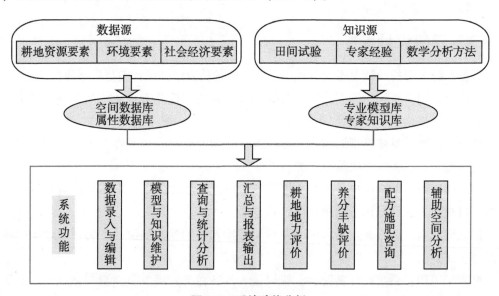

图 8-2 系统功能分析

第三节 系统主要功能模块

耕地资源管理信息系统主要划分为数据管理、数据分析、耕地评价、配方施肥、系统工具几个模块，系统架构如图 8-3 所示。

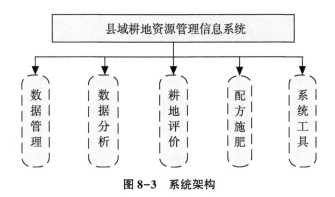

图8-3　系统架构

一、数据管理模块

本模块包括地图、图集、图层3个子模块。

（1）地图：主要是对当前工作空间的地图进行放大、缩小、平移、漫游之类操作。包括10个子菜单：撤销、重做、全局、放大、缩小、漫游、原位放大、原位缩小、定比例尺、刷新。

（2）图集：是本系统中数据工作单位，相当于一个工程。一个图集由一系列图层及相连接的数据表组成，而图集文件本身只记载了各个图层及数据表的名称、地址、设置状态等信息，并不包括数据本身，因此一个图集依附于工作空间而存在，离开工作空间而单独存在的图集文件没有意义。该菜单包括图集操作、图集属性、图集修复工具、打印图集、工作空间维护、空间数据维护、外部数据维护等子菜单，其中工作空间维护最为主要，工作空间是一个以 .cws 为后缀的特殊的文件夹，可以存于硬盘的任何位置。工作空间以县为单位建立，一般情况下一个县对应一个工作空间。系统运行时所需的空间数据、外部数据、评价模型等都来自工作空间，连接后的多媒体数据、分析和评价结果也保存在工作空间中。

（3）图层：包括图层的添加与移去、关联外部数据表、矢量图层导出、图层属性数据、图层属性与符号设置。其中关联外部数据表是将当前图层与外部数据库中的数据表关联，也可与系统外的数据表（DBF 表或 MDB 表）进行关联，关联关系随图集一起保存和打开。关联成功后，可以在图层上进行信息查询、评价等操作。图层属性数据用于以列表的形式列出当前激活图层的全部属性数据（包括与该图层连接的外部数据表的数据）。对此数据表用户可进行排序、编辑数据、统计、列值计算、数据导出、图层导出、选择集导出和绘制图形操作。

二、数据分析模块

本模块包括编辑、插入图形、查询统计、空间分析4个子模块。

1. 编　辑

编辑菜单主要是对一些图形要素进行编辑。其包括的子菜单有：开始编辑、停止编辑、保存编辑、撤销、重做、添加图元、删除图元、拷贝图元、剪切图元、粘贴图元、线打断、属性数据编辑。在当前图集中添加文字，可以对要插入文字的颜色、字体、字号、旋转、标注位置、水平基准、垂直基准、调整间距等属性进行选择设置。

2. 插入图形

插入图形菜单包括 10 个子菜单，主要是对当前图集插入图形，这些图形和文字与用户添加的图层中的图形或文字不同，插入的图形保存在一个特殊的图层中并随图集一起保存，并不保存在任何一个用户添加的图层中。其包括的子菜单为：添加文字、添加点、绘制线、绘制多边形、绘制椭圆、绘制矩阵、比例尺、指北针、图例、选取。①添加点对要插入点状图的字体、大小、颜色、使用外框、使用外框的颜色、符号、旋转、一直使用属性进行设置。②绘制线对刚插入的线的填充色、线宽、风格、一直使用属性进行选择设置。③绘制多边形对插入的多边形的填充色、线宽、风格、一直使用属性进行选择。④绘制椭圆对插入的圆形的填充色、线宽、风格、一直使用属性进行选择。⑤绘制矩形对插入的矩形的填充色、线宽、风格、一直使用属性进行选择。⑥图例对图例的标题、字体、颜色进行设置。

3. 查询统计

由数据查询图包括简单查询和 SQL 查询，简单查询就是针对某个字段，给出一个具体的数值，再给出它们之间的逻辑关系，系统根据这些信息将符合的属性数据罗列出来；SQL 查询用户把若干个查询条件按照一定的逻辑关系组合起来，系统按照使用者给出的查询条件（组）把符合要求的数据筛选出来。由图查询数据包括空间选取查询和信息查询，空间选取主要根据空间数据所显示出来的空间实体的位置、大小、形状、方向以及几何拓扑关系等信息来进行选取。信息查询是系统利用多媒体技术的表达能力，使数据的表现形式更加丰富、生动。

4. 空间分析

（1）缓冲区分析：是计算选定图层中图元的缓冲区，缓冲区保存为多边形 Shape 文件。缓冲区分析窗体主要分为 5 部分：选择图层、缓冲区半径、结果图层名称、缓冲区类型、缓冲区是否添加到当前图集（图 8-4）。选择图层指定当前要进行分析的图层，下拉框中列出了当前图集中的所有图层，同时在下拉框的底部还列出了当前制定分析图层的类型。缓冲区半径有两种设置方法，即固定值和来自属性字段，第一种方法系统允许用户指定，默认值为 0，该方法建立的缓冲区每一图元具有相同的缓冲区半径；第二种方法系统允许选择一个数值型字段，该属性值就是本图元的缓冲区半径。结果图层名称不能与当前工作空间中其他图层同名。该图层保存在当前工作空间中。缓冲区类型主要有两种，第一种是分别建立，就是将各个图元当成一个独立的对象来建立；第二种是整体建立，就是将所有图元当成一个整体来建立。添加到当前图集，系统默认值是"是"，因为这样在做过缓冲区分析后可以立即看到效果；如果选择"否"，则看不到分析后的效果，如果需要浏览该结果，则需要将新建缓冲区文件加入当前图集。

（2）图层切割：是用目标图层的图去切割输入图层，输出图层是输入图层中在目标

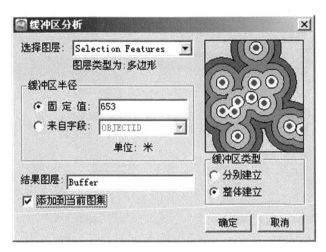

图 8-4　缓冲区分析

图层之内的部分，之外的部分被删除。图层切割分为 4 部分：输入图层、目标图层、输出图层、添加到图集（图 8-5）。输入图层列出了当前图集中所有图层，从这些图层中选择一个准备切割的图层，目标图层列出当前图集中所有图层，用户从这些图层中选择一个图层，最常用的是行政边界图层。输出图层不能与当前工作空间中其他图层同名，该图层保存在当前工作空间中。添加到当前图集选中此复选框，保存后的输出图层将自动加入当前图集，否则不加入。

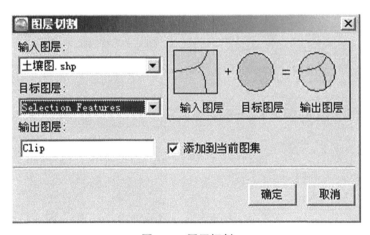

图 8-5　图层切割

（3）叠加求交：是对输入图层与目标图层进行叠加运算，输出图层是输入图层与目标图层相交的部分，属性表中字段是两个图层中的全部或选定部分的字段（图 8-6）。

（4）属性提取：也可称为属性统计，是用一个矢量图层（称为目标图层）统计另一个多边形矢量图层（称为输入图层）中的一个或多个属性数据。其输出图层的空间数据仍为目标图层，属性表中追加了输入图层属性字段（输入图层字段列表）中选定的字段的统计结果（图 8-7）。

图 8-6　叠加求并　　　　　　　　　　　　　　图 8-7　属性提取

（5）以点代面：是用目标图层（多边形）统计输入图层（点）中的属性数据，结果保存为输出图层。输出图层单元的形状、大小、个数与目标图层完全一样，属性数据来自输入图层和目标图层中被选中字段（图 8-8）。

（6）合并小多边形：是将指定图层中的指定面积小于一定范围的多边形与相邻的具有某个共同性质的面积最大的多边形合并，旨在合并一些图层叠加后形成的一些小多边形，改善图面效果，减小数据量（图 8-9）。

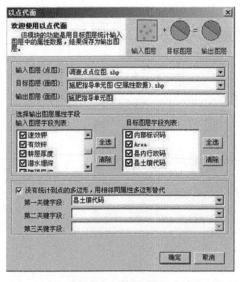

图 8-8　整合图层　　　　　　　　　　　　　　图 8-9　合并小多边形

三、耕地评价

本模块包括耕地生产潜力评价、耕地适宜性评价、土壤环境质量评价、土壤养分状况评价、层次分析模型编辑、隶属函数模型编辑、隶属函数拟合 7 个菜单，为农业产业结构调整、作物布局、肥料规划等提供决策支持。

1. 耕地生产潜力评价

是根据用户提供的相应层次分析模型和隶属函数模型,对每一个耕地资源管理单元的农业生产潜力(指粮食生产潜力)进行评价,再根据聚类分析的原理对评价结果进行分级,从而产生耕地地力等级,并将地力等级以不同的颜色在耕地资源管理单元图上表达。①评价单元图层显示了当前图集中所有多边形图层,图层必须包含评价所需的全部属性数据。②评价结果图层在输入文件名,由字母或汉字开头,只能由字母、汉字、数字和下划线组成,不能超过 8 个字符(一个汉字为两个字符),不能与当前工作空间中其他图层同名。③层次分析模型列出了当前模型库中所有能够与指定评价单元图层相匹配的层次分析模型(即模型中所有指标都包含在评价单元图层的属性表中)。如果没有模型列出,则说明当前模型库中没有与当前评价单元图所匹配的模型,系统也就不能对该图层进行评价。④隶属函数模型列出了当前模型库中所有能够与指定的层次分析模型相配套的隶属函数模型(即层次分析模型中所有指标都包含在隶属函数模型中),如果没有模型列出,则表示当前模型库中没有与选定层次分析模型所匹配的隶属函数模型,系统也就不能对指定图层进行评价。⑤导入外部数据库,评价结果数据表将自动导入当前工作空间的外部数据库中成为正式存档数据。只有在确认本次评价为最终评价时才选中本功能。

2. 耕地适宜性评价

是评估土地针对某种用途适宜程度的过程,即通过对影响土地利用的自然因素和社会经济因素的综合分析,将土地按其对指定利用方式的适宜性划分若干等级,以表明其作为各种用途的适宜程度与限制程度(表8-1)。

表 8-1 耕地适宜性评价层次

目标层	适宜性评价		
准则层	化学性状	物理性状	立地条件
指标层	有机质 有效磷 速效钾 有效锌 有效硼	耕层质地 土体构型 有效土层 障碍层 盐渍化	灌溉保证率 坡度(矿化度) 地形地貌

3. 土壤环境质量评价

用于耕地地力调查点、耕地资源管理单元的土壤环境质量评价、灌溉水质量评价或土壤及灌溉水的综合环境质量评价。①评价范围包括土壤评价、灌溉水评价和水土综合评价。只有当评价图层属性数据表中包括所有该评价方式所需的全部评价因子时该评价方式才可用。②评价图层可以对点、多边形图层进行评价,评价图层列表框中列出了当前图集中全部点及多边形图层。③导入外部数据表,选中该选项系统在评价完成后,把评价结果数据表导入当前工作空间的外部数据库中。④连接到评价图层，选中该选项系统在评价完成后，评价结果数据表与评价图层自动关联。⑤评价结果表设置指设置评价结果表的存放名称，由字母或汉字开头，只能由字母、汉字、数字和下划线组成，不能超过8个字符（一个汉字为两个字符），不能与当前工作空间中其他表同名。该表保存在当前工作空间中Table文件夹下。⑥导入外部数据表，选中该选项系统在评价完成后，把评价的结果数据表保存到导入当前工作空间的外部数据库中而成为最终结果。⑦连接到评价图层，选中该选项系统在评价完成后，评价结果数据表与评价图层自动关联。

4. 土壤养分状况评价

土壤中某种营养元素的丰缺状况可以通过该元素的测定值反映，但还与土壤性质和所种植的作物密切相关，因此不同的作物有不同的临界值指标，本项评价即根据不同作物、不同元素的临界值指标对土壤中各种养分含量的丰缺状况进行评价，评价结果分为高、中、低和极低4个等级，并在评价单元图上以不同的颜色表示。分级标准以全国测土配方施肥技术规范为依据。

5. 层次分析模型编辑

层次分析是把复杂问题中的各个因素按照相互之间的隶属关系排成从高到低的若干层次，根据对评估对象的判断就同一层次相对重要性相互比较的结果，决定层次各元素重要性先后次序（图8-10）。用层次分析法作系统分析，首先要把问题层次化，根据问题的性质和达到的总目标，将问题分解为不同的组成因素，并按照因素间的相互关联影响以及隶属关系将因素按不同层次聚合，形成多层次的分析结构模型，并最终把系统分析归结为最低层（供决策的方案、措施等）、相对最高层（总目标）的相对重要性权值的确定或相对优劣次序的排序问题。

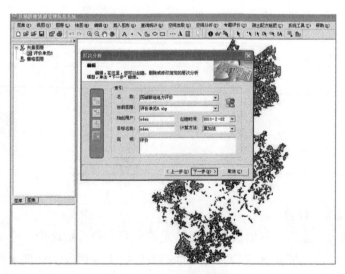

图8-10　层次分析模型

6. 隶属函数模型编辑

层次分析的主要任务是确定各个评价指标的组合权重，而隶属函数模型的主要任务是确定单项指标的"评语"。通过隶属函数将不同量纲的数据转换成无量纲的、界于 0~1 的标准数据，即隶属度。该值的大小反映了该指标对于目标贡献的大小（图 8-11）。

7. 隶属函数拟合

是根据测定的多组数据，确定求拟合方程的参数。本模块主要针对正直线、负直线、峰型、戒上型、戒下型 5 种类型隶属函数拟合。①数据预览窗口是对数据的编辑，用户可以直观地添加、删除及编辑数据对。②拟合结果窗口，数据拟合后结果将在此窗口呈现给用户，若是直线方程将显示最终参数结果；若是非直线方程将会显示每一步迭代的过程。该窗口可以看到最终参数结果，也可以看到参数拟合的 R2、RSS 及 S 等参数。③拟合图形窗口，在数据拟合完毕后，此窗口将绘制拟合的直（曲）线以及原始数据点。用户可以直观地查看拟合情况。

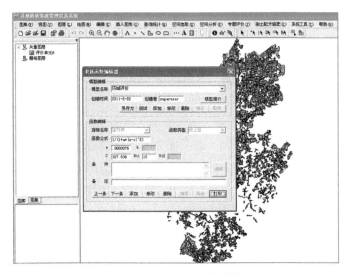

图 8-11 隶属函数编辑器

四、配方施肥

测土配方施肥是以田间试验和土壤测试为基础，根据作物需肥规律、土壤供肥性能和肥料效应，在合理施用有机肥的基础上，提出氮、磷、钾及中微量元素等肥料的施用品种、数量、施肥时期和施用方法。测土配方施肥包括单元施肥推荐、县域配方推荐、作物缺素诊断、施肥参数编辑 4 个菜单。

（1）单元施肥推荐的功能是应用系统内存储的土壤测定数据、作物信息、肥料信息、施肥知识库和施肥模型库为辖区内每一个耕地单元推荐以配方肥为基础的施肥方案。①管理单元图层必须包含施肥所需的全部属性数据，至少包含有效磷、速效钾、质地、县内行政码、县土壤代码等数据。②管理单元施肥推荐，耕地资源管理单元由土地利用现状图、土壤图及行政区划图叠加形成。③指导单元施肥推荐，施肥指导单元由土壤图与行政区划图叠加形成，其图单元大于管理单元。

（2）县域配方推荐的功能是应用系统内存储的土壤测定数据、作物信息、肥料信息、施肥知识库和施肥模型库预测辖区内每一个单元的氮、磷、钾肥料用量，应用聚类分析的方法，形成指定作物品种的配方系列，生成县域配方分区图。

（3）作物缺素诊断根据作物出现的缺素症状，采用逐步搜索的方法判断作物所缺乏的营养元素，并给出处理或预防方案。

（4）施肥参数编辑用于编辑单元施肥推荐、县域配方推荐及土壤养分丰缺评价中用到的相关参数。①公用参数，包括"作物品种特征表""化肥品种特征表""肥料运筹方案"。②土壤养分丰缺指标法，包括"土壤养分丰缺评价标准""化肥施用标准"。养分平衡法包括"作物养分吸收量"和"土壤养分校正系数"。③地力差减法，包括"作物养分吸收量"和"土壤基础地力产量比例表"。④江苏精确施氮模型，包括"基础地力产量表""施肥区作物吸氮量表"和"无氮区作物吸氮量表"。

五、系统工具模块

本模块包括用户权限设置、清空历史记录、在线升级3个子模块，主要是对系统进行必要设置和清理，以及维护和升级。

1. 用户权限设置

只有系统管理员才能使用该功能。该菜单的作用是设置用户访问系统的权限。系统采用了权限设置，访问权限共分为3级：第一级是系统管理员；第二级是编辑用户；第三级是查询用户。其中"系统管理员"为最高级用户，能够进行系统的所有操作，包括用户授权和更改用户资料，但不能查询密码；"编辑用户"为受限用户，不能进行用户授权或更改用户资料；"查询用户"级别最低，只能进行查询、浏览操作，不能进行任何修改操作。

2. 清空历史记录

每次打开一个图集时，系统都记录下最近打开过的5个图集显示在图集菜单中。该功能用来清空系统的该项记录。

3. 在线升级

运行该命令后系统退出主程序，弹出在线升级向导界面。确保网络连接正常，所有有关耕地资源管理信息系统的程序、文件都关闭后，按照升级向导操作，即可更新当前系统。

第四节　系统数据库的建立

青岛市耕地资源信息系统数据库建设工作，是青岛市耕地地力评价成果的可持续利用的重要内容之一，是贯彻农业部科学施用化肥，即测土配方施肥工作的深化，是实现农业科学种田，促进粮食稳定生产，实现农业科学施肥经常化、普及化的重要工作。是实现农业耕地地力评价成果资料统一化、标准化的重要计划，是实现综合农业信息资料共享的技术手段。青岛市耕地资源信息系统数据库建设工作，是利用青岛市最新的土地利用现状调查成果，全国第二次土壤普查青岛市的土壤、地貌成果，青岛市所辖县域的耕层质地及土体构型，以及全国测土施肥青岛市所辖县域的耕地地力评价的采集的土壤化学分析、灌溉分布图等成果，通过对以上资料进一步分析、甄别以及修改补充进行青岛市汇总，建立一个集空间数据库和属性数据库的存储、管理、查询、分析、显示为一体的数据库，为实现下一步三年一轮回数据的实时更新，快速、有效地检索，为决策部门提供信息支持，大大地提高耕地资源的管理水平，为科学施肥种田、农业可持续发展，深化农业科学管理工作服务。

一、建立流程

青岛市数据库建设流程涉及资料收集、资料整理与预处理、数据采集、拓扑关系建立、属性数据输入、数据入库等工作阶段。

1. 资料收集阶段

为满足建库工作的需要，收集了青岛市数字地理底图、土地利用现状图、地貌图、土壤图，以及青岛市所辖项目区、市的灌溉资料、采样点位及相应的点位属性表资料等。

2. 资料整理与预处理阶段

为提高数据库建设的质量，按照统一化和标准化的要求，对收集的资料进行了规范化检查与处理。

（1）第一步：对青岛市电子版资料检查是否符合区域汇总和建库的要求，对符合要求后资料进行统一符号库和色标库处理。按照区域汇总和数据库建设的要求规范化处理点、线、面内容。将电子版资料全部配准到青岛市1∶10万数字地理底图上。

（2）第二步：对图片格式的资料全部配准到青岛市1∶10万数字地理底图上。图片格式的资料均为第二次土壤普查的土壤图、地貌图等资料。

（3）第三步：对青岛市点位属性表中的属性内容，在青岛市系统甄别养分异常值的基础上，重点对采样点位重号、采样点位图中的点位数与点位属性表中的点位数是否一致等内容进行了系统检查和处理。为使图上县域的点位编号（三位数）合并到市级后不重复，在每个县域的编号前增加一个字母，编号变为一个字母和三位数。

（4）第四步：按照国家编图的坐标系要求，青岛市采用高斯—克吕格，西安1980坐标系。

3. 数据采集阶段

一是对电子版资料首先配准到青岛市地理底图上，再按建库要求分层编辑点、线、面文件。二是对图片格式的资料全部配准到青岛市地理底图上，按照数据库建设要求，分层矢量化点和线的内容。

4. 拓扑关系建立阶段

对所有数据采集的线内容，进行拓扑检查处理，形成自动拓扑处理的成果图。

5. 属性数据输入阶段

依据县域耕地资源管理信息系统数据字典等资料，对所有成果图按照统一数据字典等资料有关资料，输入属性代码和相关的属性内容。

6. 数据入库阶段

在所有矢量数据和属性数据质量检查和有关问题处理后，进行属性数据库与空间数据库联结处理，按照有关要求形成所有成果的数据库。

二、建库的依据及平台

青岛市数据库建设主要是依据和参考县域耕地资源管理信息系统数据字典、耕地地力评价指南以及有关区域汇总技术要求完成的。

建库前期工作采用 MAPGIS 平台，对电子版资料进行点、线、面文件的规范化处理和拓扑处理，将所有建库资料首先配准到青岛市 1：10 万地理底图上。对纸介质或图片格式的资料，进行扫描处理，将所有资料配准到青岛市 1：10 万地理底图上，进行点、线、面分层矢量化处理和拓扑处理，最后配准到青岛市 1：10 万地理底图框上。空间数据库成果为 MAPGIS 点、线、面格式的文件，属性数据库成果为 Excel 格式。将 MAPGIS 格式转为 Shapel 格式，在 ArcGIS 平台上进行数据库规范化处理，最后将数据库资料导入扬州开发的耕地资源信息管理系统中运行，或在 ArcGIS 平台上运行。

三、建库的引用标准

(1) GB 2260—2002 《中华人民共和国行政区划代码》

(2) NY/T 309—1996 《全国耕地类型区、耕地地力等级划分标准》

(3) NY/T 310—1996 《全国中低产田类型划分与改良技术规范》

(4) GB/T 17296—2000 《中国土壤分类与代码》

(5) 全国农业区划委员会 《土地利用现状调查技术规程》

(6) 国土资源部 《土地利用现状变更调查技术规程》

(7) GB/T 13989—1992 《国家基本比例尺地形图分幅与编号》

(8) GB/T 13923—1992 《国土基础信息数据分类与代码》

(9) GB/T 17798—1999 《地球空间数据交换格式》

(10) GB 3100—1993 《国际单位制及其应用》

(11) GB/T 16831—1997 《地理点位置的纬度、经度和高程表示方法》

(12) GB/T 10113—2003 《分类编码通用术语》

(13) 农业部 《全国耕地地力调查与评价技术规程》

(14) 农业部 《测土配方施肥技术规范（试行）》

(15) 农业部 《测土配方施肥专家咨询系统编制规范（试行）》

(16) 中国农业出版社 《县域耕地资源管理信息系统数据字典》

四、建库资料的核查

1. 数据资料核查

主要是对青岛市所有县域的属性表中的属性结构、属性内容、土样化验数据的极限值进行核查修正。技术依托单位重点核查修正土壤采样点位编号有否重号，采样点位图编号与采样点位属性表编号是否点位数量一致等。通过地市和技术依托单位二次核查修正工作，进一步提高了数据资料的质量。核查原则主要依据农业部测土配方施肥基础数据审查标准和有关数据甄别要求进行。

2. 图件资料核查

图件资料包括原始图件坐标系是否符合青岛市的编图坐标系要求，图件内容是否符合地市汇总和数据库建设的要求。为满足青岛市汇总和数据建设的要求，依据地理底图编制和区域汇总的有关要求，首先由青岛市尽量提供满足地市汇总要求基础图件资料，由建库单位组织有多年有编图经验的技术人员，对所有的图件均打印输出成纸介质图进行核查，对发现的问题，依据有关技术标准能处理的就及时处理，不能处理的技术依托单位与青岛市土肥站协商处理有关问题。核查后的图件资料满足了地市汇总和数据库建设的要求。

五、空间数据库建立

（一）空间数据库内容

青岛市空间数据库建设基础图件包括土地利用现状图、土壤图、地貌图、耕地地力调查点位图、耕地地力评价等级图、土壤养分系列图等，如表8-2所示。

表8-2 青岛市空间数据库成果

序号	成果图名称
1	青岛市土地利用现状图
2	青岛市地貌图
3	青岛市土壤图
4	青岛市灌溉分区图
5	青岛市耕地地力调查点点位图
6	青岛市土壤 pH 值分布图
7	青岛市土壤缓效钾含量分布图
8	青岛市土壤碱解氮含量分布图
9	青岛市土壤交换性钙含量分布图
10	青岛市土壤交换性镁含量分布图
11	青岛市土壤全氮含量分布图

（续表）

序号	成果图名称
12	青岛市土壤速效钾含量分布图
13	青岛市土壤有机质含量分布图
14	青岛市土壤有效磷含量分布图
15	青岛市土壤有效硫含量分布图
16	青岛市土壤有效锰含量分布图
17	青岛市土壤有效钼含量分布图
18	青岛市土壤有效硼含量分布图
19	青岛市土壤有效铁含量分布图
20	青岛市土壤有效铜含量分布图
21	青岛市土壤有效锌含量分布图
22	青岛市耕地地力评价等级图

（二）点、线、面图层的建立

按照空间数据库建设的分层原则，所有成果图的空间数据库均采用同一个地理底图，也就是地理底图单独一个文件存放。土地、点位、土壤、地貌、灌溉、土壤养分、评价等作为专业成果建库，其地理底图和成果空间数据库分层如下。

1. 地理底图

分6个图层。其中，地理内容点、线、面3个图层，地理底图图例的点、线、面3个图层，如表8-3所示。

表8-3 青岛市地理底图空间数据库点、线、面分层名称

图件名称	层数	数据库分层名称
地理底图	6	底图 . WP
		底图 . WL
		底图 . WT
		底图 TL. WP
		底图 TL. WL
		底图 TL. WT

2. 点位图

分8个图层。其中地理底图点、线、面3个图层，点位图1个图层，点位注释1个图层，点位图图例点、线、面3个图层，见表8-4所示。

表 8-4　青岛市点位图空间数据库点、线、面分层名称

图件名称	层数	数据库分层名称
点位图	8	底图 . WP 底图 . WL 底图 . WT 点位 . WT 点位注释 . WT 点位 TL. WP 点位 TL. WL 点位 TL. WT

3. 土地利用现状图

分 6 个图层。其中土地利用现状图点、线、面 3 个图层，土地利用现状图图例点、线、面 3 个图层，见表 8-5 所示。

表 8-5　青岛市土地利用现状图空间数据库点、线、面分层名称

图件名称	层数	数据库分层名称
土地利用现状图	6	现状 . WP 现状 . WL 现状 . WT 现状 TL. WP 现状 TL. WL 现状 TL. WT

4. 地貌图

分 9 个图层。其中地理底图点、线、面 3 个图层，地貌图点、线、面 3 个图层，地貌图图例点、线、面 3 个图层，见表 8-6 所示。

表 8-6　青岛市地貌图空间数据库点、线、面分层名称

图件名称	层数	数据库分层名称
地貌图	9	地貌 . WP 地貌 . WL 地貌 . WT 底图 . WP 底图 . WL 底图 . WT 地貌 TL. WP 地貌 TL. WL 地貌 TL. WT

5. 土壤图

分 9 个图层。其中地理底图点、线、面 3 个图层，土壤图点、线、面 3 个图层，土壤图图例点、线、面 3 个图层，见表 8-7 所示。

表 8-7　青岛市土壤图空间数据库点、线、面分层名称

图件名称	层数	数据库分层名称
土壤图	9	土壤.WP 土壤.WL 土壤.WT 底图.WP 底图.WL 底图.WT 土壤 TL.WP 土壤 TL.WL 土壤 TL.WT

6. 耕地地力评价图

分 9 个图层。其中地理底图点、线、面 3 个图层，评价图点、线、面 3 个图层，评价图图例点、线、面 3 个图层，见表 8-8 所示。

表 8-8　青岛市评价图空间数据库点、线、面分层名称

图件名称	层数	数据库分层名称
耕地地力评价图	9	耕地评价.WP 耕地评价.WL 耕地评价.WT 底图.WP 底图.WL 底图.WT 耕地评价 TL.WP 耕地评价 TL.WL 耕地评价 TL.WT

7. 土壤养分图

分 9 个图层。其中地理底图点、线、面 3 个图层，土壤养分图点、线、面 3 个图层，土壤养分图图例点、线、面 3 个图层，见表 8-9 所示。

表 8-9　青岛市土壤养分图空间数据库点、线、面分层名称

图件名称	层数	数据库分层名称
土壤养分图	9	土壤养分.WP 土壤养分.WL 土壤养分.WT 底图.WP 底图.WL 底图.WT 土壤养分 TL.WP 土壤养分 TL.WL 土壤养分 TL.WT

8. 灌溉分区图

分 9 个图层。其中灌溉图点、线、面 3 个图层，地理底图点、线、面 3 个图层，灌

溉图图例点、线、面 3 个图层，见表 8-10 所示。

表 8-10　青岛市土灌溉图空间数据库点、线、面分层名称

图件名称	层数	数据库分层名称
灌溉分区图	9	灌溉分区 . WP 灌溉分区 . WL 灌溉分区 . WT 底图 . WP 底图 . WL 底图 . WT 灌溉分区 TL. WP 灌溉分区 TL. WL 灌溉分区 TL. WT

9. 空间数据库比例尺、投影和空间坐标系

青岛市成果图比例尺为 1 : 10 万。高斯—克吕格投影。西安 1980 坐标系。

10. 空间数据库建设平台

前期 MAPGIS 点、线、面格式，后期转为 ArcGIS 平台的 Shapel 格式。导入扬州开发的耕地资源管理信息系统即可应用。

六、属性数据库建立

1. 属性数据库内容

由于地市汇总的点位数据全部是采用县域评价的点位数据，其属性内容均是按照县域耕地资源管理信息系统数据字典和有关专业的属性代码标准填写。在县域耕地资源管理信息系统数据字典中属性数据库的数据项，包括字段代码、字段名称、字段短名、英文名称、释义、数据类型、数据来源、量纲、数据长度、小数位、取值范围、备注等内容。所以属性数据库内容全部按照县域数据字典的属性代码和专业术语标准填写。

2. 属性数据库录入

主要采用外挂数据库的方法，通过关键字段进行属性连接。在具体工作中，是在编辑或矢量化空间数据时，建立线要素层和点要素层的统一赋值的 ID 号，在 Excel 表中第一列 ID 号，其他列按照属性数据项格式内容填好后，利用命令统一赋属性值。

3. 属性数据库格式

由于属性数据库内容均填写在 Excel 表中，空间数据库与属性数据库连接均采用外挂数据库的方法，Excel 表在不同的数据库平台上是通用的，虽然青岛市建库工作是在 MAOGIS 平台上，但在 MAOGIS 平台上将空间数据库转为 Shapel 格式，在 ArcGIS 平台上空间数据库与 Excel 表重新连接后就可以了。

4. 属性数据结构

属性数据结构内容，是严格按县域耕地资源管理信息系统数据字典编制的，其地理及专业成果属性数据库结构，详见表 8-11 所示。

表 8-11　青岛市耕地资源信息系统属性数据库结构

图名	属性数据结构	字段类型
行政区划图	内部标识码：系统内部 ID 号 实体类型：point，polyline，polygon 实体面积：系统内部自带 实体长度：系统内部自带 县内行政码：根据国家统计局"统计上使用的县以下行政区划代码编制规则"编制	长整型，9 文本型，8 双精度，19，2 长整型，10 长整型，6
县乡村位置图	内部标识码：系统内部 ID 号 实体类型：point，polyline，polygon X 坐标：无；Y 坐标：无 县内行政码：根据国家统计局《统计上使用的县以下行政区划代码编制规则》编制 标注类型：村标注，乡标注，县标注	长整型，9 文本型，8 双精度，19，2 长整型，6 字符串，6
行政界线图	内部标识码：系统内部 ID 号 实体类型：point，polyline，polygon 实体长度：系统内部自带 界线类型：根据国家基础信息标准（GB 13923—92）填写	长整型，9 文本型，8 长整型，10 文本型，40
辖区边界图	内部标识码：系统内部 ID 号 实体类型：point，polyline，polygon 实体面积：系统内部自带 实体长度：系统内部自带 要素代码：依据《国家基础地理信息数据分类与代码》编制要素代码 要素名称：依据《国家基础地理信息数据分类与代码》编制要素名称 行政单位名称：单位的实际名称填写	长整型，9 文本型，8 双精度，19，2 长整型，10 长整型，5 文本型，40 文本型，20
装饰边界图	内部标识码：系统内部 ID 号	长整型，9
面状水系图	内部标识码：系统内部 ID 号 实体类型：point，polyline，polygon 实体面积：系统内部自带 实体长度：系统内部自带 要素代码：依据《国家基础地理信息数据分类与代码》编制要素代码 要素名称：依据《国家基础地理信息数据分类与代码》编制要素名称 面状水系码：自定义编码 面状水系名称：依据 2006 年 10 月版山东省地图册编制 湖泊贮水量：依据 1∶5 万地形图	长整型，9 文本型，8 双精度，19，2 长整型，10 长整型，5 文本型，40 字符串，5 字符串，20 字符串，8
线状水系图	内部标识码：系统内部 ID 号 实体类型：point，polyline，polygon 实体长度：系统内部自带 要素代码：依据《国家基础地理信息数据分类与代码》编制要素代码 要素名称：依据《国家基础地理信息数据分类与代码》编制要素名称 线状水系码：自定义编码 线状水系名称：依据 2006 年 10 月版山东省地图册编制 河流流量：无	长整型，9 文本型，8 长整型，10 长整型，5 文本型，40 长整型，4 文本型，20 长整型，6

（续表）

图名	属性数据结构	字段类型
道路图	内部标识码：系统内部 ID 号	长整型，9
	实体类型：point，polyline，polygon	文本型，8
	实体长度：系统内部自带	长整型，10
	要素代码：依据《国家基础地理信息数据分类与代码》编制要素代码	长整型，5
	要素名称：依据《国家基础地理信息数据分类与代码》编制要素名称	文本型，40
	公路代码：根据国家标准 GB 917.1—89《公路路线命名编号和编码规则命名和编号规则》编制	文本型，11
	公路名称：根据国家标准 GB 917.1—89《公路路线命名编号和编码规则命名和编号规则》编制	文本型 20
地貌类型分区图	内部标识码：系统内部 ID 号	长整型，9
	实体类型：point，polyline，polygon	文本型，8
	实体面积：系统内部自带	双精度，19，2
	实体长度：系统内部自带	长整型，10
	地貌类型：数据引用自"中国科学院生物多样性委员会 地貌类型代码库"（四类码）	文本型，18
灌溉分区图	内部标识码：系统内部 ID 号	长整型，9
	实体类型：point，polyline，polygon	文本型，8
	实体面积：系统内部自带	双精度，19，2
	实体长度：系统内部自带	长整型，10
	灌溉水源：县局提供数据	文本型，10
	灌溉水质：无	文本型，4
	灌溉方法：县局提供数据	文本型，18
	年灌溉次数：县局提供数据	文本型，2
	灌溉条件：无	文本型，4
	灌溉保证率：无	长整型，3
	灌溉模数：无	双精度，5，2
	抗旱能力：无	长整型，3
土地利用现状图	内部标识码：系统内部 ID 号	长整型，9
	实体类型：point，polyline，polygon	文本型，8
	实体面积：系统内部自带	双精度，19，2
	实体长度：系统内部自带	长整型，10
	地类号：国土资源部发布的《全国土地分类》三级类编码	长整型，3
	平差面积：无	双精度，7，2
土壤图	内部标识码：系统内部 ID 号	长整型，9
	实体类型：point，polyline，polygon	文本型，8
	实体面积：系统内部自带	双精度，19，2
	实体长度：系统内部自带	长整型，10
	土壤国标码：土壤类型国标分类系统编码	长整型，8
地下水矿化度等值线图	内部标识码：系统内部 ID 号	长整型，9
	实体类型：point，polyline，polygon	文本型，8
	实体长度：系统内部自带	长整型，10
	地下水矿化度：依据县级矿化度图实际数据填写	双精度，5，1

（续表）

图名	属性数据结构	字段类型
耕地地力调查点点位图	内部标识码：系统内部 ID 号	长整型，9
	实体类型：point, polyline, polygon	文本型，8
	X 坐标：北京 54 坐标系	双精度，19，2
	Y 坐标：北京 54 坐标系	双精度，19，2
	点县内编号 AP310102：自定义编号	长整型，8
行政区基本情况数据表	县内行政码 SH110102：根据国家统计局《统计上使用的县以下行政区划代码编制规则》编制	长整型，6
	省名称：山东省	字符串，6
	县名称：××市，××区，××县	字符串，8
	乡名称：××乡，××镇，××街道	字符串，18
	村名称：××村，××委员会	字符串，18
	行政单位名称：××市，××区，××县，××乡，××镇，××街道，××村，××委员会	字符串，20
	总人口：无	字符串，7
	农业人口：无	字符串，7
	非农业人口：无	双精度，11，2
	国民生产总值 GNP：无	字符串，20
县级行政区划代码表	行政单位名称：××市，××区，××县，××乡××镇××街道××村××委员会	长整型，6
	县内行政码 SH110102：根据国家统计局《统计上使用的县以下行政区划代码编制规则》编制	长整型，9
土地利现状地块数据表	内部标识码：系统内部 ID 号	长整型，9
	地类号：国土资源部发布的《全国土地分类》三级类编码	字符串，3
	地类名称：国土资源部发布的《全国土地分类》三级类名称	字符串，20
	计算面积：无	双精度，7，2
	地类面积：无	双精度，7，2
	平差面积：无	双精度，7，2
	报告日期：无	日期型，10
土壤类型代码表	土壤国标码：土壤类型国标分类系统编码	字符串，8
	土壤国标名：土壤类型国标分类系统名称	字符串，20
耕地地力调查点基本况及化验结果数据	灌溉水源：县提供数据	字符串，10
	灌溉方法：县提供数据	字符串，18
	调查点国内统一编号：自定义编号	字符串，14
	调查点县内编号：自定义编号	字符串，8
	调查点自定义编号 AP310103：自定义编号	字符串，40
	调查点类型：耕地地力调查点	字符串，20
	户主联系电话：区号–本地电话号码	字符串，13
	调查人联系电话：区号–本地电话号码	字符串，13
	调查人姓名：×××	字符串，8
	调查日期：采集当天日期	日期型，10
	≥0℃积温：无	字符串，5
	≥10℃积温：无	字符串，5
	年降水量：县提供数据	字符串，4
	全年日照时数：无	字符串，4
	光能辐射总量：无	字符串，4
	无霜期：县提供数据	字符串，3
	干燥度 CW210107：无	双精度，4，2
	东经：县提供数据	双精度，9，5

（续表）

图名	属性数据结构	字段类型
	北纬：县提供数据	双精度，8，5
	坡度：地形坡度　海拔：海拔高度	双精度，6，1
	坡向：缺少数据	双精度，4，1
	地形部位：数据引用自 NY/T 309—1996《全国耕地类型区、耕地地力等级划分》和 NY/T 310—1996《全国中低产田类型划分与改良技术规范》	字符串，4
	田面坡度：依据田面实际坡度	字符串，50
	灌溉保证率：无	双精度，4，1
	排涝能力：无	字符串，3
	梯田类型：无	字符串，2
	梯田熟化年限：无	字符串，10
	保护块面积：无	字符串，3
	土壤侵蚀类型：无	双精度，7，2
	土壤侵蚀程度：无明显侵蚀，轻度侵蚀	字符串，8
	污染源企业名称：无	字符串，20
	污染源企业地址：无	字符串，50
	液体污染物排放量：无	字符串，50
	粉尘污染物排放量：无	双精度，6，1
	污染面积 LE220105：无	双精度，6，1
	污染物类型：无	双精度，9，2
	污染范围：无	字符串，20
	污染造成的损害：无	字符串，40
	距污染源距离：无	字符串，30
耕地地力	污染物形态：无	字符串，5
调查点基	污染造成的经济损失：无	字符串，4
本况及化	省名称：山东省	字符串，9
验结果	县名称：××市，××区，××县	字符串，8
数据	乡名称：××乡，××镇，××街道	字符串，18
	村名称：××村，××委员会	字符串，18
	户主姓名	字符串，8
	土壤类型代码（国标）：根据县提供数据填写	字符串，8
	土类名称（县级）：县提供数据	字符串，20
	亚类名称（县级）：县提供数据	字符串，20
	土属名称（县级）：县提供数据	字符串，20
	土种名称（县级）：县提供数据	字符串，20
	剖面构型：土层符号代码表、土层后缀符号代码表、剖面构型数据编码表是根据《中国土种志》整理	字符串，8
	质地构型：无	字符串，2
	耕层厚度：县提供数据	字符串，10
	障碍层类型：无	字符串，3
	障碍层出现位置：无	字符串，3
	障碍层厚度：无	字符串，30
	成土母质：数据引用于《土壤调查与制图》（第二版），中国农业出版社	字符串，6
	质地：中壤土，重壤土，砂壤土	双精度，4，2
	容重：县提供数据	字符串，2
	田间持水量：县提供数据	双精度，4，1
	pH 值：依据土壤化学分析 pH 值耕地地力等级评价成果填写	双精度，4，1
	CEC 值：依据土壤化学分析 CEC 值耕地地力等级评价成果填写	双精度，5，1
	有机质：依据土壤化学分析有机质值耕地地力等级评价成果填写	双精度，6，3

（续表）

图名	属性数据结构	字段类型
耕地地力调查点基本况及化验结果数据	全氮：依据土壤化学分析全氮值耕地地力等级评价成果填写	字符串，5
	全磷：依据土壤化学分析全磷值耕地地力等级评价成果填写	双精度，5，1
	有效磷：依据土壤化学分析有效磷值耕地地力等级评价成果填写	字符串，4
	缓效钾：依据土壤化学分析缓效钾值耕地地力等级评价成果填写	字符串，3
	速效钾：依据土壤化学分析速效钾值耕地地力等级评价成果填写	双精度，5，2
	有效锌：依据土壤化学分析有效锌值耕地地力等级评价成果填写	双精度，4，2
	水溶态硼：依据土壤化学分析水溶态硼值耕地地力等级评价成果填写	双精度，6，2
	有效硅：依据土壤化学分析有效硅值耕地地力等级评价成果填写	双精度，4，2
	有效钼：依据土壤化学分析有效钼值耕地地力等级评价成果填写	双精度，5，2
	有效铜：依据土壤化学分析有效铜值耕地地力等级评价成果填写	双精度，5，1
	有效锰：依据土壤化学分析有效锰值耕地地力等级评价成果填写	双精度，6，1
	有效铁：依据土壤化学分析有效铁值耕地地力等级评价成果填写	双精度，6，1
	交换性钙：依据土壤化学分析交换性钙值耕地地力等级评价成果填写	双精度，5，1
	交换性镁：依据土壤化学分析交换性镁值耕地地力等级评价成果填写	双精度，5，1
	有效硫：依据土壤化学分析有效硫值耕地地力等级评价成果填写	双精度，5，1
	盐化类型：无	字符串，20
	1m 土层含盐量：无	双精度，5，1
	耕层土壤含盐量：无	双精度，5，1
	水解性氮：依据土壤化学分析水解性氮值耕地地力等级评价成果填写	双精度，5，3
	旱季地下水位：无	字符串，3
	采样深度：县提供数据	字符串，7
耕层土壤有机质等值线图	内部标识码：系统内部 ID 号	长整型，9
	实体类型：point, polyline, polygon	文本型，10
	实体长度：系统内部自带	长整型，10
	有机质：依据土壤化学分析有机质值耕地地力等级评价成果填写	双精度，5，1
耕层土壤全氮等值线图	内部标识码：系统内部 ID 号	长整型，9
	实体类型：point, polyline, polygon	文本型，10
	实体长度：系统内部自带	长整型，10
	全氮：依据土壤化学分析全氮值耕地地力等级评价成果填写	双精度，4，2
耕层土壤有效磷等值线图	内部标识码：系统内部 ID 号	长整型，9
	实体类型：point, polyline, polygon	文本型，10
	实体长度：系统内部自带	长整型，10
	有效磷：依据土壤化学分析有效磷值耕地地力等级评价成果填写	双精度，5，1
耕层土壤速效钾等值线图	内部标识码：系统内部 ID 号	长整型，9
	实体类型：point, polyline, polygon	文本型，10
	实体长度：系统内部自带	长整型，10
	速效钾：依据土壤化学分析速效钾值耕地地力等级评价成果填写	长整型，3
耕层土壤缓效钾等值线图	内部标识码：系统内部 ID 号	长整型，9
	实体类型：point, polyline, polygon	文本型，10
	实体长度：系统内部自带	长整型，10
	缓效钾：依据土壤化学分析缓效钾值耕地地力等级评价成果填写	长整型，4
耕层土壤有效锌等值线图	内部标识码：系统内部 ID 号	长整型，9
	实体类型：point, polyline, polygon	文本型，10
	实体长度：系统内部自带	长整型，10
	有效锌：依据土壤化学分析有效锌值耕地地力等级评价成果填写	双精度，5，2

（续表）

图名	属性数据结构	字段类型
耕层土壤有效钼等值线图	内部标识码：系统内部 ID 号 实体类型：point，polyline，polygon 实体长度：系统内部自带 有效钼：依据土壤化学分析有效钼值耕地地力等级评价成果填写	长整型，9 文本型，10 长整型，10 双精度，4，2
耕层土壤有效铜等值线图	内部标识码：系统内部 ID 号 实体类型：point，polyline，polygon 实体长度：系统内部自带 有效铜：依据土壤化学分析有效铜值耕地地力等级评价成果填写	长整型，9 文本型，10 长整型，10 双精度，5，2
耕层土壤有效硅等值线图	内部标识码：系统内部 ID 号 实体类型：point，polyline，polygon 实体长度：系统内部自带 有效硅：依据土壤化学分析有效硅值耕地地力等级评价成果填写	长整型，9 文本型，10 长整型，10 双精度，6，2
耕层土壤有效锰等值线图	内部标识码：系统内部 ID 号 实体类型：point，polyline，polygon 实体长度：系统内部自带 有效锰：依据土壤化学分析有效锰值耕地地力等级评价成果填写	长整型，9 文本型，10 长整型，10 双精度，5，1
耕层土壤有效铁等值线图	内部标识码：系统内部 ID 号 实体类型：point，polyline，polygon 实体长度：系统内部自带 有效铁：依据土壤化学分析有效铁值耕地地力等级评价成果填写	长整型，9 文本型，10 长整型，10 双精度，5，1
耕层土壤 pH 等值线图	内部标识码：系统内部 ID 号 实体类型：point，polyline，polygon 实体长度：系统内部自带 pH 值：依据土壤化学分析 pH 值耕地地力等级评价成果填写	长整型，9 文本型，10 长整型，10 双精度，4，1
耕层土壤交换性钙等值线图	内部标识码：系统内部 ID 号 实体类型：point，polyline，polygon 实体长度：系统内部自带 交换性钙：依据土壤化学分析交换性钙值耕地地力等级评价成果填写	长整型，9 文本型，10 长整型，10 双精度，6，1
耕层土壤交换性镁等值线图	内部标识码：系统内部 ID 号 实体类型：point，polyline，polygon 实体长度：系统内部自带 交换性镁：依据土壤化学分析交换性镁值耕地地力等级评价成果填写	长整型，9 文本型，10 长整型，10 双精度，5，1
耕层土壤有效硫等值线图	内部标识码：系统内部 ID 号 实体类型：point，polyline，polygon 实体长度：系统内部自带 有效硫：依据土壤化学分析有效硫值耕地地力等级评价成果填写	长整型，9 文本型，10 长整型，10 双精度，5，1
耕层土壤水解性氮等值线图	内部标识码：系统内部 ID 号 实体类型：point，polyline，polygon 实体长度：系统内部自带 水解性氮：依据土壤化学分析水解性氮值耕地地力等级评价成果填写	长整型，9 文本型，10 长整型，10 双精度，5，3
耕地地力评价等级图	内部标识码：系统内部 ID 号 实体类型：point，polyline，polygon 实体面积：系统内部自带 等级（县内）："120"	长整型，9 文本型，10 双精度，19，2 文本型，2

（续表）

图名	属性数据结构	字段类型
耕层土壤 有效硼 等值线图	内部标识码：系统内部 ID 号 实体类型：point，polyline，polygon 实体长度：系统内部自带 有效硼：依据土壤化学分析有效硼值耕地地力等级评价成果填写	长整型，9 文本型，10 长整型，10 双精度，4，2
土壤全盐 含量分布图	内部标识码：系统内部 ID 号 实体类型：point，polyline，polygon 实体长度：系统内部自带 全盐：依据土壤化学分析全盐值耕地地力等级评价成果填写	长整型，9 文本型，10 长整型，10 双精度，4，1
耕层土壤 有效镁 等值线图	内部标识码：系统内部 ID 号 实体类型：point，polyline，polygon 实体长度：系统内部自带 有效镁：依据土壤化学分析有效镁值耕地地力等级评价成果填写	长整型，9 文本型，10 长整型，10 长整型，2
耕层土壤 有效钙 等值线图	内部标识码：系统内部 ID 号 实体类型：point，polyline，polygon 实体长度：系统内部自带 有效钙：依据土壤化学分析有效钙值耕地地力等级评价成果填写	长整型，9 文本型，10 长整型，10 长整型，2

七、数据库成果应用

青岛市数据库成果包括土地、土壤、土壤采样点位、地貌、灌溉、土壤养分、耕地地力评价、管理单元等空间数据库和属性数据库集成在一起的工作空间，是以 .CWS 后缀的文件夹，是全国农业技术推广服务中心委托扬州市土肥站开发的耕地资源管理信息系统，其运行时所需要的空间数据、外部数据、评价模型都来自工作空间。

1. 建立工作空间

按照全国农业技术推广服务中心编著的耕地地力评价指南要求，在扬州市土肥站开发的耕地资源管理信息系统中首先建立工作空间。也就是首先在该系统中打开图集—工作空间维护—新建功能，创建一个青岛市工作空间。

2. 设置当前工作空间

耕地资源管理信息系统启动时默认系统开发测试时打开的一个工作空间，即为当前工作空间。所以在图集—工作空间维护—通过文件夹操作，在工作空间的列表中，选择青岛市工作空间，设置为当前工作空间按钮。这样系统每次启动时默认青岛市工作空间。

3. 导入空间数据

耕地资源管理信息系统仅能识别符合工作空间要求的数据进行操作，所以按照系统要求通过系统的图集—空间数据维护中，导入青岛市工作空间中的空间数据库的矢量图层。

4. 导入属性数据

青岛市的属性数据库是与空间数据紧密相关的数据，与空间数据一起管理。其属性数据导入通过图集—外部数据维护—数据表功能导入青岛市 MDB 数据。

5. 构建图集

耕地资源管理信息系统是以图集的形式应用青岛市的属性数据和空间数据，构建了青岛市图集才能进行数据查询、统计分析、专题评价和配方施肥咨询等。青岛市图集由多个图层构成，一个图层与一个或多个属性数据表关联，构建一个图集通过添加图层、关联属性数据、保存图集 3 个步骤实现。

（1）添加图层：在当前工作空间中，通过图层—添加矢量图层功能完成。

（2）关联属性数据：通过图层—关联外部数据表功能完成。

（3）保存图集：图集编辑完成后（检查无误），保存青岛市图集名。

6. 数据应用

青岛市图集构建完成后，在耕地资源管理信息系统中可以进行数据查询、统计分析、汇总、空间分析、测土配方施肥方案咨询等。

第五节　系统实现

一、系统软硬件配置

系统应用 Windows 计算机操作系统和常用数据库管理、文字及图像处理等软件，以通用"县域耕地资源管理信息系统"软件为平台，硬件配置主要包括高性能微机、大容量存储器、大幅面工程扫描仪和彩色喷墨绘图仪等。

二、系统集成

以全国农业技术推广中心《全国耕地地力调查与质量评价技术规程》为技术依据，以全国耕地地力调查与质量评价项目采用的"县域耕地资源管理信息系统数据字典"为数据依据，以 Microsoft Visual Basic 6.0 为开发语言，以 ESRI 公司组件式 GIS 产品——MapObjects 为空间数据显示、编辑、分析工具，以 Access MDB 数据库和 GIS 无缝集成，编辑和存储各类耕地资源信息，构建耕地资源数据库，整合应用相关专业模型，集成耕地资源管理信息系统。

三、系统界面

系统采用人机交互的友好型界面样式，主界面包括图集、视图、图层、地图、编辑、插入图形、查询统计、空间选取、空间分析、专题评价、测土配方施肥、系统工具和帮助（图8-12）。

图 8-12　系统登录界面

四、系统特点

（1）该系统可单机独立运行，也可接入全国耕地资源管理信息网络运行，通过网络访问远程 SDE、SQL、Server 数据库，与省级数据中心和国家数据中心交换数据，实现数据共享与同步。

（2）系统对空间数据、属性数据实行标准化管理，可完成全国统一格式的县域、选择集数据统计、汇总、分析等操作；通过网络系统可完成省级、流域及全国数据统计、汇总、分析。

（3）集空间数据、属性数据的采集、管理、输出于一体，可独立完成图件数字化、编辑、坐标定义、专题制图、打印、数据库建立、统计分析、表格输出等功能。

（4）支持多种方式的显示与查询功能：如全景显示、放大、缩小、漫游、全图层信息查询、SQL 查询、空间选取、数据集及图形导出等。

（5）支持多种空间分析：如缓冲区分析、图形切割、叠加求交、叠加求并、合并小多边形、属性提取、以点代面等。

（6）耕地评价模块集成了层次分析、模糊分析、隶属函数拟合等专用统计分析程序，支持多种专题评价：耕地地力评价、作物适宜性评价、土壤环境质量评价、土壤养分丰缺评价等，为农业产业结构调整、作物布局、肥料规划等提供决策支持。

总之，系统实现了对土壤资源信息的管理、查询、分析、评价、多种作物的施肥推荐方案，并实现网络共享，基本满足了农业管理和生产的需求。数据通用性强、界面友好、操作简便，对软硬件要求低，运行稳定。系统所有模型实现了构建化，模型参数全部保存在参数数据库，便于模型的修正，可以满足不同层次用户的要求，便于在生产中推广应用。

第六节　青岛市测土配方施肥地理信息系统

随着各地各级耕地地力评价工作的开展，用现代计算机技术进行施肥推荐研究并开发"施肥专家系统"，已经成为不可或缺的重要工作环节。在青岛市耕地地力评价汇总过程中，我们也研究开发了青岛市级网络版"施肥专家系统"——青岛市测土配方施肥地理信息系统，其基本原理和构建过程与常见计算机施肥推荐系统一致。

一、系统的特点

系统遵循施肥专家系统设计开发原理，对导航地图和数据库调运功能进行了优化，运行速度有大幅度的提升。系统系基于 WebGIS（PostgreSQL+GeoServer+OpenLayers）开发 Web 地图应用，通过网络来发布 Web 地图数据的一个高度集成地理信息系统。该系统使用 PostGIS 存储空间数据，以 Geoserver 发布数据服务，以 OpenLayer 客户端展示地图。主要具备以下特点。

（1）利用 GeoServer 可以方便地发布地图数据，允许用户对特征数据进行更新、删除、插入操作，通过 GeoServer 可以比较容易地在用户之间迅速共享空间地理信息。

（2）GeoServer 的核心是简化对标准的使用和支持，来作为地理空间网络中的数据库和多种应用的粘合剂。GeoServer 是一个开源 GIS 服务器，GeoServer 中包括一些 GIS 服务器的基本功能，完全满足大多数的 Web 地图应用开发，满足基本的空间分析和属性分析，完全适合桌面浏览器及 Wap 浏览器快速流畅的发布。

（3）GeoServer 与 OpenLayers 集成比较好，而且开源，虽然是一个轻量级的 GIS 服务器，但是可以满足大部分的 Web 地图应用开发。采用 OpenLayers 作为客户端不存在浏览器依赖性，而且 OpenLayers 实现了类似与 Ajax 功能的无刷新更新页面，能够带给用户丰富的桌面体验。

（4）Geoserver 中的信息主要是以图形、图像方式表现的空间数据，并以普通数据文件的形式存储在服务器中。用户通过操作 Web 页面，调用 OpenLayers APIs 向 Geoserver 发送请求进行交互操作，对空间数据进行查询分析。

二、系统使用

（一）系统登录

登录"青岛测土配方施肥网"，点击"青岛市测土配方施肥地理信息系统"，进入主界面。见图 8-13 和图 8-14。

图 8-13　青岛市测土配方施肥地理信息系统主界面

图 8-14　青岛市测土配方施肥地理信息系统及主界面

（二）地图向导

按"县（市）—镇（街道办）—村—地块"次序层层引导，地图支持放大、缩小、移动等功能，界面示例见图 8-15 和图 8-16。

图 8-15　乡镇—村引导图

图 8-16　村—地块引导图

（三）施肥模式设置

用户确定了待施肥的地块单元后，用可针对该地块进行部分参数设置，操作步骤分别为选择种植作物、输入目标产量、选择化肥品种等，提交参数等。上述参数设定完毕后，用户可以提交参数，由系统计算并生成配方施肥报告。

（四）配方施肥建议输出

根据用户输入的参数，网络平台自动计算出配方方案并以施肥建议形式反馈给用户。报告包含以下 3 个部分。

1. 地块单元信息

该部分显示待种植作物的目标单元地块基本信息，信息包含地属、土壤类型、地类、地貌、目标作物、目标产量。

2. 土壤养分信息

包括测试项目及结果、养分水平评价和施肥建议。

3. 施肥方案

施肥方案推荐分为以下两种模式。

一是单质肥料施肥方案。针对用户在施肥模式参数设置时所选择施用的化肥种类，网络平台给出各种单质肥料的施用量。根据用户所选择的目标作物，网络平台从专家知识库中调出该作物的施肥规律和施肥技术要点，以便让农民用户对所种植的作物有更多的了解，正确施肥。

二是配方肥施肥方案。集成了农业部测土配方施肥专家指导组提供的主要农作物配方肥施肥方案和青岛市各区、市土肥站发布的区域性配方肥施肥方案。农户可自行购买商品配方肥并按照方案提供的施肥指导使用。

施肥方案以施肥建议卡呈现，施肥建议卡可以打印出来，便于保存和随时查看，见图 8-17。

施肥建议卡【打印】

一、地块信息

土壤名称：	砂壤表厚壤心拱	所属村：	平度市田庄镇一利家
地类名称：	水浇地	作物名称：	玉米
地貌类型：	平坦拱积平原	目标产量：	440

二、养分信息

项目	土壤测试结果			养分水平	施肥建议	
	元素名称	测试值	计量单位		元素名称	用量（kg/亩）
氮	N	69.30	mg/kg	中等	氮	13.31
磷	P	43.40	mg/kg	很丰富	磷（P_2O_5）	2.46
钾	K	93.00	mg/kg	中等	钾（K_2O）	2.73
有机质	OM	14.10	g/kg	很丰富		
酸碱度	pH	7.50				
硼	B	0.50	mg/kg	中等	硼	
钼	Mo	0.59	mg/kg	极缺乏	钼	
锰	Mn	11.91	mg/kg	中等	锰	
锌	Zn	1.66	mg/kg	缺乏	锌	
铜	Cu	1.46	mg/kg	缺乏	铜	
铁	Fe	15.51	mg/kg	缺乏	铁	
硫	S	3.60	mg/kg	中等	硫	

三、施肥方案

方案称名	项目	肥料配方	用量（kg/亩）	作物的需肥规律和施肥技术要点
方案一	化肥	尿素	28.93	拔节、孕穗到抽穗开花期，是玉米营养生长和生殖生长同时并进的阶段，生长速度快，吸收养分数量多，是施肥的关键时期。由于麦收后要抢种玉米，往往来不及施肥，所以夏玉米的施肥体系一般由种肥和追肥组成。追肥分次追施为好，在拔节后和大喇叭口期分2次追肥，2次追肥要前重后轻，即拔节后追肥占60%～70%，大喇叭口期追肥占30%～40%好。
		过磷酸钙（2级）	15.38	
		氯化钾	4.55	
方案二	配方施肥推荐	一、夏玉米基追结合施肥方案 1.推荐配方：18-12-15（N-P_2O_5-K_2O）或相近配方。 2.施肥建议：（1）产量水平450～550kg/亩，配方肥推荐用量20～25kg/亩，大喇叭口期追施尿素13～16kg/亩；（2）产量水平550～650kg/亩，配方肥推荐用量25～30kg/亩，大喇叭口期追施尿素16～19公斤/亩；（3）产量水平650kg/亩以上，配方肥推荐用量30～35kg/亩，大喇叭口期追施尿素19～22kg/亩；（4）产量水平450kg/亩以下，配方肥推荐用量15～20kg/亩，大喇叭口期追施尿素10～13kg/亩。 二、夏玉米一次性施肥方案 1.推荐配方：28-7-9（N-P_2O_5-K_2O）或相近配方。 2.施肥建议：（1）产量水平450～550kg/亩，配方肥推荐用量35～43kg/亩，作为基肥或苗期追肥一次性施用；（2）产量水平550～650kg/亩，可以有30%～40%释放期为50～60天的缓控释氮素，配方肥推荐用量43～51kg/亩，作为基肥或苗期追肥一次性施用；（3）产量水平650kg/亩以上，建议有30%～40%释放期为50～60天的缓控释氮素，配方肥推荐用量51～58kg/亩，作为基肥或苗期追肥一次性施用；（4）产量水平450kg/亩以下，配方肥推荐用量27～35kg/亩，作为基肥或苗肥追肥一次性施用。 （农业部测土配方施肥专家指导组 提供）		
方案三	配方施肥推荐	夏玉米施肥建议： 1.产量水平600～700kg/亩：推荐配方18-10-14，基施55～60kg/亩，建议喇叭口期追肥30-0-10配方肥25～30kg/亩。适用区域：明村、崔家集、田庄、蓼兰、南村、白沙河、同和。 2.产量水平500～600kg/亩推荐配方18-12-12，基施50～55kg/亩，建议喇叭口期追肥30-0-10配方肥25～30kg/亩。适用区域：新河、田庄、、李元、白沙河。 3.产量水平450～500kg/亩：推荐配方18-12-12，基施40～45kg/亩，建议喇叭口期追肥30-0-10配方肥25～30kg/亩。适用区域：东阁、旧店、云山。 （平度市土壤肥料工作站 提供）		

图 8-17 施肥建议卡

三、手机客户端

开发了基于 Android 智能手机的客户端，满足手机用户需求。客户端可通过扫描"青岛测土配方施肥网"首页的测土配方施肥 App 二维码下载。

客户端设置了 6 个功能版块：测土配方、科学施肥、专家课堂、专家咨询、行业动态和科普知识。其中科学施肥、专家课堂、行业动态和科普知识等 4 个版块与"青岛测土配方施肥网"相应版块内容同步，主要是发布土壤肥料科技信息等，"测土配方"版块即"青岛测土配方施肥地理信息系统"，"专家咨询"版块与青岛市农业科技 110 联动。见图 8-18。

图 8-18　手机的客户端启动（左）及功能界面（右）

（一）专家咨询

专家咨询版块有"我要在线咨询""找专家咨询""查看我的咨询""拨打 12316 热线" 4 项功能，与青岛市农业科技 110 农业技术专家库、12316 惠农热线等无缝衔接。其中，"我要在线咨询"允许用户以文字、图片、视频、语音等形式留言；"找专家咨询"功能允许用户通过电话、短信、留言等形式直接找青岛市农业科技 110 专家库的土壤肥料技术专家咨询。其界面见图 8-19。

（二）测土配方

"测土配方"版块提供用户使用 Android 智能手机登录青岛市测土配方施肥地理信息系统获取科学施肥指导的功能。只要农户拥有一部可上网的 Android 智能手机，可随时随地获取测土配方施肥指导，方便快捷。

推荐施肥方案通过"手动选择"地块和"GPS 定位"地块两种模式实现，见

图8-19 专家咨询功能界面

图8-20。

图8-20 模式选择

1. 手动选择

通过下拉菜单选择区市、乡镇、村庄，提交后进入地块选择，选择好地块点击"进入"，进行"施肥模式设置"，见图8-21。

在"施肥模式设置"中通过下拉菜单选择作物、目标产量、肥料品种信息后，点击"提交"，即可获得施肥建议，见图8-22和图8-23。

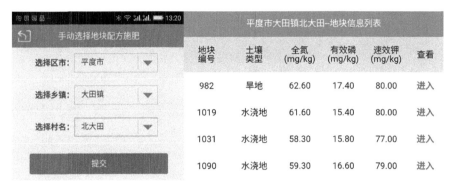

13:20
手动选择地块配方施肥
选择区市：平度市
选择乡镇：大田镇
选择村名：北大田
提交
平度市大田镇北大田--地块信息列表
地块编号 土壤类型 全氮(mg/kg) 有效磷(mg/kg) 速效钾(mg/kg) 查看
982 旱地 62.60 17.40 80.00 进入
1019 水浇地 61.60 15.40 80.00 进入
1031 水浇地 58.30 15.80 77.00 进入
1090 水浇地 59.30 16.60 79.00 进入

图 8-21 地块选择

13:28
手动选择地块配方施肥
施肥模式设置
第一步：地块信息【1019】
所属村 大田镇-北大田
土壤名称 轻壤表均壤质洪
地貌类型 倾斜侵蚀剥蚀低台地
地类名称 水浇地
碱解氮 61.60
有效磷 15.40
速效钾 80.00
第二步：选择种植作物
种植作物：玉米
第三步：输入目标产量
基础产量：450 (kg/亩)
期望增产：10%
目标产量：495 (kg/亩)
(该作物的目标产量应该在【400~700】)
第四步：选择化肥品种
氮肥：尿素
磷肥：过磷酸钙(1级)
钾肥：氯化钾
提交
重写

图 8-22 施肥模式设置

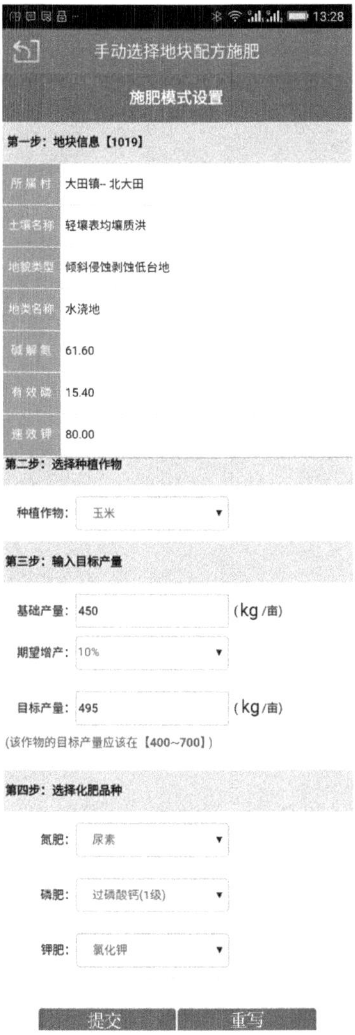

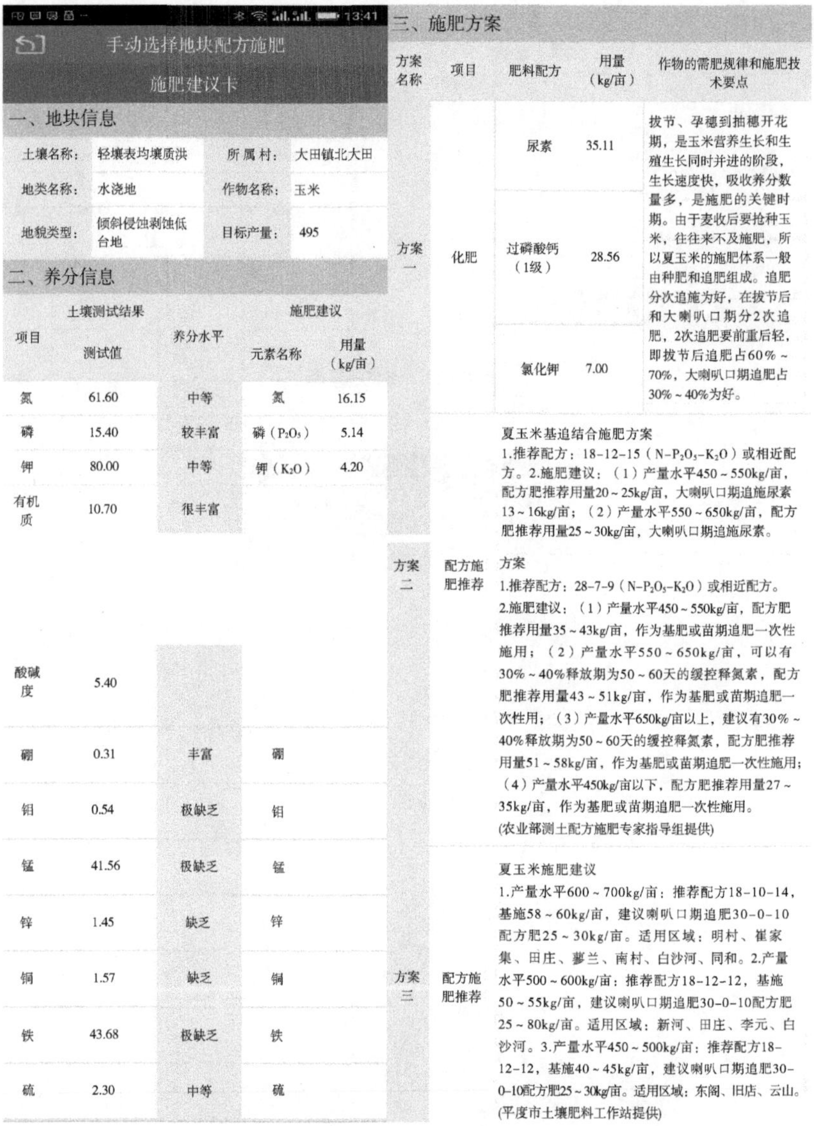

手动选择地块配方施肥

施肥建议卡

一、地块信息

土壤名称：	轻壤表均壤质洪	所属村：	大田镇北大田
地类名称：	水浇地	作物名称：	玉米
地貌类型：	倾斜侵蚀剥蚀低台地	目标产量：	495

二、养分信息

土壤测试结果			施肥建议	
项目	测试值	养分水平	元素名称	用量（kg/亩）
氮	61.60	中等	氮	16.15
磷	15.40	较丰富	磷（P_2O_5）	5.14
钾	80.00	中等	钾（K_2O）	4.20
有机质	10.70	很丰富		
酸碱度	5.40			
硼	0.31	丰富	硼	
钼	0.54	极缺乏	钼	
锰	41.56	极缺乏	锰	
锌	1.45	缺乏	锌	
铜	1.57	缺乏	铜	
铁	43.68	极缺乏	铁	
硫	2.30	中等	硫	

三、施肥方案

方案名称	项目	肥料配方	用量（kg/亩）	作物的需肥规律和施肥技术要点
方案一	化肥	尿素	35.11	拔节、孕穗到抽穗开花期，是玉米营养生长和生殖生长同时并进的阶段，生长速度快，吸收养分数量多，是施肥的关键时期。由于麦收后要抢种玉米，往往来不及施肥，所以夏玉米的施肥体系一般由种肥和追肥组成。追肥分次追施为好，在拔节后和大喇叭口期分2次追肥，2次追肥要前重后轻，即拔节后追肥占60%～70%，大喇叭口期追肥占30%～40%为好。
		过磷酸钙（1级）	28.56	
		氯化钾	7.00	
		夏玉米基追结合施肥方案 1.推荐配方：18-12-15（$N-P_2O_5-K_2O$）或相近配方。2.施肥建议：（1）产量水平450～550kg/亩，配方肥推荐用量20～25kg/亩，大喇叭口期追施尿素13～16kg/亩；（2）产量水平550～650kg/亩，配方肥推荐用量25～30kg/亩，大喇叭口期追施尿素。		
方案二	配方施肥推荐	方案 1.推荐配方：28-7-9（$N-P_2O_5-K_2O$）或相近配方。 2.施肥建议：（1）产量水平450～550kg/亩，配方肥推荐用量35～43kg/亩，作为基肥或苗期追肥一次性施用；（2）产量水平550～650kg/亩，可以有30%～40%释放期为50～60天的缓控释氮素，配方肥推荐用量43～51kg/亩，作为基肥或苗期追肥一次性用；（3）产量水平650kg/亩以上，建议有30%～40%释放期为50～60天的缓控释氮素，配方肥推荐用量51～58kg/亩，作为基肥或苗期追肥一次性施用；（4）产量水平450kg/亩以下，配方肥推荐用量27～35kg/亩，作为基肥或苗期追肥一次性施用。 (农业部测土配方施肥专家指导组提供)		
方案三	配方施肥推荐	夏玉米施肥建议 1.产量水平600～700kg/亩：推荐配方18-10-14，基施58～60kg/亩，建议喇叭口期追肥30-0-10配方肥25～30kg/亩。适用区域：明村、崔家集、田庄、蓼兰、南村、白沙河、同和。2.产量水平500～600kg/亩：推荐配方18-12-12，基施50～55kg/亩，建议喇叭口期追肥30-0-10配方肥25～80kg/亩。适用区域：新河、田庄、李元、白沙河。3.产量水平450～500kg/亩：推荐配方18-12-12，基施40～45kg/亩，建议喇叭口期追肥30-0-10配方肥25～30kg/亩。适用区域：东阁、旧店、云山。 (平度市土壤肥料工作站提供)		

图 8-23　施肥建议

2. GPS 定位

GPS 定位地块功能更方便农户使用。开启了 GPS 定位功能 Android 智能手机，点击“GPS 定位”即可获取手机所在位置的耕地地块信息，进入施肥模式设置，获取施肥建议。

四、数据管理与更新功能

登录“青岛市测土配方施肥地理信息系统网站内容管理系统”，可实现对“青岛测土配方施肥网”所有版块内容的更新维护，见图 8-24。

其中对“青岛市测土配方施肥地理信息系统”的更新维护，主要通过“常规设置管

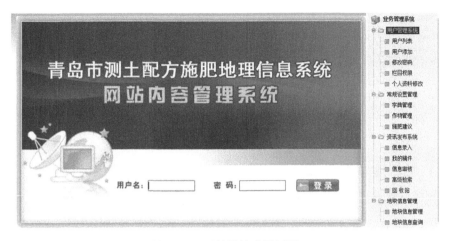

图 8-24　系统维护登录界面

理"的"作物管理""施肥建议"和"地块信息管理"3 个功能实现。

（一）作物管理

"作物管理"功能可对已有的作物施肥模型进行删除和修改，也可以增加新的作物施肥模型，并对"施肥技术要点"根据最新的技术理论成果进行修改，见图 8-25。

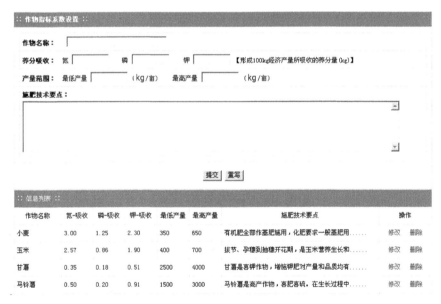

图 8-25　作物管理修改

（二）施肥建议

"施肥建议"功能可以按区市和作物分类更新修改配方施肥方案，或增加新的施肥建议，见图 8-26。

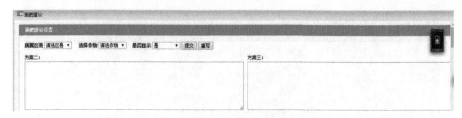

图 8-26　施肥建议修改

（三）地块信息管理

"地块信息管理"功能可以对系统内的耕地信息进行修改更新，使系统数据保持最新，见图 8-27。

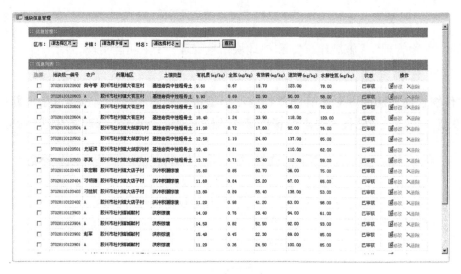

图 8-27　地块信息管理界面

第九章　青岛市耕地改良利用分区专题研究

耕地是农业生产和农业可持续发展的重要基础。耕地维持着作物生产力、影响着环境的质量和动物、植物甚至人类的健康。自 1979—1985 年第二次土壤普查以来，随着农村经营体制、耕作制度、作物品种、种植结构、产量水平和肥料使用等方面的显著变化，耕地利用状况也发生了明显改变。近年来，虽然对部分耕地实施了地力监测，但至今对区域中低产耕地状况及其障碍因素等缺乏系统性、实用性的调查分析，使耕地利用与改良难以适应新形势农业生产发展的要求。因此，开展区域耕地地力调查评价，摸清区域中低产耕地状况及其障碍因素，有的放矢地开展中低产耕地的科学改良利用，挖掘区域耕地的生产潜力，对于青岛市耕地资源的可持续利用具有十分重要的意义。

第一节　耕地改良利用分区原则与分区系统

一、耕地改良利用分区的原则

耕地改良利用区划的基本原则是：从耕地自然条件出发，主导性、综合性、实用性和可操作性相结合。按照因地制宜、因土适用、合理利用和配置耕地资源，充分发挥各类耕地的生产潜力，坚持用地与养地相结合，近期与长远相结合的原则进行。以土壤组合类型、肥力水平、改良方向和主要改良措施的一致性为主要依据，同时考虑地貌、气候、水文和生态等条件以及植被类型，参照历史与现状等因素综合考虑进行分区。

二、耕地改良利用分区系统

根据耕地改良利用原则，将影响耕地利用的各类限制因素归纳为耕地自然环境要素、耕地土壤养分要素和耕地土壤物理要素，将全市耕地改良利用划分为 3 个改良利用类型区，即耕地自然环境条件改良利用区、耕地土壤培肥改良利用区、耕地土体整治改良利用区，并分别用大写字母 E、N 和 P 表示。各改良利用类型区内，再根据相应的限制性主导因子，续分为相应的改良利用亚类。

第二节　耕地改良利用分区方法

一、耕地改良利用分区因子的确定

耕地改良利用分区因子是指参与评定改良利用分区类型的耕地诸属性。由于影响的因素很多，我们根据耕地地力评价，遵循主导因素原则、差异性原则、稳定性原则、敏感性原则，进行了限制性主导因素的选取。考虑与耕地地力评价中评价因素的一致性，考虑各土壤养分的丰缺状况及其相关要素的变异情况，选取耕地土壤有机质含量、耕地土壤有效磷含量、耕地土壤速效钾含量因素作为耕地土壤养分状况的限制性主导因子；选取灌溉保证率作为耕地自然环境状况的限制性主导因子；选取耕层质地条件、障碍层条件和土层厚度条件作为耕地土壤物理状况的限制性主导因子。

二、耕地改良利用分区标准

依据农业部《全国中低产田类型划分与改良技术规范》，根据山东省各县区耕地地力评价资料，综合分析目前全省各耕地改良利用因素的现状水平，同时针对影响青岛市耕地利用水平的主要因素，邀请具有土壤管理经验的相关专家进行分析，制定了耕地改良利用各主导因子的分区及其耕地改良利用类型的确定标准。具体分级标准见表9-1。

表9-1 耕地改良利用主导因子分区标准

耕地改良利用区划	限制因子	代号	分区标准
耕地土壤培肥改良利用区（N）	有机质（o, g/kg）	No	<10
	有效磷（P_2O_5, mg/kg）	Np	<20
	速效钾（K_2O, mg/kg）	Nk	<120
耕地自然环境条件改良利用区（E）	灌溉保证（i, %）	Ei	一水区、无灌溉
耕地土体整治改良利用区（P）	耕层质地（t）	Pt	砂土、砾质、砾质壤
	障碍层（c）	Pc	土体中有障碍层次
	土层厚度（1）	Pl	极薄层、薄层

三、耕地改良利用分区方法

在GIS支持下，利用耕地地力评价单元图，根据耕地改良利用各主导因子分区标准在其相应的属性库中进行检索分析，确定各单元相应的耕地改良利用类型，通过图面编辑生成耕地改良利用分区图，并统计各类型面积比例。

第三节 耕地改良利用分区专题图的生成

一、耕地土壤培肥改良利用分区图的生成

根据耕地土壤养分限制因素分区标准把青岛市耕地有机质分为两类，即有机质改良利用区和有机质非改良利用区，有机质改良利用区以代号No标注；同样，有效磷改良利

用区用代号 Np 标注，速效钾改良利用区用代号 Nk 标注，编辑生成耕地土壤培肥改良利用分区图。结果见彩图22。

二、耕地自然环境条件改良利用分区图的生成

根据耕地自然环境条件限制因素分区标准进行青岛市耕地改良利用分区。灌溉保证条件分为灌溉保证条件改良利用区和灌溉保证条件非改良利用区，改良利用区用代号 Ei 标注。在 GIS 下检索生成耕地土体整治改良利用分区图。结果见彩图23。

三、耕地土体整治改良利用分区图的生成

根据耕地土地条件限制因素分区标准，耕层质地条件改良利用区用符号 Pt 标注，障碍层改良利用区用符号 Pc 标注，土层厚度改良利用区用符号 Pl 标注。在 GIS 下检索生成耕地土体整治改良利用分区图。结果见彩图24。

第四节　耕地改良利用分区结果分析

一、耕地土壤培肥改良利用分区面积统计及问题分析

青岛市耕地土壤培肥改良利用区各改良利用类型面积及其比例见表9-2。

表9-2　青岛市耕地土壤培肥改良利用分区面积

项目	改良利用分区							非改良区
	No	NoNp	NoNk	NoNpNk	Np	NpNk	Nk	
面积（hm²）	5 903.68	1 441.12	32 685.7	50 539.13	20 495.71	77 730.57	221 440.41	116 763.68
百分比（%）	1.12	0.27	6.2	9.59	3.89	14.75	42.02	22.16

由彩图22和表9-2可以看出，青岛市土壤养分状况不好，土壤养分不需培肥改良的耕地仅占耕地总面积的22.16%，需要培肥改良的土地在市域内成片或集中分布。其中缺乏有机质的耕地面积为90 569.63hm²，占耕地总面积的17.18%；缺少钾肥的耕地面积为382 395.8hm²，占耕地总面积的72.56%；缺乏磷肥的耕地面积为150 206.5hm²，占耕地总面积的28.5%。缺乏单一养分的耕地面积为247 839.8hm²，占耕地总面积的47.03%；缺乏两种养分的耕地面积为111 857.4hm²，占耕地总面积的10.36%。从各类型面积比例可以看出，青岛市耕地土壤培肥改良的主要方向为有针对性的增施钾肥、磷肥及微肥。

二、耕地自然环境条件改良利用分区面积统计及问题分析

青岛市耕地自然环境条件改良利用区各改良利用类型面积及其比例见表9-3。

表9-3　青岛市耕地自然环境条件改良利用分区面积

	改良利用分区 Ei	非改良区
面积（hm²）	64 436.93	462 563.07
百分比（%）	17.18	87.77

由彩图23和表9-3可以看出，青岛市耕地自然环境条件较好，地形平坦，灌溉条件较好，不需改良的耕地面积达到462 563.07hm²，占耕地总面积的87.77%。需要改良的耕地表现为土壤灌排能力较差，面积为64 436.93hm²，占总面积的17.18%，在青岛市境内分散分布。因此，青岛市耕地自然环境条件改良利用的主要方向为防止土壤的灌排能力减弱。

三、耕地土体整治改良利用分区面积统计及问题分析

青岛市耕地土体整治改良利用区各改良利用类型面积及其比例见表9-4。

表9-4　青岛市耕地土体整治改良利用分区面积

项目	改良利用分区				非改良区
	Pc	Pt	PtPc	PcPtPl	
面积（hm²）	219 128.98	2 458.74	7 791.39	31 462.82	266 158.06
百分比（%）	41.58	0.47	1.48	5.97	50.50

由彩图24和表9-4可以看出，青岛市耕地土体结构一般，主要是青岛市的平原区域在大沽河、北胶莱河等河流长期冲刷下，一部分耕层以砂土或砂壤为主。需要改良的耕地也主要集中在砂质土壤或土壤中含有夹砂层。质地需要改良的耕地面积为41 712.95hm²，占耕地总面积的7.92%。障碍层需要改良的耕地面积为258 383.2hm²，占耕地总面积的49.03%。所以，青岛市土体整治的重点应着力改善土壤多存在障碍层这一特点，同时土壤偏砂偏黏的特点也应得到改善，宜采取秸秆还田、增施有机肥料、深耕等措施，改良偏砂的土壤表层质地及不良的土体结构，这将是青岛市耕地土体整治改良的主要方向。

第五节　耕地改良利用对策及措施

一、增加经济投入，加大耕地保护力度

农业是既要承担自然风险又有市场风险的弱质产业，保护农业是国民经济发展中面临的重大问题。由于调控体制不健全，受比较利益驱使，各层次资金投入重点向非农业

倾斜，资金投入不足已成为农业生产发展的主要制约因素。要达到农业增产的途径就要增加耕地投入，加强中低产田改造，不断提高耕地的质量，从而提高耕地利用的经济效益。青岛市宜进一步加强对耕地改良利用的投入，通过对耕地的改良逐步消除制约耕地生产力的限制因素，培肥地力，改善农业生产条件和农田生态环境。

二、平衡施肥，用养结合，增施磷肥钾肥，培肥地力

长期以来，青岛市在耕地开发利用上重利用，轻培肥，重化肥，虽然全市化肥的施用量逐年增加，但并不合理施肥，引起土壤养分特别是磷、钾养分的下降和失衡，导致耕地肥力下降。因此要持续提高中低产耕地的基础地力，为农作物生长创造高产基础，必须将用土与养土妥善结合起来，广辟有机肥源，重视磷肥钾肥及有机肥的施用，提倡冬种绿肥和使用有机—无机复混肥。同时应利用中低产耕地调查评价成果，科学指导化肥的调配，采用科学优化平衡施肥，重视合理增施钾肥、磷肥及微肥，不断培肥地力，实现中低产耕地资源的持续利用。

三、加强水利建设，改善灌溉条件

水是作物生长的必要条件，灌排条件与耕地的基础地力有着密切的关系，因而可以通过采取以下措施，实现自然降水的空间聚集，改善区域农田的土壤水分状况，推广节水灌溉技术，改善和扩大灌溉面积。

（1）健全灌溉工程，改善灌区输水、配水设备，加强灌溉作业管理，改进地面灌溉技术，采用增产、增值的节水灌溉方法和灌溉技术。加强水利建设，修筑田埂，防止水土冲刷；安排好水利规划，修好水渠，制止渗漏，加强管理，提高引灌水的利用率。

（2）人工富集天然降水，建造大、中、小型蓄水池、塘等蓄水体系，将集纳雨水、拦截径流和蓄水有效结合起来，在作物需水的关键时期进行灌溉，解决作物的需求和降水错位的矛盾，以充分发挥水分的增产效果。

（3）改善土壤结构，增加土壤的蓄水能力，通过对土壤增施有机物料（如施用有机肥、秸秆还田等）和应用土壤改良剂，改良土壤结构，增强土壤结构的稳定性，提高土壤对降水的入渗速率和持水量。

四、采用农业措施改良土壤质地，改善土体结构

青岛市耕地土壤限制性因素主要为障碍层较多，今后的改良利用应做好以下几个方面工作。一是深耕深翻，平整地面，深耕深翻平整地面。一方面可以逐步加深耕作层，提高土壤蓄水保肥能力；另一方面逐步平整地面，保持水土，增强保肥保水性能。二是实行秸秆还田，改良土壤，培肥地力。三是协调氮磷钾比例，适当减少磷肥投入，补充施用钾肥和中微肥。四是提高灌溉保证率。在有条件的区域，一方面兴修水利，完善排灌系统，另一方面发展节水农业，减少灌溉定额，提高水分生产效率。

五、集约化利用耕地资源，发展生态型可持续农业，改善生态环境

　　耕地生态环境质量的高低是保证农作物持续稳产、高产、优产、高效的重要前提。根据青岛市资源优势以及生态环境的特点，因地制宜地利用耕地资源，通过合理轮作、科学间套种等措施，增加复种指数，努力提高耕地资源的利用率；注重多物种、多层次、多时序、多级质能、多种产业的有机结合，农、林、牧、副、渔并举，建立生态型可持续农业系统，达到经济、生态和社会效益的高度统一。此外，应重新审视耕地承包到户政策所致的耕地经营权分散在新形势下出现的不利耕地资源规模集约经营的缺点，努力探讨建立"公司+农户"或各种专业化合作组织等耕地规模集约经营模式，提高全市耕地资源的集约经营和经济效益。

主要参考文献

曹光跃 . 2018. 山东中生代青山群火山岩的年代学及地球化学研究［D］. 北京：中国地质科学院.

陈家康，等 . 1989. 青岛土壤［G］. 青岛：青岛市土壤肥料工作站.

陈景和，王森林 . 2013. 山东木本植物特征及分布［M］. 济南：山东大学出版社.

陈泽秀，等 . 1992. 青岛市农村经济统计实用手册［G］. 青岛：青岛市农业委员会.

郭玉贵，等 . 2007. 青岛沧口断裂的地质构造特征与第四纪活动性研究［J］. 震灾防御技术，2（2）：102-114.

李涛，万广华，高瑞杰 . 2013. 农田节水技术与应用研究［M］. 济南：山东大学出版社.

李涛，万广华，赵庚星，等 . 2018. 山东耕地［M］. 北京：中国农业出版社.

李涛，闫鹏，万广华 . 1993. 山东土种志［M］. 北京：中国农业出版社.

李文璐，赵庚星，董超 . 2009. 基于 GIS 的耕地改良利用分区研究——以山东章丘市为例［J］. 地理与地理信息科学，25（6）：60-63.

刘同理，等 . 1998. 改革开放二十年农村经济历史资料（1978—1997）［G］. 济南：山东省农业厅.

吕志仁，等 . 1996. 青岛市水利志［M］. 青岛：青岛出版社.

牛宝祥，等 . 2004. 鲁东地块的大地构造位置［J］. 成果与方法（4）：41-45.

农业部全国土壤普查办公室 . 1964. 中国农业土壤志（初稿）［内部资料］.

青岛联信高新技术有限公司 . 青岛之窗—青岛概况［EB/OL］.［2020-05-31］. http：//www.qingdaochina.org/.

青岛市国土资源和房屋管理局，等 . 2015. 关于青岛市第二次土地调查主要数据成果的公报［N］. 青岛日报，2015-10-19.

青岛市统计局，国家统计局青岛调查队 . 青岛统计年鉴（2006—2019）［M］. 北京：中国统计出版社.

青岛市统计局 . 2019 年青岛市国民经济和社会发展统计公报［EB/OL］.［2020-05-31］. http：//qdtj.qingdao.gov.cn/n28356045/n32561056/n32561072/200327095243155838.html.

山东省统计局，国家统计局山东调查总队 . 山东统计年鉴（2005—2019）［M］. 北京：中国统计出版社.

宋健 . 2007. 青岛地区第四系地层划分及环境演变［D］. 烟台：鲁东大学.

唐秀美，赵庚星，陆庆斌 . 2008. 基于 GIS 的县域耕地测土配方施肥技术研究［J］. 农业工程学报，24（7）：34-38.

王冠宙，等 . 1994. 青岛土种志［M］. 青岛：青岛海洋大学出版社.

王亮，王希.2010.试论改革开放前我国农业发展道路的探索历程［J］.黑龙江教育学院学报，29（1）：4-6.

王沛成.1995.论胶北地区荆山群与粉子山群之关系［J］.中国区域地质（1）：15-20.

武斐斐.2012.青岛地区气候变化及对农业生态和农业生产的影响［D］.兰州：兰州大学.

夏子瑶，万夫敬.2018.1987—2016年青岛市气候变化特征分析［J］.现代农业科技（4）：171-173.

辛景树，田有国，任意.2005.耕地地力调查与质量评价［M］.北京：中国农业出版社.

徐良玉，等.1996.青岛市志·农业志［M］.北京：中国大百科全书出版社.

郧文聚.2010.中国耕地等级评定与监测研究［M］.北京：中国大地出版社.

中共崂山区委宣传部，崂山区档案馆.70年瞬间珍贵照片，带你重温崂山沧桑巨变［EB/OL］.［2020-03-02］.http：//news.qingdaonews.com/wap/2020-03/02/content_21345174.htm.

周健民，沈仁芳.2013.土壤学大辞典［M］.北京：科学出版社.

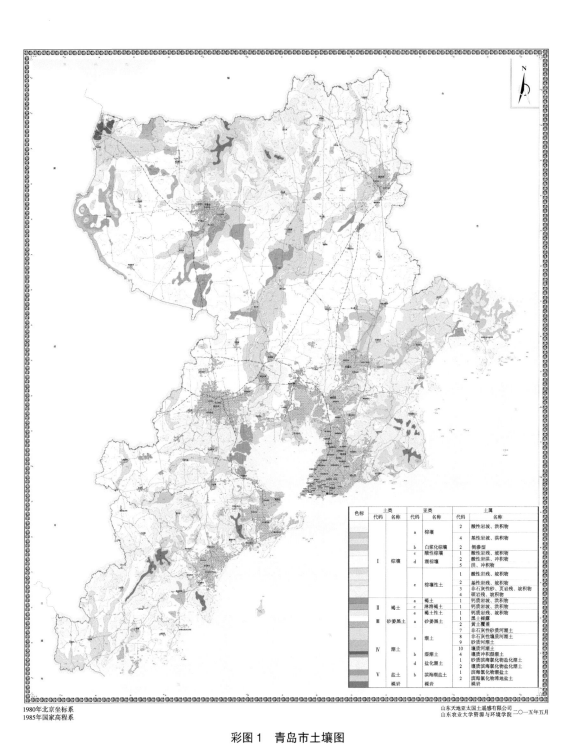

彩图 1　青岛市土壤图

1980年北京坐标系
1985年国家高程系

山东天地亚太国土遥感有限公司
山东农业大学资源与环境学院　二〇一五年五月

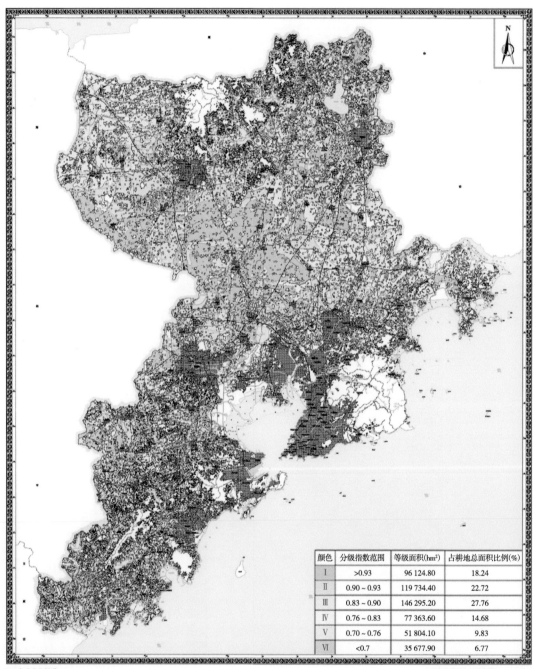

颜色	分级指数范围	等级面积(hm²)	占耕地总面积比例(%)
I	>0.93	96 124.80	18.24
II	0.90～0.93	119 734.40	22.72
III	0.83～0.90	146 295.20	27.76
IV	0.76～0.83	77 363.60	14.68
V	0.70～0.76	51 804.10	9.83
VI	<0.7	35 677.90	6.77

1980年北京坐标系
1985年国家高程系

山东大学资源与环境学院
山东圆正矿产科技有限公司　2015年5月

彩图2　青岛市耕地地力评价等级

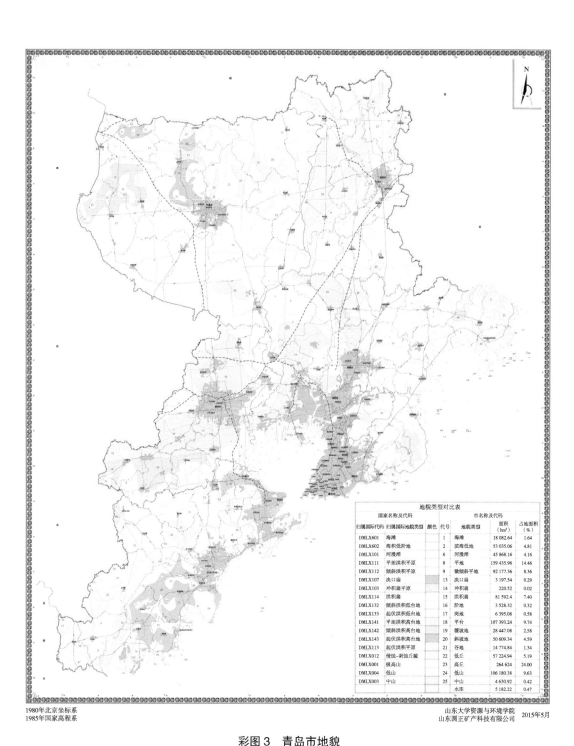

地貌类型对比表						
国家名称及代码			市名称及代码			
归属国际代码	归属国际地貌类型	颜色	代号	地貌类型	面积（hm²）	占地面积（%）
DMLX601	海滩		1	海滩	18 082.64	1.64
DMLX602	海积低阶地		2	滨海低地	53 035.06	4.81
DMLX101	河漫滩		6	河漫滩	45 868.16	4.16
DMLX111	平坦洪积平原		8	平地	159 435.96	14.46
DMLX112	倾斜洪积平原		9	微倾斜平地	92 177.36	8.36
DMLX107	决口扇		13	决口扇	3 197.54	0.29
DMLX103	冲积扇平原		14	冲积扇	220.52	0.02
DMLX114	洪积扇		15	洪积扇	81 592.4	7.40
DMLX132	倾斜洪积低台地		16	阶地	3 528.32	0.32
DMLX133	起伏洪积低台地		17	岗地	6 395.08	0.58
DMLX141	平坦洪积高台地		18	平台	107 393.24	9.74
DMLX142	倾斜洪积高台地		19	缓坡地	28 447.08	2.58
DMLX143	起伏洪积高台地		20	斜坡地	50 609.34	4.59
DMLX113	起伏洪积平原		21	谷地	14 774.84	1.34
DMLX012	慢蚀-剥蚀丘陵		22	低丘	57 224.94	5.19
DMLX001	极高山		23	高丘	264 624	24.00
DMLX004	低山		24	低山	106 180.38	9.63
DMLX003	中山		25	中山	4 630.92	0.42
				水库	5 182.22	0.47

1980年北京坐标系
1985年国家高程系

山东大学资源与环境学院
山东圆正矿产科技有限公司　　2015年5月

彩图3　青岛市地貌

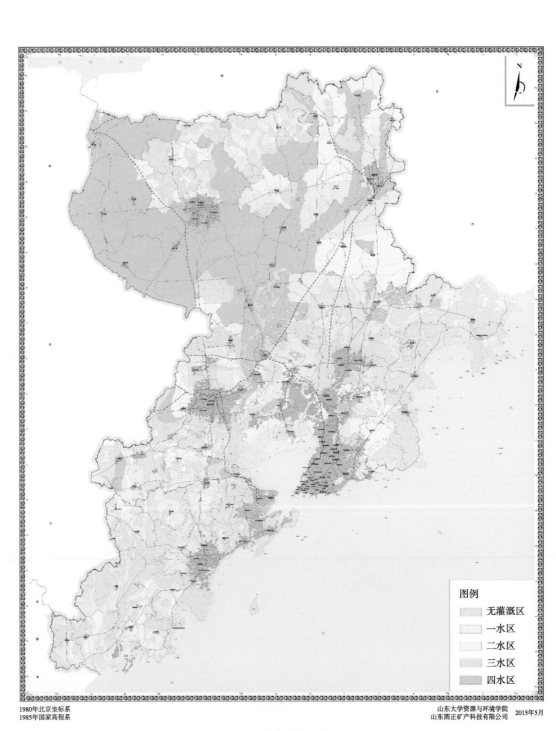

1980年北京坐标系
1985年国家高程系

山东大学资源与环境学院
山东圆正矿产科技有限公司　　2015年5月

彩图 4　青岛市灌溉分区

图例

无灌溉区

一水区

二水区

三水区

四水区

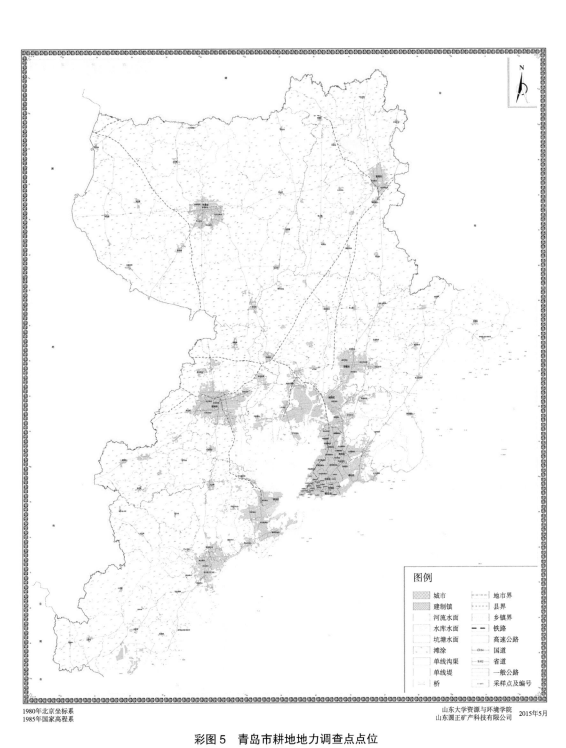

1980年北京坐标系
1985年国家高程系

山东大学资源与环境学院
山东圆正矿产科技有限公司　2015年5月

彩图 5　青岛市耕地地力调查点点位

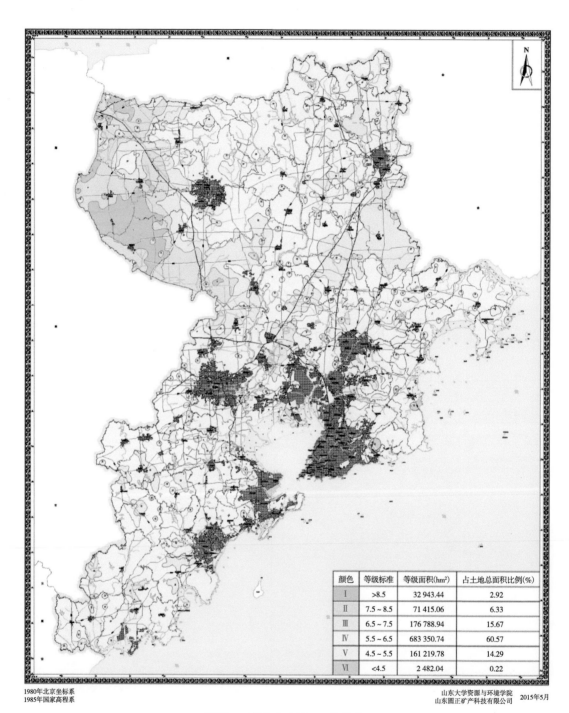

颜色	等级标准	等级面积(hm²)	占土地总面积比例(%)
I	>8.5	32 943.44	2.92
II	7.5~8.5	71 415.06	6.33
III	6.5~7.5	176 788.94	15.67
IV	5.5~6.5	683 350.74	60.57
V	4.5~5.5	161 219.78	14.29
VI	<4.5	2 482.04	0.22

1980年北京坐标系
1985年国家高程系

山东大学资源与环境学院
山东圆正矿产科技有限公司　2015年5月

彩图6　青岛市土壤 pH 值分布

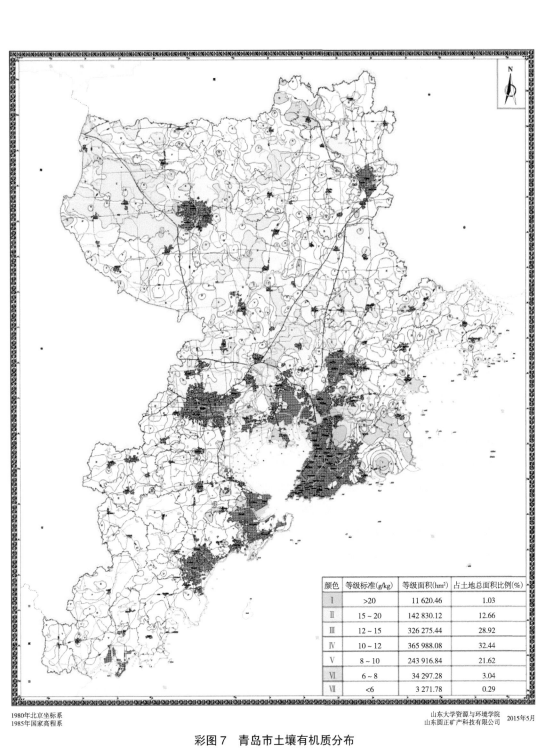

颜色	等级标准(g/kg)	等级面积(hm²)	占土地总面积比例(%)
I	>20	11 620.46	1.03
II	15～20	142 830.12	12.66
III	12～15	326 275.44	28.92
IV	10～12	365 988.08	32.44
V	8～10	243 916.84	21.62
VI	6～8	34 297.28	3.04
VII	<6	3 271.78	0.29

1980年北京坐标系
1985年国家高程系

山东大学资源与环境学院
山东圆正矿产科技有限公司　2015年5月

彩图7　青岛市土壤有机质分布

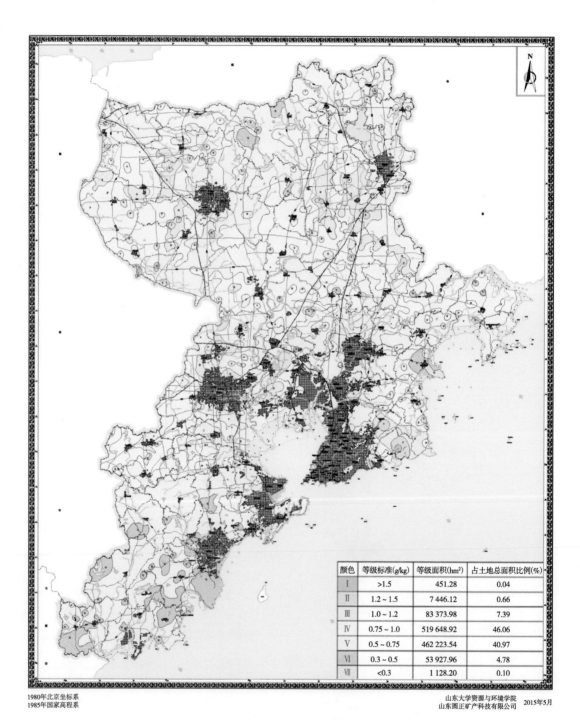

颜色	等级标准(g/kg)	等级面积(hm²)	占土地总面积比例(%)
I	>1.5	451.28	0.04
II	1.2 ~ 1.5	7 446.12	0.66
III	1.0 ~ 1.2	83 373.98	7.39
IV	0.75 ~ 1.0	519 648.92	46.06
V	0.5 ~ 0.75	462 223.54	40.97
VI	0.3 ~ 0.5	53 927.96	4.78
VII	<0.3	1 128.20	0.10

1980年北京坐标系
1985年国家高程系

山东大学资源与环境学院
山东圆正矿产科技有限公司　2015年5月

彩图 8　青岛市土壤全氮含量分布

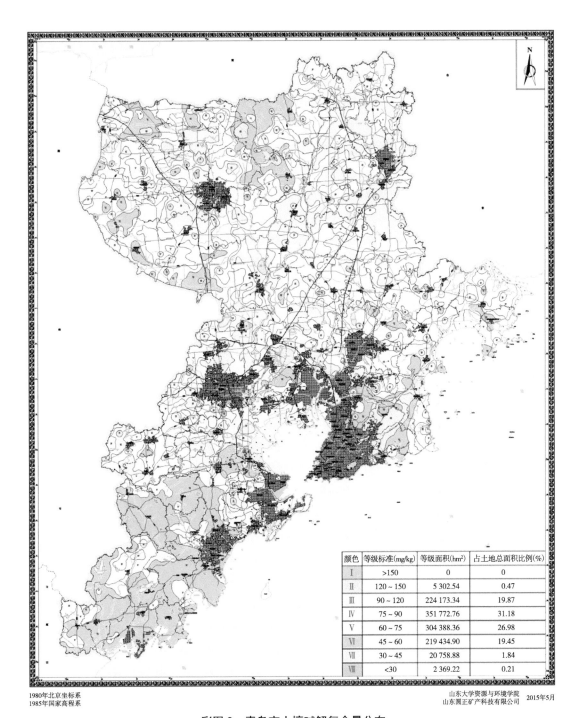

颜色	等级标准(mg/kg)	等级面积(hm²)	占土地总面积比例(%)
Ⅰ	>150	0	0
Ⅱ	120～150	5 302.54	0.47
Ⅲ	90～120	224 173.34	19.87
Ⅳ	75～90	351 772.76	31.18
Ⅴ	60～75	304 388.36	26.98
Ⅵ	45～60	219 434.90	19.45
Ⅶ	30～45	20 758.88	1.84
Ⅷ	<30	2 369.22	0.21

1980年北京坐标系
1985年国家高程系

山东大学资源与环境学院
山东圆正矿产科技有限公司　　2015年5月

彩图9　青岛市土壤碱解氮含量分布

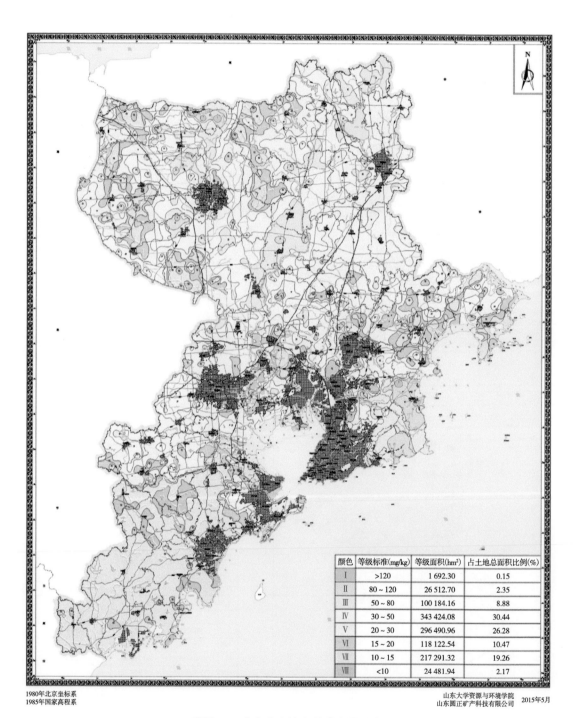

颜色	等级标准(mg/kg)	等级面积(hm²)	占土地总面积比例(%)
I	>120	1 692.30	0.15
II	80～120	26 512.70	2.35
III	50～80	100 184.16	8.88
IV	30～50	343 424.08	30.44
V	20～30	296 490.96	26.28
VI	15～20	118 122.54	10.47
VII	10～15	217 291.32	19.26
VIII	<10	24 481.94	2.17

1980年北京坐标系
1985年国家高程系

山东大学资源与环境学院
山东圆正矿产科技有限公司　2015年5月

彩图 10　青岛市土壤有效磷含量分布

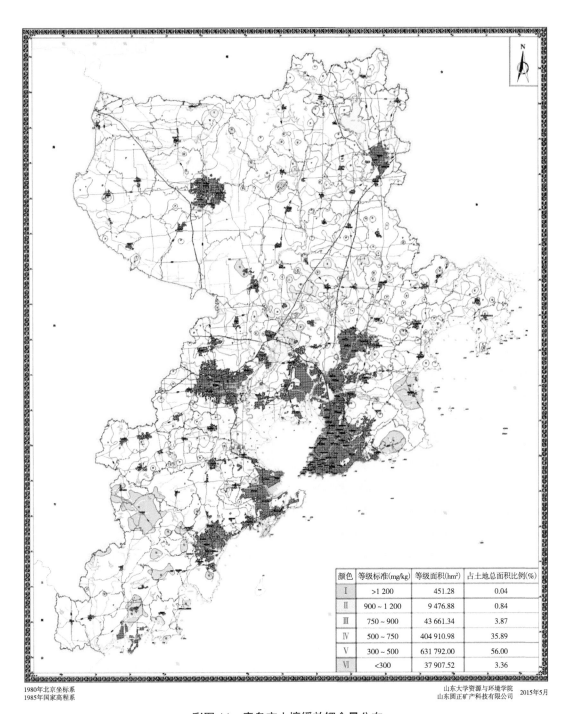

颜色	等级标准(mg/kg)	等级面积(hm²)	占土地总面积比例(%)
Ⅰ	>1 200	451.28	0.04
Ⅱ	900～1 200	9 476.88	0.84
Ⅲ	750～900	43 661.34	3.87
Ⅳ	500～750	404 910.98	35.89
Ⅴ	300～500	631 792.00	56.00
Ⅵ	<300	37 907.52	3.36

1980年北京坐标系
1985年国家高程系

山东大学资源与环境学院
山东圆正矿产科技有限公司　2015年5月

彩图 11　青岛市土壤缓效钾含量分布

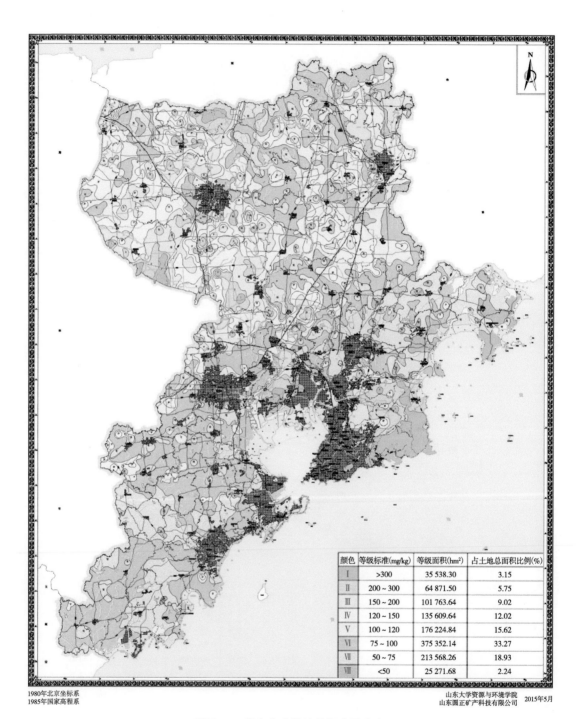

颜色	等级标准(mg/kg)	等级面积(hm²)	占土地总面积比例(%)
I	>300	35 538.30	3.15
II	200~300	64 871.50	5.75
III	150~200	101 763.64	9.02
IV	120~150	135 609.64	12.02
V	100~120	176 224.84	15.62
VI	75~100	375 352.14	33.27
VII	50~75	213 568.26	18.93
VIII	<50	25 271.68	2.24

1980年北京坐标系
1985年国家高程系

山东大学资源与环境学院
山东圆正矿产科技有限公司　2015年5月

彩图 12　青岛市土壤速效钾含量分布

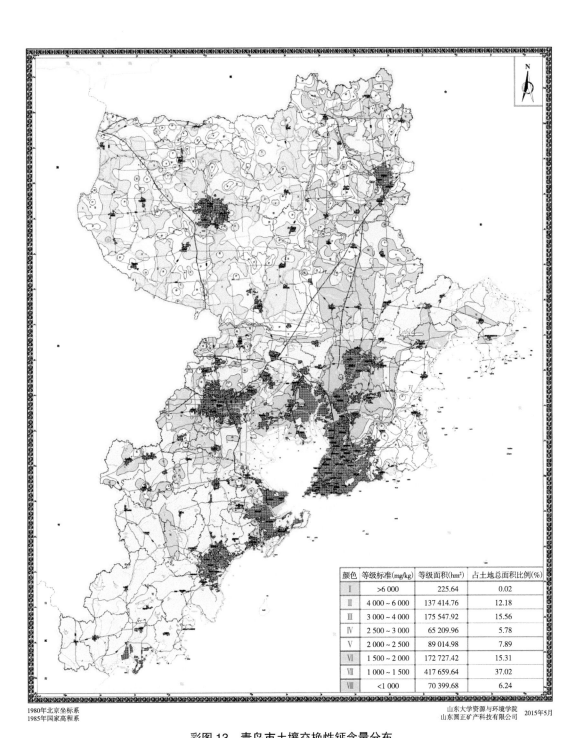

颜色	等级标准(mg/kg)	等级面积(hm²)	占土地总面积比例(%)
I	>6 000	225.64	0.02
II	4 000~6 000	137 414.76	12.18
III	3 000~4 000	175 547.92	15.56
IV	2 500~3 000	65 209.96	5.78
V	2 000~2 500	89 014.98	7.89
VI	1 500~2 000	172 727.42	15.31
VII	1 000~1 500	417 659.64	37.02
VIII	<1 000	70 399.68	6.24

1980年北京坐标系
1985年国家高程系

山东大学资源与环境学院
山东圆正矿产科技有限公司　2015年5月

彩图 13　青岛市土壤交换性钙含量分布

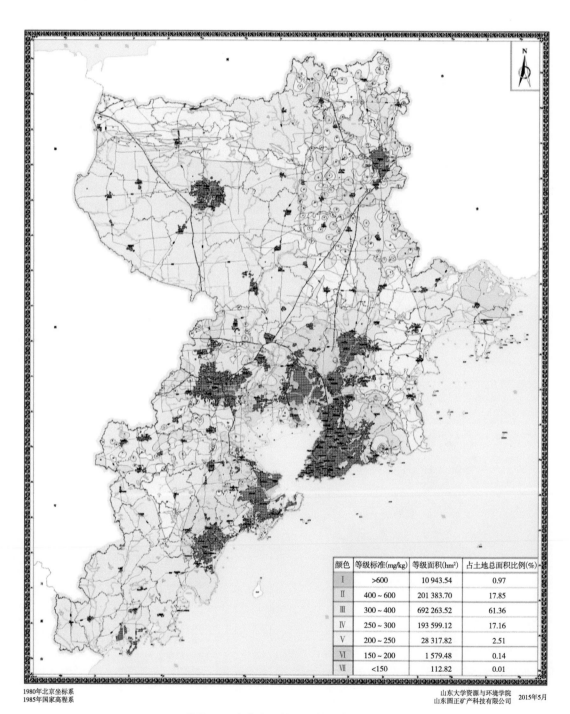

颜色	等级标准(mg/kg)	等级面积(hm²)	占土地总面积比例(%)
Ⅰ	>600	10 943.54	0.97
Ⅱ	400~600	201 383.70	17.85
Ⅲ	300~400	692 263.52	61.36
Ⅳ	250~300	193 599.12	17.16
Ⅴ	200~250	28 317.82	2.51
Ⅵ	150~200	1 579.48	0.14
Ⅶ	<150	112.82	0.01

1980年北京坐标系
1985年国家高程系

山东大学资源与环境学院
山东圆正矿产科技有限公司　2015年5月

彩图14　青岛市土壤交换性镁含量分布

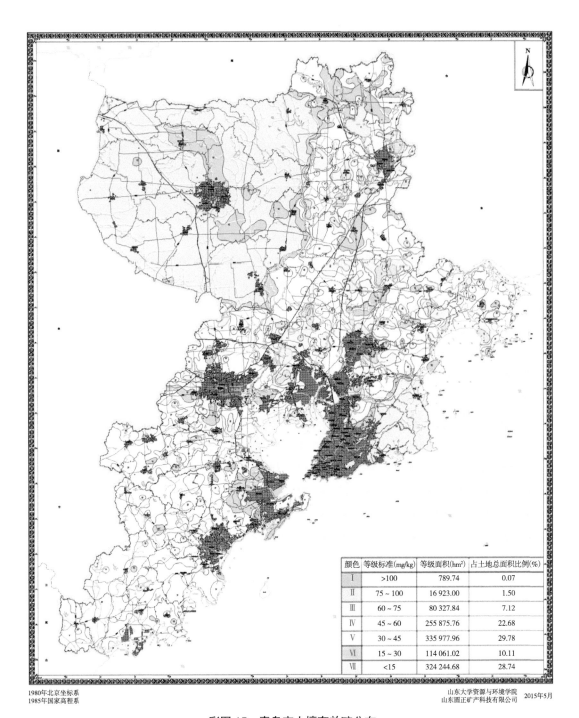

颜色	等级标准(mg/kg)	等级面积(hm²)	占土地总面积比例(%)
Ⅰ	>100	789.74	0.07
Ⅱ	75~100	16 923.00	1.50
Ⅲ	60~75	80 327.84	7.12
Ⅳ	45~60	255 875.76	22.68
Ⅴ	30~45	335 977.96	29.78
Ⅵ	15~30	114 061.02	10.11
Ⅶ	<15	324 244.68	28.74

1980年北京坐标系
1985年国家高程系

山东大学资源与环境学院
山东圆正矿产科技有限公司　2015年5月

彩图15　青岛市土壤有效硫分布

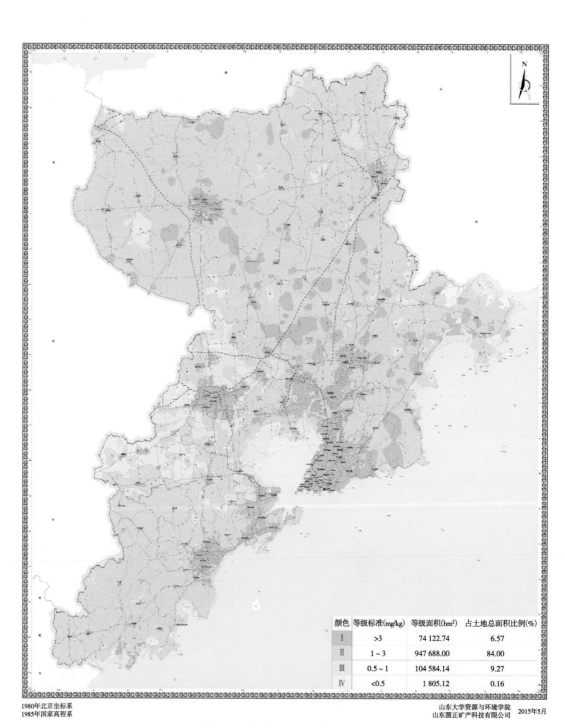

颜色	等级标准(mg/kg)	等级面积(hm²)	占土地总面积比例(%)
I	>3	74 122.74	6.57
II	1～3	947 688.00	84.00
III	0.5～1	104 584.14	9.27
IV	<0.5	1 805.12	0.16

1980年北京坐标系
1985年国家高程系

山东大学资源与环境学院
山东圆正矿产科技有限公司　2015年5月

彩图 16　青岛市土壤有效锌分布

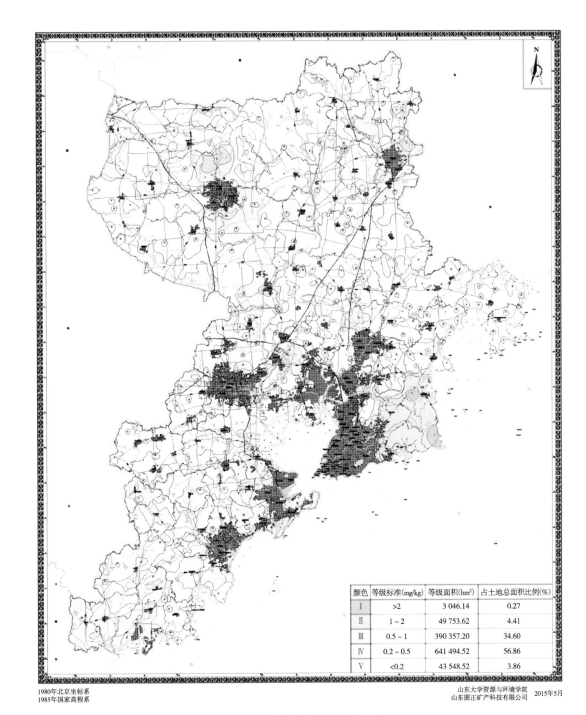

颜色	等级标准(mg/kg)	等级面积(hm²)	占土地总面积比例(%)
Ⅰ	>2	3 046.14	0.27
Ⅱ	1～2	49 753.62	4.41
Ⅲ	0.5～1	390 357.20	34.60
Ⅳ	0.2～0.5	641 494.52	56.86
Ⅴ	<0.2	43 548.52	3.86

1980年北京坐标系
1985年国家高程系

山东大学资源与环境学院
山东圆正矿产科技有限公司　2015年5月

彩图 17　青岛市土壤有效硼分布

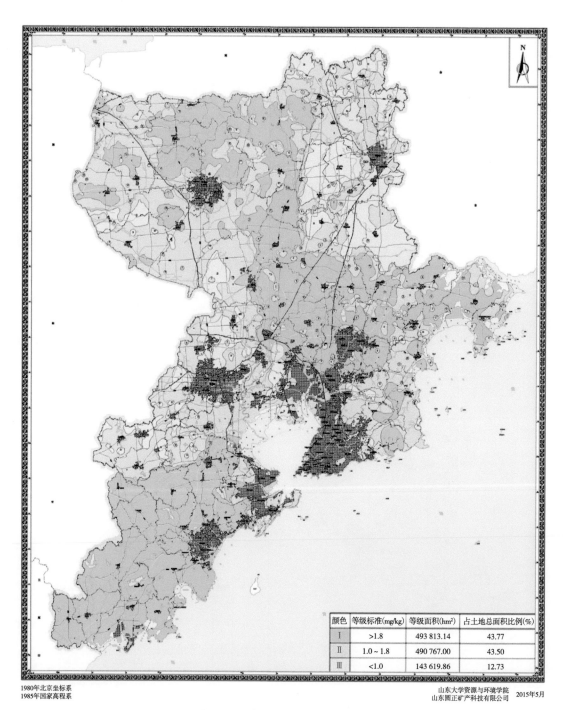

颜色	等级标准(mg/kg)	等级面积(hm²)	占土地总面积比例(%)
I	>1.8	493 813.14	43.77
II	1.0 ~ 1.8	490 767.00	43.50
III	<1.0	143 619.86	12.73

1980年北京坐标系
1985年国家高程系

山东大学资源与环境学院
山东圆正矿产科技有限公司　2015年5月

彩图 18　青岛市土壤有效铜分布

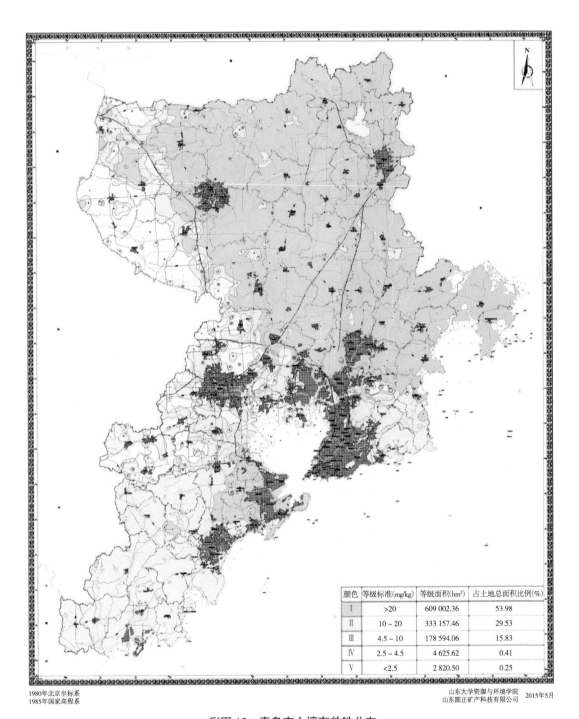

颜色	等级标准(mg/kg)	等级面积(hm²)	占土地总面积比例(%)
I	>20	609 002.36	53.98
II	10~20	333 157.46	29.53
III	4.5~10	178 594.06	15.83
IV	2.5~4.5	4 625.62	0.41
V	<2.5	2 820.50	0.25

1980年北京坐标系
1985年国家高程系

山东大学资源与环境学院
山东圆正矿产科技有限公司　2015年5月

彩图 19　青岛市土壤有效铁分布

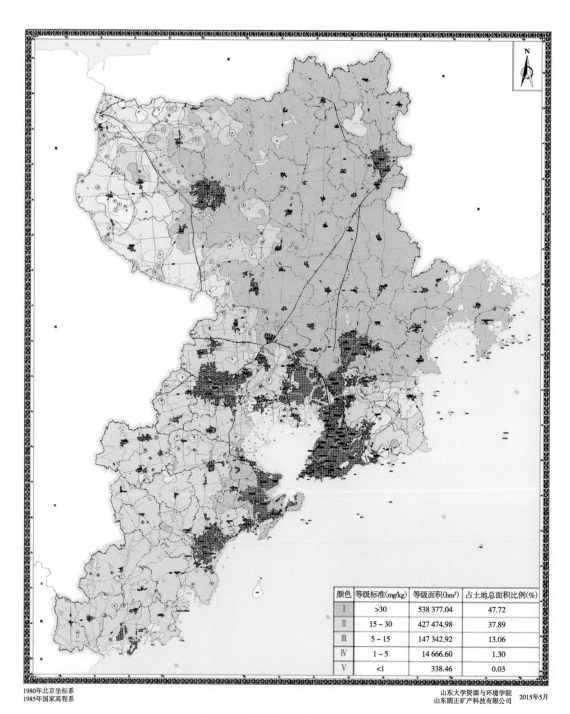

颜色	等级标准(mg/kg)	等级面积(hm²)	占土地总面积比例(%)
I	>30	538 377.04	47.72
II	15~30	427 474.98	37.89
III	5~15	147 342.92	13.06
IV	1~5	14 666.60	1.30
V	<1	338.46	0.03

1980年北京坐标系
1985年国家高程系

山东大学资源与环境学院
山东圆正矿产科技有限公司　2015年5月

彩图20　青岛市土壤有效锰分布

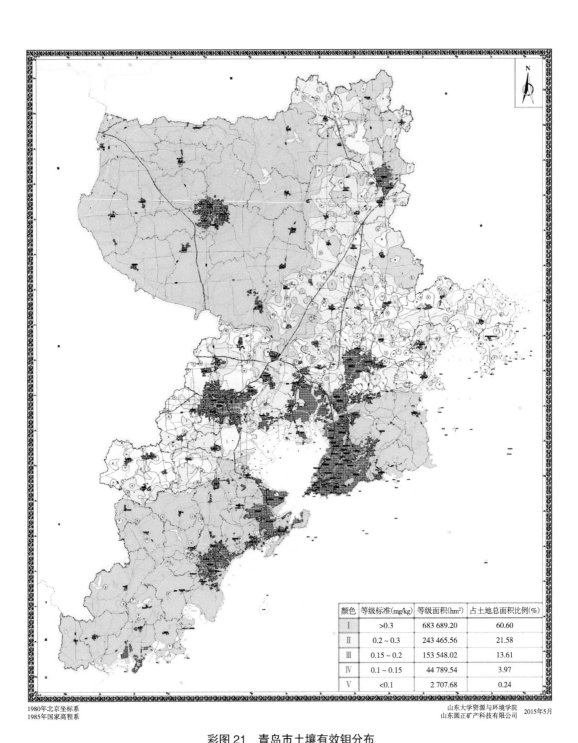

颜色	等级标准(mg/kg)	等级面积(hm²)	占土地总面积比例(%)
I	>0.3	683 689.20	60.60
II	0.2～0.3	243 465.56	21.58
III	0.15～0.2	153 548.02	13.61
IV	0.1～0.15	44 789.54	3.97
V	<0.1	2 707.68	0.24

1980年北京坐标系
1985年国家高程系

山东大学资源与环境学院
山东圆正矿产科技有限公司   2015年5月

彩图 21 青岛市土壤有效钼分布

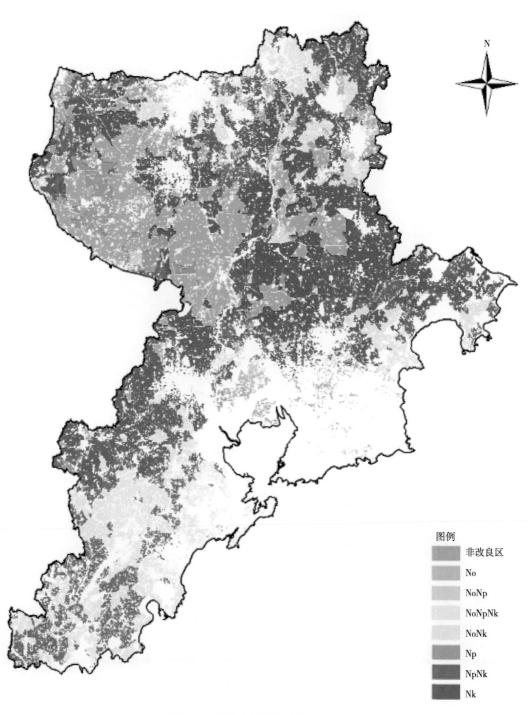

N

图例
非改良区
No
NoNp
NoNpNk
NoNk
Np
NpNk
Nk

彩图 22 耕地土壤培肥改良利用分区

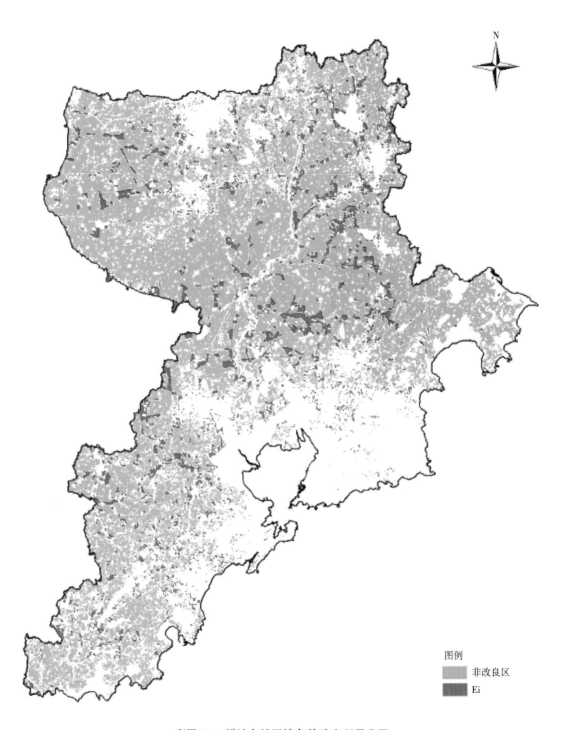

图例

非改良区

Ei

彩图 23　耕地自然环境条件改良利用分区

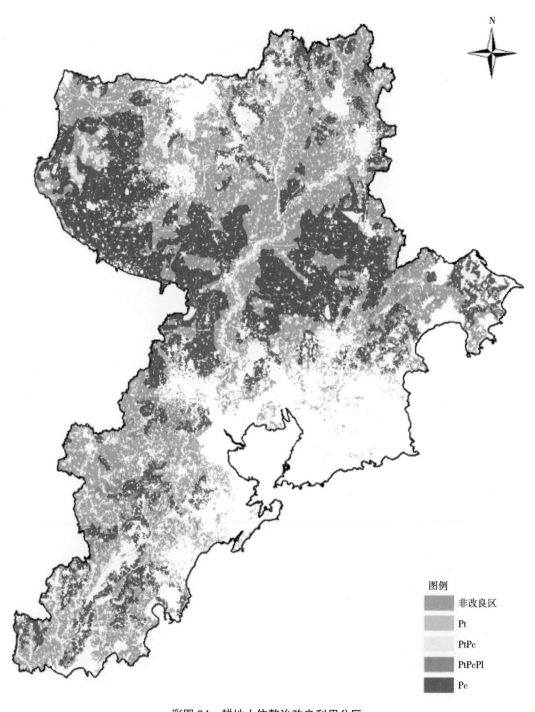

图例

非改良区

Pt

PtPc

PtPcPl

Pc

彩图 24　耕地土体整治改良利用分区